Christopher Brickell

Bäume und Sträucher sachgemäß schneiden

Pflegeanweisungen für Rosen,
sommergrüne und immergrüne Sträucher, Hecken, Obstbüsche und Obstbäume sowie andere Gartenbäume

Otto Maier Verlag Ravensburg

CIP-Kurztitelaufnahme der Deutschen Bibliothek

Brickell, Christopher:
Bäume und Sträucher sachgemäß schneiden: Pflegeanweisungen für Rosen, sommergrüne u. immergrüne Sträucher, Hecken, Obstbüsche u. Obstbäume sowie andere Gartenbäume/ Christopher Brickell. [Übers. von Ruth Lachenmann. Zeichn.: Tony Spalding; Celia Welcomme]. – Ravensburg: Maier, 1980.
Einheitssacht.: The step by step guide to pruning <dt.>
ISBN 3-473-46151-2

Die englische Originalausgabe erschien unter dem Titel »The Step by Step Guide to Pruning«

Übersetzt von Ruth Lachenmann
Zeichnungen: Tony Spalding, Celia Welcomme
Gesamtherstellung: Appl, Wemding
Printed in Germany

83 82 81 80 5 4 3 2 1

ISBN 3-473-46151-2

Inhalt

Ein Teil des Erfolges bei der Pflege von Pflanzen hängt vom sachgemäßen Schnitt ab, und dieses Buch will darum auf praktische Weise mit den Feinheiten dieser Kunst bekannt machen. Jeder Schritt des Schneidens wird erklärt, und es wird genau gezeigt, welcher Zweig oder Trieb entfernt werden muß und wie die Pflanze nach der Operation aussieht.
Wenn Sie die Zeichnungen der einzelnen Schritte betrachten, müssen Sie daran denken, daß Ihr Exemplar der dargestellten Pflanze nicht genauso ausschaut. Die graphischen Darstellungen sollen das Grundsätzliche und die Methoden veranschaulichen. Die verschiedenen Grüntöne kennzeichnen die Lebensjahre der Pflanze. Dadurch kann der Gärtner erkennen, wie das Grundastgerüst der Pflanze aufgebaut ist, und welche Teile der Pflanze beschnitten werden müssen.
Viele Punkte dieser Einführung werden in den verschiedenen Abschnitten des Buches wiederholt. Diese Wiederholungen sind voll beabsichtigt, damit diese Punkte sich gut einprägen. Mit wachsender Erfahrung werden sie dann automatisch bei jedem Schnitt ausgeführt.
Manchmal kann man durch mehrere gleich gute Methoden das Gleiche erzielen, und das wird angegeben.
Man kann das Schneiden folgendermaßen definieren: Jeglicher Teil einer Pflanze wird beschnitten, damit diese wächst, blüht und Früchte trägt, wie der Gärtner es wünscht. Das Ausmaß des Schneidens variiert vom Entfernen eines großen Baumastes oder toter Rosentriebe bis zum Zurückschneiden einer jungen Topfpflanze wie der Fuchsie, damit sie austreibt. Selbst der Schnitt der Stauden im Herbst oder Winter ist eine Art des Schneidens. Dieses Buch befaßt sich jedoch hauptsächlich mit Bäumen und Büschen, die als Zierde dienen oder wegen ihrer Früchte angepflanzt werden. Die beschriebenen Grundzüge gelten jedenfalls für jeglichen Schnitt an Gartenpflanzen.
Warum muß man überhaupt schneiden? Wild wachsende Pflanzen werden gar nicht geschnitten und wachsen und blühen dennoch schön. Das ist eine häufig gestellte Frage, aber die Natur hat ihre eigenen Methoden des Stutzens. Kleine Äste brechen ab, Zweiglein, Blätter und Blüten verdörren und fallen ab. Alle Pflanzen in der Natur erneuern sich langsam und unaufhörlich. Wenn wir also schneiden, beschleunigen wir nur einen normalen Vorgang.
Viele Pflanzen gedeihen nur, wenn man sie sehr begrenzt schneidet, und es ist fast immer besser, gar nicht zu schneiden als zu radikal zu stutzen oder einen »Haarschnitt« zu machen. In beiden Fällen wird jährlich alles neue Wachstum gnadenlos zurückgeschnitten, um die Pflanzen »ordentlich zu halten« oder weil ihr Standort im Garten es erfordert.
Ein rigoroser Schnitt ist zwar manchmal aus bestimmten Gründen notwendig, es sollte aber nie nur dazu dienen, Pflanzen »ordentlich« oder unter Kontrolle zu halten.

Grundsätzliche Ziele und Regeln

Wenn man Pflanzen erzieht und schneidet, ist das Hauptanliegen, die schönste Wirkung oder den größten Ertrag zu erzielen. Wichtig ist die Form und das Aussehen und eine Ausgewogenheit zwischen Wachstum, Blüte und Frucht, während die Pflanze gleichzeitig stark und gesund bleibt.
Viele Bäume und Büsche müssen nicht jährlich ausgiebig beschnitten werden, um diesen Erwartungen gerecht zu werden. Nach ihrer anfänglichen Erziehung brauchen sie nur noch kleinere »kosmetische Schnitte«, d. h. eine vorsichtige Kontrolle der Natur, wie das Entfernen welker Blüten und das Ausschneiden dünner, schwacher oder widerspenstiger Triebe, damit eine runde, ausgeglichene Form erhalten bleibt.
Auf der anderen Seite erfordern in Form geschnittene Hecken oder kunstvoll beschnittene Pflanzen nicht nur eine frühe feste Erziehung, sondern auch sorgfältiges und rechtzeitiges Schneiden, wenn sie gut gepflegt aussehen sollen.
Bevor man irgendeine Pflanze schneidet, muß man einige Dinge über ihr Wachstum und ihre Blüte wissen. Eine einfache Untersuchung zeigt, daß die meisten hölzernen Gewächse am Ende jeden Triebes eine End- oder Spitzenknospe haben. Darunter sind, am Zweig seitlich oder in Astwinkeln angeordnet, weitere Knospen in einem charakteristischen Muster, das nach Pflanzenart variiert. Sie können wechselseitig, gegenüberliegend, quirlig oder spiralig angeordnet sein und ihre Lage entscheidet, wo sich die zukünftigen Zweige bilden.
Die Endknospe hat über die Seitenknospen Dominanz, d. h. sie wächst schneller und kann ihre Dominanz dadurch behaupten, daß sie einen Stoff produziert, der das Wachstum der Seitenknospen hemmt. Wenn die Endknospe entfernt wird, wachsen die Seitenknospen oder Triebe schneller. So entfernen wir also die Quelle der Wachstumshemmung wenn wir die weiche Spitze

einer Fuchsie entfernen oder den hölzernen Trieb eines Busches zurückschneiden. Diesen Vorgang nennt der Gärtner »zurücknehmen«. Diese Tatsache ist die Grundlage allen Schneidens. Der Grad der Dominanz der Endknospe ist von Pflanzenart zu Pflanzenart unterschiedlich und manchmal auch bei einer Pflanzenart, von der jede einen charakteristischen Wachszyklus hat, von Jahr zu Jahr. Im allgemeinen ist die Dominanz der Endknospen bei Bäumen, besonders in den ersten Jahren sehr stark, während Büsche, die sehr verzweigt sind, eine viel schwächere haben. Bei Pflanzen, wie dem Flieder (Syringa vulgaris), die gegenüberliegende Knospenpaare haben, teilt sich das oberste Paar die Dominanz. Es wächst für gewöhnlich etwa im gleichen Maß und bildet eine typische Gabel. Manchmal gewinnt eine Knospe des Paares die Oberhand, und das Wachstum wird einseitig, wie man es häufig bei der Deutzie sieht.

Wenn man eine Pflanze schneidet, ist es wichtig, bis zu einer ausgesuchten Knospe zurückzuschneiden, die einen Trieb in der gewünschten Richtung bilden wird. Wenn der Schnitt über einer Knospe, die nach außen zeigt, ausgeführt wird, wird sich ein Trieb vom Mittelpunkt der Pflanze fortbilden. Die Endknospe dieses Triebes setzt sich dann selber durch und reguliert das seitliche Wachstum unter sich.

Wenn man das Wachstum eines Baumes oder Strauches begrenzen will, ist es ähnlich wichtig, die Triebe oder Zweige auszulichten, indem man einige völlig entfernt und, wenn nötig, die restlichen bis zu einer geeigneten Knospe oder bis zu einem Haupttrieb zurückschneidet.

In diesem Buch wird immer wieder betont, wie wichtig es ist, an der richtigen Stelle zu schneiden. Schnitte sollten immer kurz oberhalb einer gesunden Knospe schräg gemacht werden, damit der Trieb in die gewünschte Richtung wächst. Schlechte Schnitte haben häufig ein Absterben des Triebes und der gewählten Knospe zur Folge.

Auf den holzigen Zweigen von Bäumen und Büschen sind keine sichtbaren Triebknospen, obgleich meistens unter der Rinde ruhende Knospen vorhanden sind. Wenn totes Holz oder schwache Zweige entfernt werden müssen, muß die Schnittstelle sorgfältig gewählt werden. Der Schnitt sollte nahe an einem gesunden Zweig gemacht werden, so, daß ein Mindestmaß der Schnittoberfläche bloßliegt und kein Stumpf entsteht, durch den Krankheiten eintreten können. Alle Schnittflächen oder Wunden die einen größeren Durchmesser als $1\,^1/_2$ cm haben, sollten mit einem Wundverschlußmittel behandelt werden, um Infektionen zu vermeiden.

Frühes Erziehen und Beschneiden

Die meisten Bäume und Büsche profitieren von frühem Erziehen, aber einige entwickeln sich ganz natürlich in gut geformte Exemplare durch leichte Überwachung und die Entfernung einiger überflüssiger, schlecht plazierter Triebe. Andere brauchen festere Kontrolle, besonders wenn sie in Form wachsen oder gegen eine Wand oder einen Zaun gezogen werden sollen. Deshalb ist es sehr wichtig, die Erziehung zeitig und richtig vorzunehmen, selbst wenn sie nur daraus besteht, daß ein oder zwei schwache Triebe entfernt werden. Wenn man in dieser Phase einen doppelten Haupttrieb oder einen störend wachsenden Zweig stehen läßt, kann das in den folgenden Jahren einige Schwierigkeiten verursachen.

Es widerstrebt einem immer, starkes Wachstum einer jungen Pflanze zurückzuschneiden, selbst wenn es offensichtlich an falscher Stelle wächst aber manchmal muß man es tun, um die ausgewogene Grundform, die die Pflanze ihr Leben lang stützt, korrekt zu formen.

Dieses Buch betont immer wieder, wie wichtig es ist, ein Grundastgerüst zu entwickeln, das wie ein starkes Skelett Blätter, Blüten und Früchte trägt. Bäume, außer wenn sie gestutzt sind, und viele große Büsche und immergrüne Pflanzen behalten dieses Grundastgerüst ihr ganzes Leben lang, und es ist notwendig, daß es stark ist und daß die Zweige ziemlich regelmäßige Abstände haben.

Bei Büschen, die regelmäßige Erneuerungsschnitte bekommen, ist das Grundastgerüst nicht dauerhaft, aber auch hier ist es wichtig, eine gleichmäßige, ausgewogene, gut geformte Pflanze aufzubauen. Büsche, wie die Deutzie, Schwarze Johannisbeere und einige Rosen, brauchen starke Triebe an der Basis oder wenig oberhalb, damit altes Wachstum ersetzt wird.

Schneiden, um gesunde Pflanzen zu bekommen

Pflanzen in schlechtem Zustand sind sehr anfällig für Krankheiten. Es ist nötig, für gute Düngung und Wasser zu sorgen, damit regelmäßig gesundes, starkes Wachstum möglich ist. Das gilt besonders für Pflanzen, die jährlich kräftig beschnitten werden, denn es ist sinnlos, ihr Wachstum zurückzuschneiden, wenn sie nicht genug Nahrung und Wasser haben, um neue Triebe zu bilden. Düngen und Gießen ist deshalb wichtig.

Es ist auch wichtig, alle toten, beschädigten und kranken Triebe oder Äste zu entfernen, sobald man sie entdeckt. In solchen Fällen sollten Triebe und Äste sauber bis in gesundes Holz zurückgeschnitten werden, wenn möglich bis zu einer Triebknospe (oder zu einem Knospenpaar), die einen Ersatztrieb hervorbringen. Tote oder beschädigte Stellen sind immer ein möglicher Einlaß von Krankheiten, und es ist wichtig, Infektionen dadurch zu vermeiden, daß sie rausgeschnitten werden, ehe mehr Schaden angerichtet ist. Aus Gründen der Gesunderhaltung sollten auch alle widerspenstigen, unentwickelten, dünnen und schwachen Triebe zurückgeschnitten werden, die sich häufig in der Mitte unbeschnittener Bäume und Sträucher durch den Mangel an Licht und Luft bilden. Dadurch werden mögliche Krankheitsquellen beseitigt und starke Triebe können sich ungehindert entwickeln und gesundes Blattwerk und Blüten ansetzen.

Die Erhaltung der Form oder Wachstumsart

Eine Reihe von Bäumen und Büschen sollte sich nach ihrer anfänglichen Erziehung, abgesehen vom kosmetischen Schnitt und der Entfernung von totem, beschädigten oder krankem Holz ungehindert entwickeln können. Gelegentlich zerstören kräftige, ungeschickt plazierte Triebe die ausgewogene Symmetrie eines voll entwickelten Baumes oder Busches, und solche Triebe sollte man völlig rausschneiden.

Bei vielen Büschen und seltener bei kleinen Bäumen kann ein Teil stärker als der Rest sein, so daß die Pflanze asymmetrisch wächst. Erinnern Sie sich dann an den Grundsatz, daß starke Triebe leicht beschnitten werden sollen, während schwache Triebe stark geschnitten werden müssen. Der Grund ist, daß starker Schnitt das Wachstum anregt, so daß das Zurückschneiden starken Wachstums weitere kräftige Triebe hervorruft und so das ungleichmäßige Wachstum fördert. Man sollte immer an die Regel denken »schwaches Wachstum, starker Schnitt; starkes Wachstum, schwacher Schnitt«, wenn in solchen Fällen ein Schnitt erforderlich ist.

Dekorative Wirkung oder optimale Ernte

Hierfür muß man die Eigenheiten des Wachsens, Blühens und Fruchttragens einer Pflanze kennen, denn nach ihnen richtet sich die Technik, mit der man die beste dekorative Wirkung oder den höchsten Ertrag erreicht.

Der Gärtner muß wissen, ob die Pflanze auf den Trieben des laufenden Jahres blüht, wie der Sommerflieder (Buddleia davidii-Hybriden), oder ob sie auf ein oder mehrere Jahre altem Holz blüht, wie die Buddleia alternifolia. Die letztere jedes Frühjahr stark zu schneiden, wäre unzweckmäßig, da man dann alle vorjährigen Triebe, die blühen würden, entfernt.

Bei der Roten Johannisbeere wachsen Früchte auf kurzen Fruchtspießen an altem Holz. Schwarze Johannisbeeren tragen die Früchte am Holz des Vorjahres, durch den Schnitt muß das Wachstum neuer Triebe angeregt werden.

Manche Pflanzen können auf zwei Arten geschnitten werden, um verschiedene Wirkungen zu erzielen. Ein Beispiel dafür ist der Perückenstrauch (Cotinus coggygria) der meistens als großer Busch mit schönem Blattwerk und Blüten wächst und wenig geschnitten werden muß. Die andere Möglichkeit ist, jedes Frühjahr das Wachstum stark zurückzuschneiden, dadurch erzielt man schöne große Blätter an den neuen Trieben, aber keine Blüten. Die Kenntnis der Eigenheiten des Wachstums hilft zu entscheiden, wann geschnitten werden soll. Aber als allgemeine Regel gilt, daß die beste Zeit die ist, die die längste Wachstumsperiode für Blütentriebe oder für Triebe, die im folgenden Jahr blühen, ermöglicht.

Werkzeuge zum Schneiden

Die Grundwerkzeuge des Gärtners sind eine gute Baumschere, eine hand- oder motorgetriebene Heckenschere und für schwerere Arbeiten eine langgriffige Astschere und eine Astsäge. Es gibt Spezialmesser (a), meistens mit leicht gebogener Klinge und Griff, aber sie sind schwer zu gebrauchen, wenn man keine große Praxis hat. Unsachgemäßer Gebrauch solcher Messer führt oft zu ausgefransten Schnitten. Gartenscheren sind meistens leichter zu gebrauchen. Es gibt drei Haupttypen von Gartenscheren aber man findet auch einige Variationen von ihnen. Eine hat ein gerades Schneideblatt, das ziehend auf eine Art Amboß aus weicherem Metall schneidet (c); die zweite hat ein konvexes Schneideblatt, das gegen, aber nicht direkt auf einen festen Amboß schneidet (d); die dritte hat zwei konvexe Schneideblätter, die auf die übliche Scherenart schneiden (e). Mit allen kann man bei sachgemäßem Gebrauch gute Resultate erzielen. Der zu schneidende Zweig muß immer nahe der Basis der Klingen sein, wo man ihn gut festhalten kann. Wenn man den Schnitt mit den Spitzen der Schere ausführt, werden die Klingen leicht verformt oder auseinandergedrückt.

Langschenkelige Astscheren sind starke Baumscheren mit langen Griffen. Beim Schneiden dikkerer Äste verringern sie den Kraftaufwand ganz deutlich (f). Sie sind sehr nützlich bei alten Zweigen starker Büsche, wie des Falschen Jasmins (Philadelphus), und um die alten Stümpfe, die sich allmählich an der Basis von Strauchrosen bilden, auszuschneiden.
Baumsägen braucht man zum Schneiden größerer Zweige. Es gibt verschiedene Modelle im Handel, die so konstruiert sind, daß man mit ihnen in kleinen Zwischenräumen und engen Winkeln zwischen den Zweigen arbeiten kann.
Die englische Baumsäge hat ein spitz zulaufendes Blatt mit Zähnen an beiden Seiten; die eine Seite sägt eine glattere Fläche als die andere (g). Man muß allerdings aufpassen, daß man keine benachbarten Zweige mit der Seite verletzt, die nicht in Gebrauch ist. Aus diesem Grund bevorzugen einige Gärtner eine spitz zulaufende Version der normalen Zimmermannssäge. Die Zugsäge, die ein gebogenes, sich zu einer scharfen Spitze verjüngendes Blatt hat, mit schrägen Zähnen, die so konstruiert sind, daß sie erst bei der Rückbewegung schneiden, ist auch bei engen Zwischenräumen sehr nützlich (h).
Heckenscheren gibt es in verschiedenen Ausführungen (i). Man sollte eine wählen, die ausgewogen, leicht und bequem zu gebrauchen ist und die scharfe Klingen hat.
Auf jeden Fall sollte man Werkzeuge von guter Qualität benutzen und sie ordentlich pflegen. Nach Gebrauch muß man sie säubern und einfetten, damit sie nicht rosten, und man soll sich vergewissern, daß sie für den nächsten Gebrauch noch scharf genug sind. Versuchen sie nie, Holz zu schneiden, das für das Werkzeug zu dick ist. Dadurch wird es verbogen und verdorben. Wenn man die Schere, während man einen Zweig schneidet, verdreht, verbiegt sie und macht einen ausgefransten Schnitt. Bewährt haben sich übrigens Scheren mit kunststoffbeschichteten Klingen, die nicht verkleben können.

Werkzeuge zum Schneiden

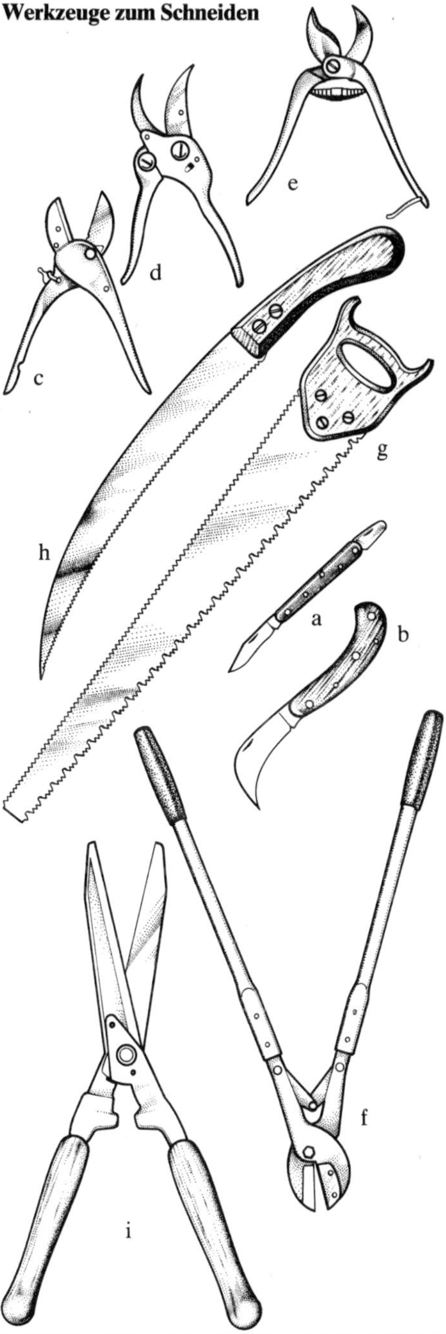

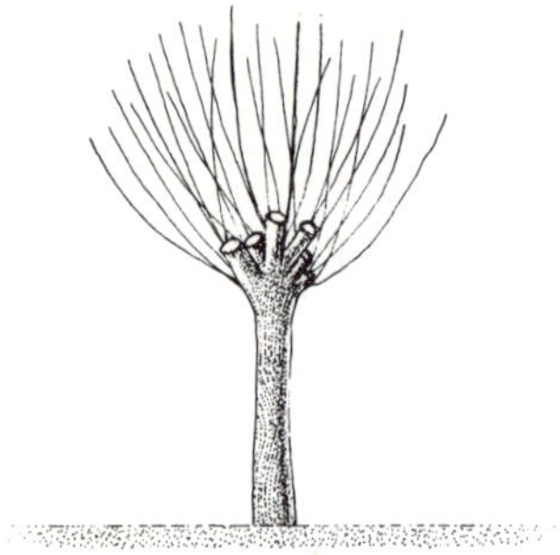

Abwerfen Das Zurückschneiden eines Baumes oder Strauches bis auf den Stamm und die Hauptäste.

An der Spitze tragende Obstbäume Obstbäume, die die meisten Früchte an den Spitzen der einjährigen Triebe tragen.

Ausdünnen Entfernen von abgeblühten Blüten oder unreifen Fruchtständen einer Pflanze.

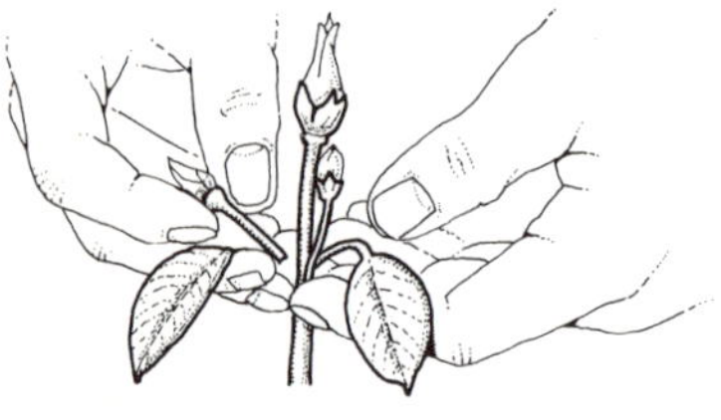

Ausgeizen Das Entfernen von überflüssigen Knospen oder Jungtrieben bei Triebbeginn.

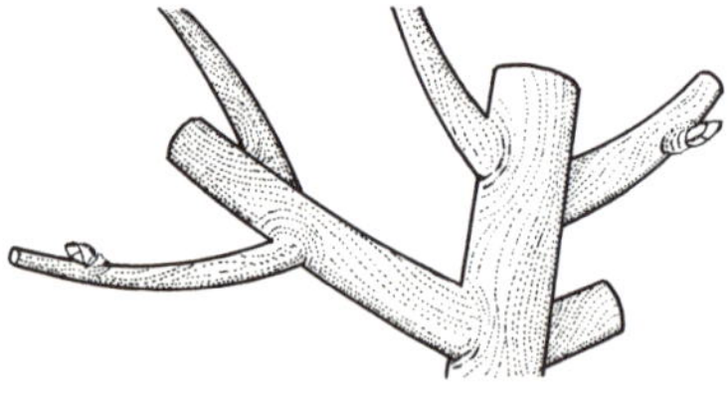

Aststumpf Ein kurzer Stumpf, der nach fehlerhaftem Schneiden stehenbleibt.

Auge Triebknospe, besonders bei Rosen und Weinstöcken.

Auslichten Das Verringern von Trieben in einem überfüllten Zweigsystem, damit die verbleibenden Triebe gleichmäßige Abstände haben, die Luft frei zirkulieren kann, und das Licht die Blätter in der Mitte der Pflanze erreichen kann.

Basis Der unterste Teil eines Baumes oder eines Astes wird Basis genannt. Daher Basistrieb, Blätter an der Basis etc.

Besenwuchs Büschel von Trieben, die nach Verletzung oder Schnitt aus schlafenden (Adventiv-) Knospen an Stämmen oder Ästen austreiben (siehe auch Wasserschosse).

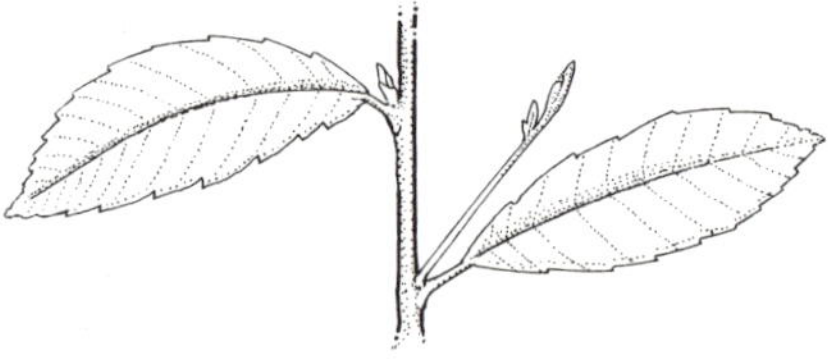

Blattachsel Der Winkel zwischen einem Blatt und dem Trieb, an dem es wächst. Die **Achselknospe** ist demnach eine Knospe zwischen Blatt und Trieb, und der Achseltrieb ist ein Seitentrieb, der zwischen Blatt und Trieb entsteht.

Blinder Trieb Ein Trieb, der sich nicht völlig entwickelt, bei dem die Spitzenknospe verkümmert und kein Wachstum mehr stattfindet.

Cordon Ein normal verzweigter Baum oder Strauch, der durch Fruchtholzschnitt auf einen einzelnen Stamm beschränkt wird.

Die Dominanz der Spitzenknospe Man spricht hiervon, wenn eine End- oder Spitzenknospe das Wachstum der Seitenknospen behindert und schneller als diese wächst.

Doppelter Leittrieb Zwei Triebe, die miteinander um die Dominanz wettstreiten.

Durchtreiben Die Entwicklung seitlicher Triebe als Folge des Rückschnitts eines Triebes (Stoppen oder Pinzieren) auf eine Achselknopse.

Edelreis s. Veredeln durch Pfropfen.

Einjähriges Holz Zuwachs oder Triebe, die bis zu einem Jahr alt sind.

Endknospe, -trieb, -blüte (Spitzenknospe) Der oberste, gewöhnlich zentrale Trieb an einem Zweig.

Erneuerungsschnitt Das Beschneiden mit dem Ziel, ständiges Wachstum junger Triebe an einem Baum oder Strauch anzuregen, so daß Kraft und reiche Blüte gewährleistet sind.

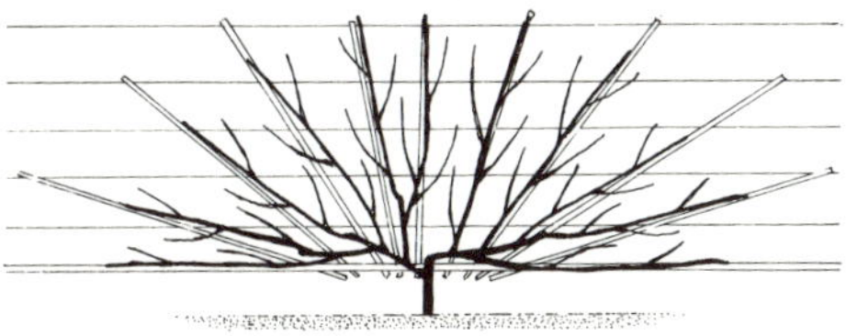

Fächerbaum Ein Busch oder Baum, dessen Hauptzweige wie die Rippen eines Fächers gegen eine Mauer, einen Zaun oder eine andere Stützvorrichtung gezogen sind.

Federn Seitentriebe an einem einjährigen (jungfräulichen) Baum.

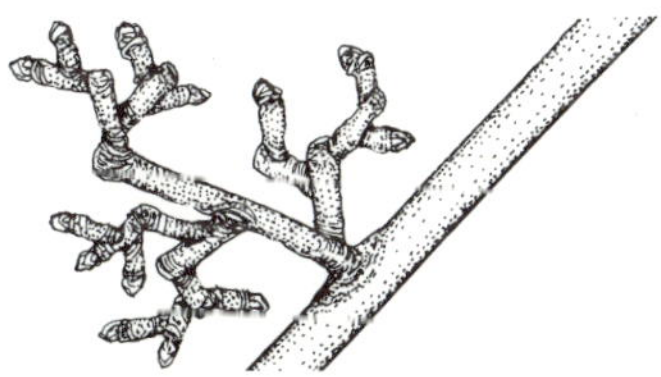

Fruchtspießsystem Ein langsam wachsendes System kurzer Zweige, das meistens Büschel von Blütenknospen trägt.

Gegenständig Knospen, Blätter oder Triebe stehen einander am Stamm, Ast, oder Zweig genau gegenüber.

Grundastgerüst Das »Skelett« eines Baumes oder Busches.

Halbstamm Ein Baum oder Busch, der einen 120-160 cm langen kahlen Stamm hat.

Hochstamm Ein Baum oder Busch mit einem kahlen Stamm von 150–180 cm Länge.

Hochveredeln Baum oder Busch, der auf den Stamm der Unterlage veredelt oder okuliert wurde.

Holz oder Wachstum des laufenden Jahres Triebe, die während der gegenwärtigen Wachstumsperiode aus Knospen gewachsen sind.

Internodien Triebabschnitte zwischen den Nodien (Blattansatzstellen).

Jungfräulich Ein Ausdruck, mit dem der einjährige Baum, Strauch oder Zuwachs bezeichnet wird.

Kallus Ein korkartiges Gewebe, das sich auf natürliche Weise als Schutz über einer Wunde bildet.

Kappen s. Stutzen.

Knospe Der Keim eines Triebes, einer Blüte oder eines Blütenbüschels, daher Triebknospe, Blütenknospe etc.

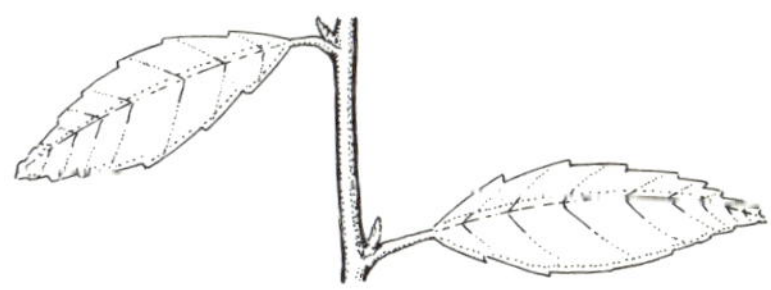

Knoten Die Stelle an einem Zweig, wo ein Blatt oder Blätter wachsen.

Köpfen Gelegentlich ist damit nur das Zurückschneiden der oberen Triebe, häufiger die Entfernung der gesamten Baumkrone bis auf ein Skelett von Hauptästen gemeint.

Kosmetisches Beschneiden Geringfügiges Beschneiden von verblühten Blüten, dünner, schwacher oder einander kreuzender Triebe, damit eine Pflanze ordentlich und ausgeglichen in ihrer Gesamtform bleibt.

Krone Der obere Teil eines Baumes. Das Hauptastgerüst.

Längenwachstum Triebe, die sich entwickeln, weil die Spitzen- oder Endknospen eines Stammes oder Zweiges wachsen.

Leittrieb Der Trieb, der das Ende eines Zweiges bildet und Jahr für Jahr aktiv wächst und sich verlängert.

Mark Die zylindrische, oft weiche Mitte eines jungen Zweiges.

Mulchen Eine Dünger-Torf-Decke aus organischem Material auf dem Boden im Wurzelbereich der Pflanze.

Offene (Kronen) Mitte Ein Baum oder Busch dessen Zweige so beschnitten und erzogen sind, daß die Mitte des Astgerüstes ziemlich offen und frei von Hauptzweigen ist.

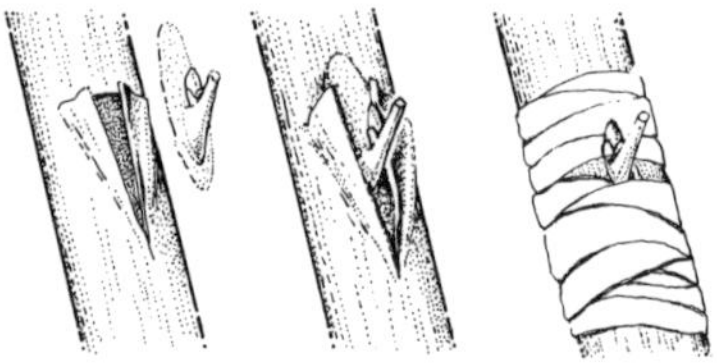

Okulieren Eine Methode der Veredelung, bei der eine einzelne Triebknospe anstelle eines Astes mit mehreren Knospen verwendet wird.

Ornamentale Pflanzen Pflanzen, die wegen ihrer dekorativen Wirkung angepflanzt werden.

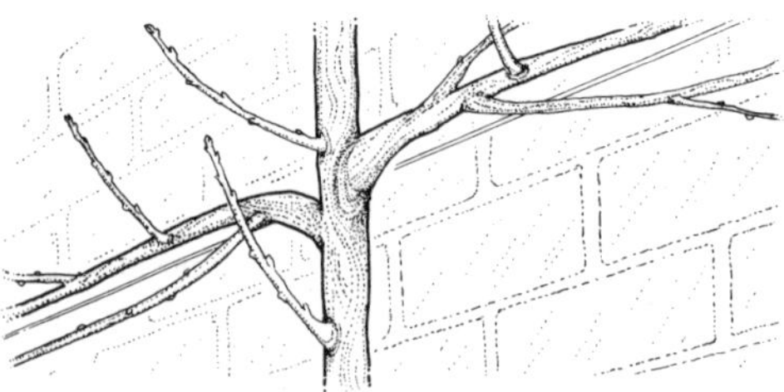

Querholz (Brustholz) Nach vorne wachsende Triebe an Bäumen oder Sträuchern, die an Wänden, Zäunen oder anderen Stützvorrichtungen angezogen sind.

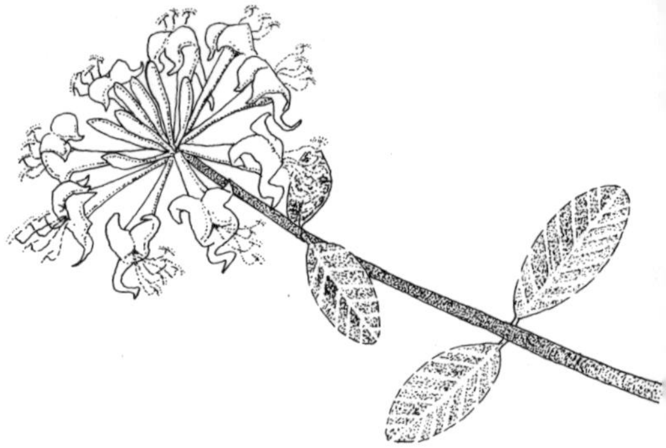

Quirl Drei oder mehr Blüten, Knospen, Blätter oder Triebe, die aus demselben Knoten wachsen.

Rindenring Man entfernt einen Ring der Rinde, um bei einem unfruchtbaren Baum das Wachstum von Trieben einzuschränken.

Rute Der hölzerne Hauptstamm eines Weinstockes.

Schlafende Knospen Knospen, die in Blattachseln entstehen, aber erst durch Verletzungen eines Triebes oder Astes aktiv werden und Triebe bilden. Praktisch entsprechen sie den zufälligen Knospen.

Seitentrieb Er entwickelt sich in einem Winkel von der Hauptachse.

Seitentrieb zweiter Ordnung Ein Seitentrieb, der an einem Seitentrieb wächst.

Spalierbaum Ein Baum mit einem vertikalen Hauptstamm und horizontal erzogenen Armreihen, die meistens einen Abstand von 37 cm haben. Vier oder fünf Reihen sind das Übliche. (s. S. 60).

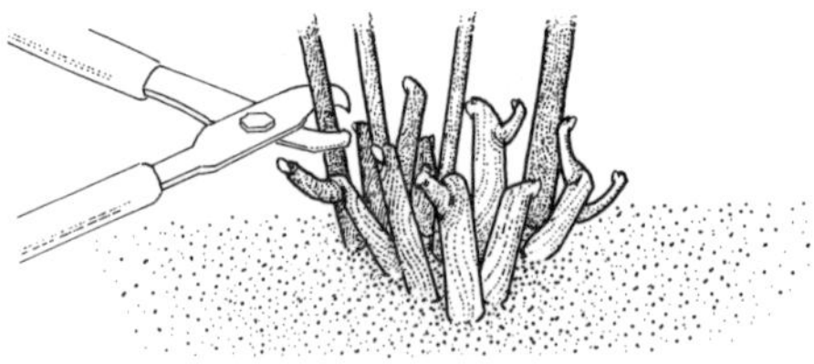

Stutzen Das regelmäßige Beschneiden eines Baumes oder eines Busches nahe am Boden, daß das Wachstum vieler kräftiger Basistriebe anregt.

Triebknospe Eine Knospe, aus der ein Trieb entsteht.

Unterlage s. Veredeln durch Pfropfen

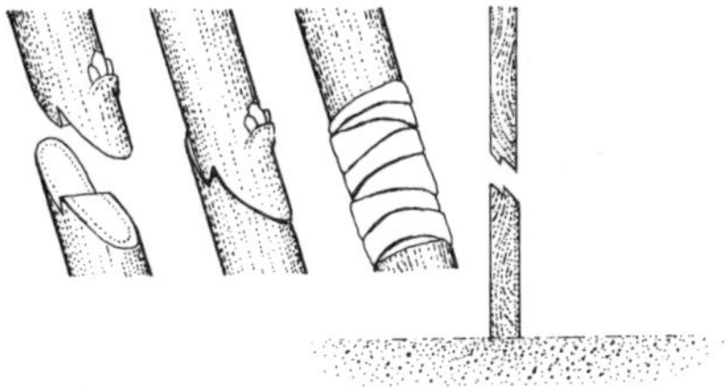

Veredeln durch Pfropfen Eine Methode der Vermehrung. Man vereinigt einen Trieb (oder eine einzige Knospe einer Pflanze, des Edelreises mit dem Wurzelsystem und Stamm einer anderen, der **Unterlage.**

Verzweigte Krone Zweigsystem eines Baumes, der keinen zentralen Leittrieb hat.

Wasserschoß Ein Triebbüschel, das aus einer schlafenden Knospe gewachsen ist, nachdem an einem Zweig eine Wunde oder ein Schnitt entstanden ist.

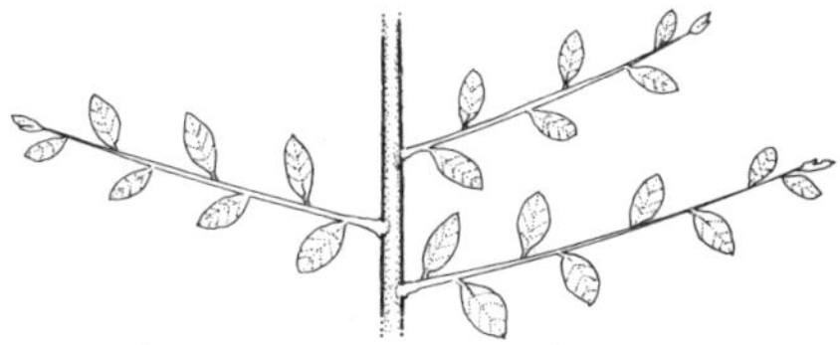

Wechselseitig stehende Blätter, Knospen, Triebe Sie wachsen in unterschiedlicher Höhe, wechselnd, einmal auf der einen, dann auf der anderen Seite an den Zweigen.

Wiederholtes Blühen Mehrfaches Blühen während einer Saison.

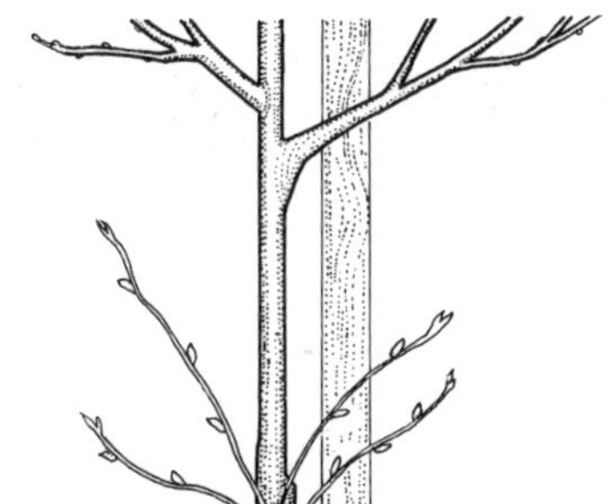

Wildtrieb Ein Trieb, der aus der Wurzel unterhalb der Erde oder genau an der Erdoberfläche wächst. Der Begriff wird meistens für unerwünschte Triebe aus der Wurzel einer veredelten Pflanze verwendet.

Windschäden Das Lockern des Wurzelsystems eines Busches oder Baumes durch starke Winde. Meistens verraten sie ein schlechtes Gleichgewicht zwischen der Wurzel und den Trieben. Man kann sie vermeiden, wenn man die Pflanze gut abstützt und bei kopflastigen Bäumen im Herbst die Zweige verringert.

Zentraler Leittrieb Der zentrale, vertikale, dominierende Zweig eines Baumes.

Zufällige Knospen Normalerweise entwickeln sich Triebknospen in einer festgelegten Ordnung zwischen Blatt und Zweig. Zufällige Knospen sind Triebknospen, die ohne jeden Bezug zu den Blättern, meistens als Reaktion auf eine Wunde, entstehen. Die Triebe, die aus den zurückgeschnittenen Ästen gestutzter Weiden wachsen, sind zufällige Knospen.

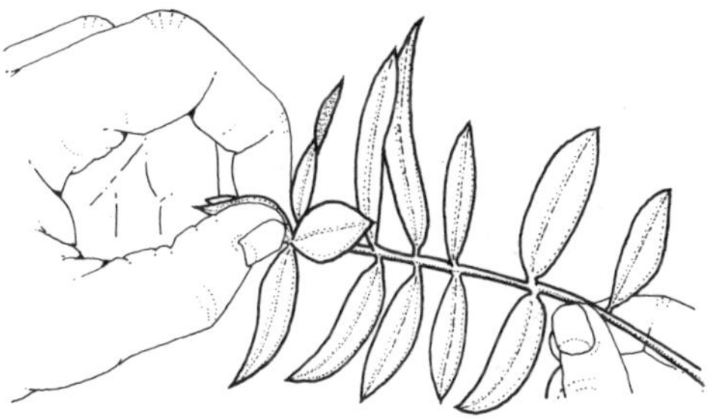

Zurückzwicken Man schneidet oder zwickt zwischen den Fingern die weiche wachsende Spitze eines Triebes ab.

Zweijähriges Holz Zuwachs und Triebe, die zwischen einem und zwei Jahren alt sind.

Viele Leute haben zumindest einige Rosen in ihrem Garten oder an ihrer Hauswand, aber für die meisten Hobby-Gärtner bleibt das richtige Beschneiden der Rosen ein komplizierter und geheimnisvoller Vorgang.

Wild wachsende Rosen haben jedes Jahr nahe der Basis der Pflanze starke neue Triebe. In den folgenden Jahren wird das seitliche Wachstum dieser Triebe zunehmend schwächer. Wenn neue starke Triebe wachsen, wird die von der Wurzel aufgenommene Nahrung zu diesem neuen Wachstum geschickt und die ursprünglichen Triebe verhungern nach und nach. Schließlich sterben die alten Triebe ab, bilden totes Holz und fallen ab. Das ist eine natürliche, aber umständliche Art des Ausputzens. Der Sinn des Schneidens ist, die natürliche Entwicklung abzukürzen, indem man alte, müde Triebe abschneidet und so starkes, gesundes neues Wachstum und die reiche Blüte der Rose anregt.

Der Schnitt ist ein einfacher Vorgang, aber da die Größe der Rosen von Miniaturausgaben von weniger als 30 cm Höhe bis zu starken Kletterrosen von mehr als 10 m reicht, muß man unterschiedliche Schneidetechniken anwenden, um die Pflanzen gesund, reich blühend und in vernünftigen Grenzen zu halten.

Die Augen oder Triebknospen der Rosen sitzen in den Blattachseln. Wenn ein Blatt abfällt, kann man die Knospe genau oberhalb der Blattnarbe sehen. Schneiden Sie immer nahe bei einer Knospe.

Es gibt einige Grundregeln, die für das Beschneiden aller Rosensorten gelten.

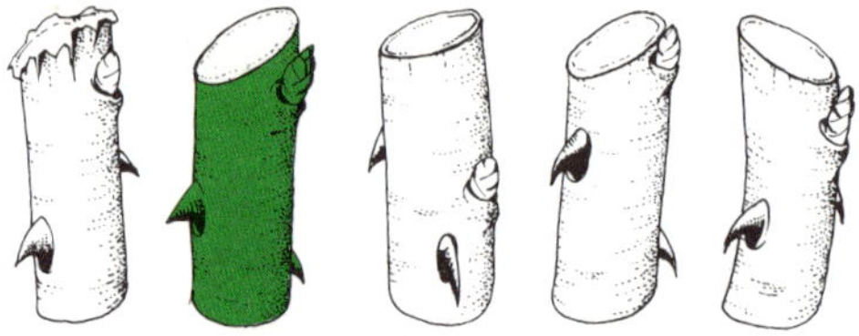

a b c d e

1. Nehmen Sie immer eine scharfe Gartenschere und ein scharfes Messer, da ein ausgefranster Schnitt durch stumpfe Werkzeuge der Grund für das Absterben eines Triebes sein kann (a). Der Schnitt soll nicht mehr als 5 mm oberhalb des Auges sein und soll leicht schräg vom Auge abfallen (b). Wenn Sie zu hoch schneiden, stirbt der Trieb ab (c); ein zu tiefer Schnitt kann das Auge beschädigen oder begünstigen, daß Krankheitskeime in die Wunde dringen (d). Durch einen Schnitt in die falsche Richtung sammelt sich Feuchtigkeit am Auge (e).

2. Schneiden Sie bis in gesundes Holz zurück. Wenn das Mark braun ist, schneiden Sie soweit zurück, bis Sie auf gesundes weißes Mark stoßen.

3. Schneiden Sie oberhalb eines nach außen zeigenden Auges, um der Pflanze eine offene Mitte zu verschaffen.

4. Starke moderne Rosensorten entwickeln nach dem Schnitt oft zwei oder drei Triebe aus einem Auge. Nehmen Sie die schwächeren vorsichtig mit dem Daumennagel ab, lassen Sie immer nur einen Trieb wachsen.

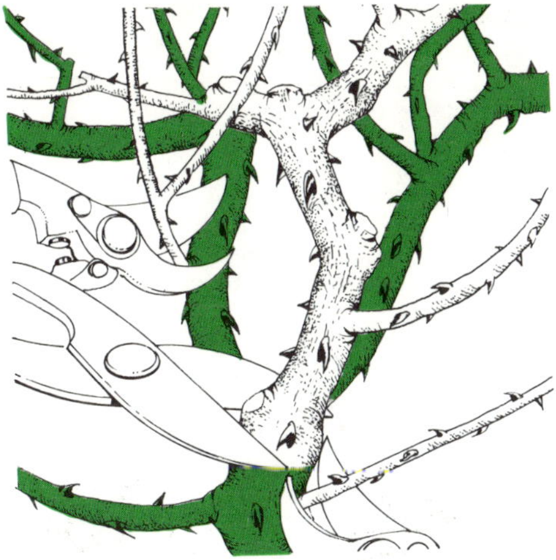

5. Schneiden Sie alle toten und beschädigten Zweige und alles schwache und dürre Holz (b) aus. Das kann bedeuten, daß Sie bis zur Basis zurückschneiden müssen oder bei Seitentrieben bis zur Gabelung mit einem gesunden Zweig. Wenn sich zwei Zweige kreuzen, dann schneiden Sie den einen unterhalb des Kreuzungspunktes ab (c). Bei Strauch und Kletterrosen ist das nicht immer leicht, aber wo immer es möglich ist, sollten Sie zumindest verhindern, daß Zweige gegeneinanderreiben.
6. Halten Sie Zwischenräume zwischen den Zweigen, damit die Luft durch die Pflanze zirkulieren kann und das Licht alle Blätter erreicht. Das verringert die Anfälligkeit gegen Krankheiten wie Sternrußtau, Mehltau und Rost, die sich alle bei stehender Luft entwickeln.
7. Verbrennen Sie die abgeschnittenen Zweige, um die Verbreitung von Krankheiten zu vermeiden.

Vielleicht wissen Sie nicht, zu welchen Sorten die Rosen in Ihrem Garten gehören, z. B. wenn Sie im späten Herbst oder Winter in das Haus eingezogen sind, und die Pflanzen nicht beschildert sind. Wenn Sie also nicht sicher sind, wie Sie sie behandeln sollen, dann beschränken Sie sich beim Winterschnitt auf die Punkte, die unter »Grundsätzliche Regeln« angegeben sind. Im folgenden Sommer können Sie an den Blüten erkennen, zu welchen Sorten sie gehören und sie dann entsprechend schneiden. Die Schneidetechniken können je nach Bedingungen leicht variieren, mit etwas Erfahrung werden Sie aber schnell lernen, wie Sie Ihrem Boden und Klima gerecht werden.

Wildtriebe

Die meisten Rosen werden auf dem Wurzelstock einer Wildrose veredelt. Während des Wachsens können Wildtriebe unterhalb der Veredelungsstelle entstehen. Diese Wurzelschößlinge können die Rose schwächen und evtl. sogar die Edelrose verdrängen. Man muß sie sofort entfernen.

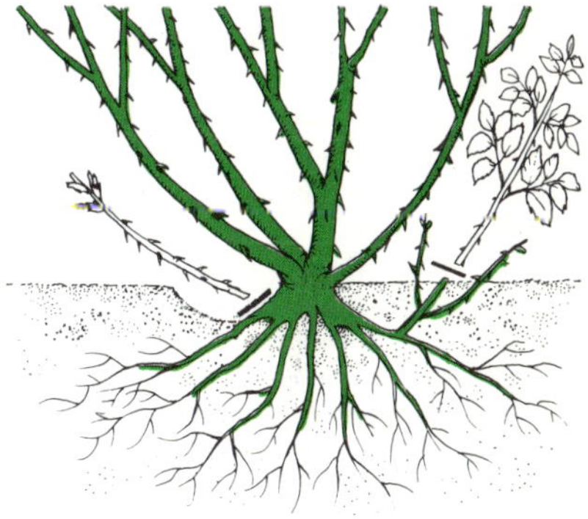

Verfolgen Sie den Wildtrieb bis zu seiner Austriebstelle und reißen Sie ihn dort ab. Schneiden Sie ihn nie am Boden ab, das fördert nur den Wuchs weiterer Wildtriebe.

Bei Hochstammrosen, die auf den Stämmen wilder Rosenstöcke veredelt wurden, wachsen die Wildtriebe unterhalb der Veredelungsstelle. Sie müssen sorgfältig ausgerissen oder mit einem scharfen Messer abgeschnitten werden.

Die Zeit des Schneidens richtet sich etwas nach der Rosensorte, und genaue Angaben werden in jedem Abschnitt gemacht.

Winterschnitt
Der Winterschnitt wird am besten zwischen Mitte Februar und Mitte März vorgenommen, je nach Lage und Witterung.
Früheres Schneiden von Dezember bis Januar kann zu vorzeitigem Wuchs führen, der oft durch Frost zerstört wird. Späteres Schneiden im April ist häufig eine Verschwendung von Pflanzenkraft, da man das schon entwickelte Wachstum mitschneidet. Am besten ist es, bei günstigem Wetter zu schneiden, wenn die Triebknospen etwa bis zur Hälfte der stärksten Zweige hinauf zu schwellen beginnen.
Häufen Sie nach dem Winterschnitt eine Mulchdecke aus gutem Kompost oder Dung um die Rose. Der Schnitt bewirkt das konstante Wachstum junger starker Triebe, aber nur wenn ausreichend Dünger für sie vorhanden ist.
In manchen Jahren, besonders wenn das Wetter von milder Frühlingsluft zu Frostperioden wechselt, können Frostschäden entstehen. Wenn neue Triebe vom Frost zerstört sind, müssen die Haupttriebe bis zu noch ruhenden Augen zurückgeschnitten werden.

Der Schnitt für »Ausstellungsrosen«

Rosenzüchter, die auf nationale und regionale Ausstellungen gehen, müssen zu einem bestimmten Zeitpunkt Rosenblüten von hoher Qualität haben.
Dazu brauchen sie sehr viel Erfahrung und eine gründliche Kenntnis der individuellen Rosensorten. Es ist nicht der Sinn dieses Buches, Führer für künftige Aussteller zu sein. Es muß genügen, wenn wir sagen, daß in solchen Fällen der anfängliche Winterschnitt rigoroser sein muß, um die Anzahl der Triebe zu beschränken und bei Tee-Hybriden alle Blütenknospen bis auf eine pro Stengel zu entfernen.

Sommerschnitt
Der Sommerschnitt beschränkt sich auf das Entfernen von verwelkten Blüten oder Blütenbüschen und wird während der ganzen Blütezeit ausgeführt.

Edelrosen

Korrekt geschnittener Blütenstand
Schneiden Sie bis zu einem nach außen zeigenden Trieb oder Auge unterhalb des Blütenstandes zurück.

Floribunda-Rosen

Korrekt geschnittener Blütenstand
Entfernen Sie das ganze Blütenbüschel bis zur ersten kräftigen nach außen zeigenden Knospe.

Einige Rosen, wie die Wildrose (Rosa moyesii) werden sowohl wegen ihrer leuchtenden Hagebutten, als auch wegen ihrer Blüten angepflanzt. Bei diesen Rosen sollten die Blüten stehen bleiben, bei den meisten Rosen entfernt man sie am besten, wenn sie welk sind. Das verhindert, daß die Pflanze Kraft an unnötige Samenerzeugung verschwendet und beseitigt mögliche Krankheitsquellen (besonders bei nassem Wetter) und regt frisches Wachstum und neues Blühen an.

Schneiden Sie bis zum ersten starken Auge oder jungen Trieb unterhalb der Blütenstände zurück. Das sollte normalerweise ein nach außen zeigendes Auge sein, kann aber auch gelegentlich ein nach innen zeigendes sein, wenn es für die schöne Form der Pflanze nötig ist. Wenn nur die Blüte und ihr Stengel entfernt werden, entstehen unmittelbar unterhalb des Blütenstandes schwache Knospen, die dünne, wuchernde Triebe hervorbringen.

Schneiden Sie Blütenzweige nie länger ab, als wirklich nötig, und nehmen Sie von einem Busch nie mehr als einen oder zwei lange Zweige. Die Blätter produzieren viel von der Nahrung der Pflanze, deshalb wird die Pflanze geschwächt, wenn Sie zu viele während des Wachstums abschneiden. Im Spätsommer sollte man die verblühten Rosen nicht mehr oder nur noch sehr begrenzt abschneiden, um nicht das Wachstum neuer Triebe anzuregen, die im Winter erfrieren würden.

Falsch geschnittener Blütenstand
Die Zweige sind zu lang abgeschnitten worden; das schwächt die Pflanze.

Falsch geschnittener Blütenstand
Nur die einzelnen Blüten wurden abgeschnitten, die schwachen Zweige jedoch stehengelassen.

Blinde Triebe

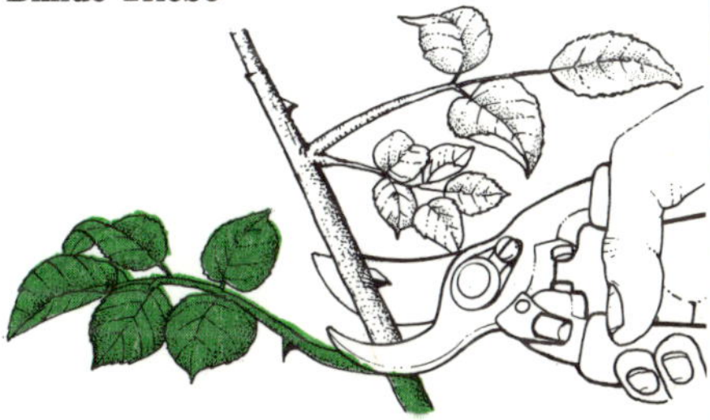

Einige Tee-Hybriden, Floribunda und Kletterrosen haben »blinde Triebe«, die nicht blühen. Diese blinden Triebe sollten hart zurückgeschnitten werden, sobald man sie bemerkt, damit die darunter sitzenden Augen zu starkem Wachstum angeregt werden. Andernfalls wird die Blütekraft der Pflanze verringert.

Herbstschnitt
In sehr windigen Gegenden sollte man die langen Zweige im November um 15 bis 30 cm kürzen. Das verringert die Gefahr, daß die Wurzel durch Windschwingungen Schaden nimmt.

Das Ziel des Schneidens ist ein starkes Wachstum an der Basis, aus der sich eine in der Mitte offene, tassenförmige Pflanze bildet, die ein gleichmäßig aufgeteiltes Gerippe aus Trieben hat. Edel-Rosen blühen am jungen Holz, und den meisten tut ein leichter bis ziemlich gründlicher jährlicher Schnitt gut. Dadurch bleibt die Pflanze buschig und bringt ständig starke junge Triebe hervor. Der jährliche Schnitt sollte zwischen Mitte Februar und Mitte bis Ende März stattfinden. Boden und Klima können hier Verschiebungen bedingen.
Sehr kräftige Rosen, wie z. B. die »Gloria Dei« sollten nur sehr leicht beschnitten werden, da starkes Schneiden zwar robuste, aber häufig nicht blühende Triebe hervorbringt. Andere kräftige Züchtungen wie »Chinatown« und »Uncle Walter« tragen auf 150 bis 180 cm langen Zweigen ihre Blüten. Eine alternative Methode für diese Züchtungen ist, ihre Zweige horizontal niederzubiegen und zu befestigen. Eine andere Art des Schneidens ist dann nötig (s. S. 9). Diese Methode eignet sich auch für viele andere Kletterrosen.

Das erste Jahr

Edel-Rosen hat man meistens im Herbst mit zwei bis drei starken Trieben aus der Baumschule bekommen. Schneiden Sie die Haupttriebe leicht zurück, wenn das noch nicht geschehen ist. Und schneiden Sie zu lange, dicke oder beschädigte Wurzeln ab, bevor Sie pflanzen. Schneiden Sie dann zwischen Mitte Februar und Mitte März jeden Trieb auf zwei bis vier Augen oder auf 15 cm oberhalb des Bodens zurück. Das erzeugt starken Wuchs an der Basis. Wenn der Boden sehr sandig ist und die Nährstoffe fehlen, muß etwas vorsichtiger auf vier bis sechs Augen oder etwa 20 cm zurückgeschnitten werden. Im zweiten Jahr kann dann kräftiger zurückgeschnitten werden.

Das zweite und die folgenden Jahre

Im zweiten und den folgenden Jahren sollten Edel-Rosen vorsichtig zurückgeschnitten werden. Schneiden Sie die stärksten (dicksten) Triebe auf vier bis sechs Augen oder etwa 25 cm und die weniger starken auf zwei bis vier Augen oder 15 cm zurück. Diese Art des Schneidens ergibt die besten Ergebnisse. Wenn die Pflanzen älter werden, sollten ein oder zwei alte Zweige bis zur Basis zurückgeschnitten werden.

Das erste Jahr

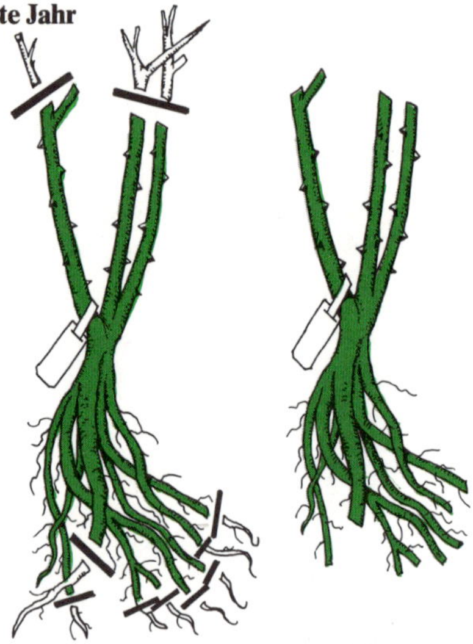

1 Herbst. Der Busch, wie man ihn kauft. Schneiden Sie die Haupttriebe leicht zurück, wenn das noch nicht geschehen ist. Beschneiden Sie vor dem Pflanzen auch alle zu langen, groben und beschädigten Wurzeln.

Das zweite und die folgenden Jahre

4 Mitte Februar bis Mitte/Ende März. Schneiden Sie alles tote oder beschädigte Holz aus. Entfernen Sie schwache, sich kreuzende und nach innen wachsende Äste.

2 Mitte Februar bis Mitte/Ende März. Schneiden Sie alle Triebe auf zwei bis vier Augen oder 15 cm vom Boden zurück. Bis Juni oder Juli sind neue Triebe nachgewachsen.

3 September bis Oktober. Schneiden Sie am Ende der ersten Wachstumsperiode die Blütenzweige ab, und entfernen Sie alle weichen, unreifen Triebe.

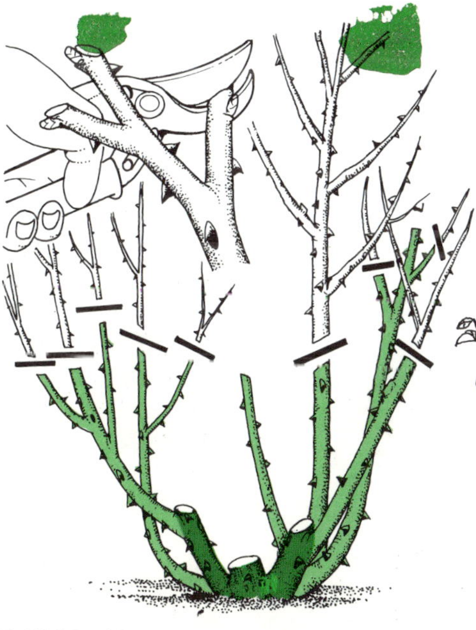

5 Gleichzeitig müssen starke Zweige auf vier bis sechs Augen oder 22 cm zurückgeschnitten werden und schwächere Äste und bleibende Seitentriebe auf zwei bis vier Augen oder 15 cm.

6 September bis Oktober. Schneiden Sie am Ende der ersten Wachstumsperiode die Blütenzweige ab, und entfernen Sie alle weichen unreifen Triebe.

Herunterbinden
Einige moderne Edel-Rosen-Züchtungen wie »Chinatown« und »Uncle Walter« sind sehr kräftig und blühen an der Spitze von 180 bis 200 cm langen Zweigen. Diese Zweige können horizontal auf ein Gestell gezogen oder runtergebunden werden.

Das erste Jahr
Neu gepflanzte Rosen dieser Art werden wie normale Edel-Rosen behandelt.

Das zweite, dritte und die folgenden Jahre
Am Ende der ersten Blütezeit werden die starken neuen Triebe an der Basis runtergebunden. Die Hälfte der alten Triebe und alles unpassende, schwache, tote oder kranke Wachstum wird weggeschnitten. Die bleibenden Seitentriebe werden auf zwei bis drei Augen oder 10 bis 15 cm gekürzt. Das regt seitliches Wachstum an den runtergebundenen Trieben im folgenden Sommer an. Diese Seitentriebe blühen reichlich und bilden dann einen herrlichen Anblick. Im dritten und in den folgenden Jahren müssen die alten runtergebundenen Triebe entfernt werden, vorausgesetzt, daß die Pflanze kräftig bleibt.

Das erste Jahr

1 Oktober. Schneiden Sie am Ende der ersten Wachstumsperiode die Blütenzweige bis zur Basis runter. Lassen Sie kräftige Triebe an der Basis, die sich im Sommer entwickelt haben, stehen.

Das zweite Jahr

4 Juli. Der Busch blüht auf Seitentrieben der runtergebundenen Triebe. Starke, nicht blühende Triebe wachsen in der Mitte.

5 September bis Oktober. Schneiden Sie die Hälfte der runtergebundenen Triebe zurück, wenn sie geblüht haben. Binden Sie kräftige Triebe aus der Mitte des Busches runter. Schneiden Sie

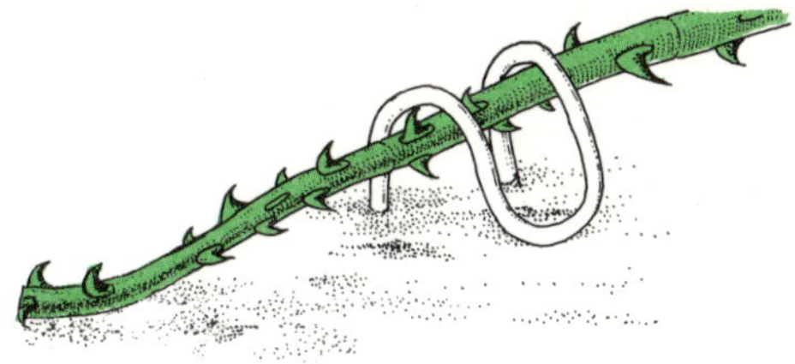

2 Gleichzeitig stützen Sie diese kräftigen Triebe und entfernen alle Blüten und schwachen Seitentriebe.

3 Binden Sie die Triebe etwa 15 cm über dem Boden runter. Schneiden Sie alle Seitentriebe auf zwei bis vier Augen oder 10–15 cm zurück. Schneiden Sie alle schlecht plazierten Seitentriebe aus.

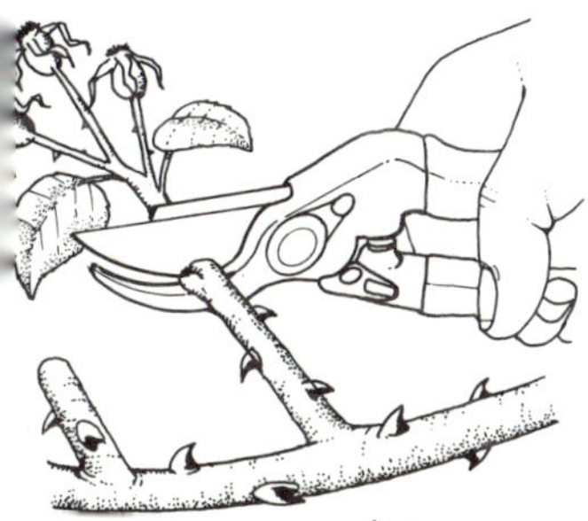

Das dritte und die folgenden Jahre

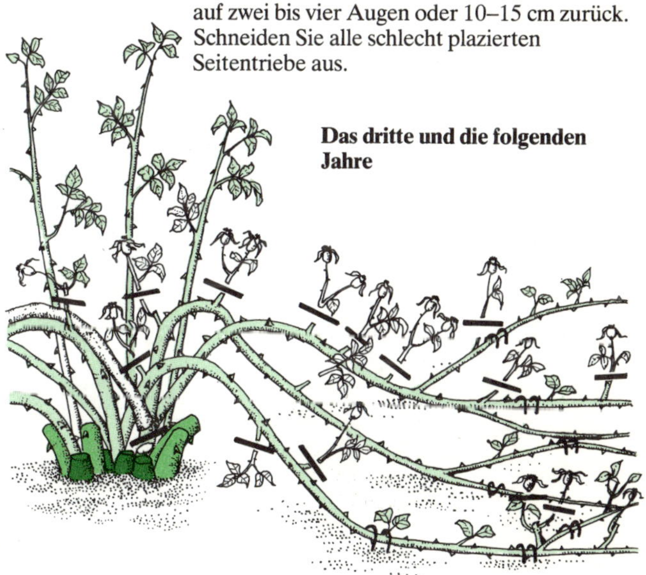

alles schwache Holz aus, und kürzen Sie die bleibenden Seitentriebe auf zwei, drei Augen oder 10–15 cm. Schneiden Sie alle schlecht plazierten Seitentriebe aus.

6 September bis Oktober. Schneiden Sie alle runtergebundenen Triebe ab, die geblüht haben. Binden Sie kräftige Triebe aus der Mitte des Busches runter. Schneiden Sie alles schwache Wachstum aus, und kürzen Sie die restlichen Seitentriebe auf zwei bis drei Augen oder 10–15 Seitentriebe.

Floribunda-Rosen sind kräftiger als die meisten Edel-Rosen und bringen eine Folge von Rosenbüscheln kleinerer Blüten hervor. Manchmal ist es schwierig, Floribunda-Rosen so zu schneiden, daß man die optimale Anzahl von Blüten bekommt.
Scharfes jährliches Zurückschneiden wie bei den Edel-Rosen kann die Floribunda-Rosen innerhalb weniger Jahre schwächen, während zu leichter Schnitt große Büsche aus schwachem, dünnem Wachstum bildet. Vorsichtiges Zurückschneiden jedes Triebes auf sechs bis acht Augen oder 30 bis 40 cm wird oft empfohlen und hat sich als ziemlich erfolgreich erwiesen, besonders in windigen Gegenden. Es bringt jedoch nicht die fast ununterbrochene sommerliche Pracht hervor, die man erreichen kann; außerdem neigt das ältere Holz dazu, abzusterben, ohne daß sich neue Triebe an der Basis bilden. Als befriedigendste Methode hat sich eine Kombination von leichtem Schneiden einiger Triebe zur Bildung früher Blüten und stärkerem Schnitt anderer Triebe zur Förderung neuen Wuchses an der Basis und späterer Blüten erwiesen. Der jährliche Schnitt soll zwischen Mitte Februar und Mitte März erfolgen. Abweichungen können sich durch besondere Bodenarten oder die Witterung ergeben.

Das erste Jahr
Einjährige Floribunda-Rosen bekommt man meistens mit drei bis fünf starken Trieben und oft schwachen, dürren Seitentrieben. Schneiden Sie zwischen Mitte Februar und Mitte März jeden starken Trieb auf drei bis fünf Augen oder 15 bis 22 cm zurück und entfernen Sie alle schwachen Triebe.

Das zweite Jahr
Zwischen Mitte Februar und Mitte März des zweiten Jahres müssen alle einjährigen Haupttriebe an der Basis (oder nahe der Basis) um etwa ein Drittel ihrer Länge gekürzt werden und alle bleibenden Seitentriebe um zwei bis drei Augen oder 10 bis 15 cm. Starke Triebe aus älterem Holz (die beim Pflanzen auf drei bis fünf Augen zurückgeschnitten wurden) müssen auf drei bis fünf Augen zurückgeschnitten oder völlig entfernt werden, damit die Mitte des Busches offen bleibt.

Das dritte und die folgenden Jahre
Im dritten und den folgenden Jahren wird dieses Erneuerungsprogramm zwischen Mitte Februar und Mitte März fortgesetzt. Schneiden Sie starke, einjährige Triebe leicht um ein Drittel zurück und zweijähriges Holz auf drei bis fünf Augen.

Das zweite Jahr

4 Mitte Februar bis Mitte März. Schneiden Sie totes oder krankes Holz, schwache, sich kreuzende oder nach innen wachsende Zweige aus. Schneiden Sie einjährige Basistriebe um ein Drittel zurück. Schneiden Sie älteres Holz auf etwa drei Augen oder 15–22 cm und die restlichen Seitentriebe auf zwei, drei Augen oder 10–15 cm zurück.

5 Oktober. Das Wachstum am Ende der zweiten Wachstumsperiode. Stutzen Sie die Haupttriebe, und schneiden Sie alle weichen, unreifen Triebe aus.

Das erste Jahr

1 Herbst. Der Busch, wie man ihn kauft. Schneiden Sie die Haupttriebe leicht zurück, wenn das noch nicht geschehen ist. Beschneiden Sie vor dem Pflanzen auch alle zu langen, groben und beschädigten Wurzeln.

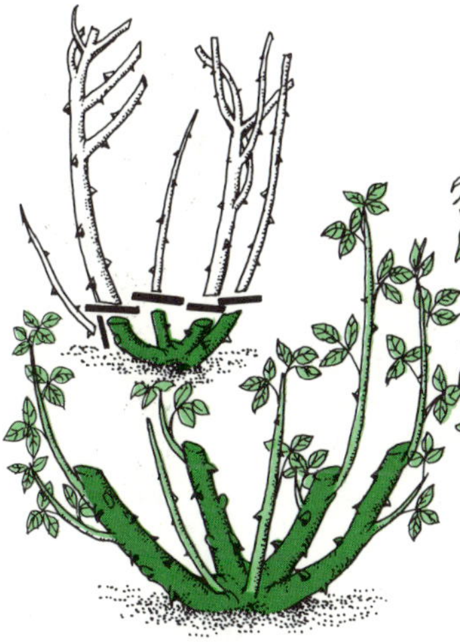

2 Mitte Februar bis Mitte März. Schneiden Sie alle Triebe auf drei bis fünf Augen oder 15–22 cm von der Basis zurück. Entfernen Sie alle schwachen Triebe. Im April oder Mai entwickeln sich neue Triebe.

3 Oktober. Das Wachstum am Ende der ersten Wachstumsperiode. Stutzen Sie die Haupttriebe, und schneiden Sie alle weichen, unreifen Triebe aus.

Das dritte und die folgenden Jahre

6 Mitte Februar bis Mitte März. Schneiden Sie totes oder beschädigtes Holz aus. Schneiden Sie schwache, sich kreuzende und nach innen wachsende Zweige aus.

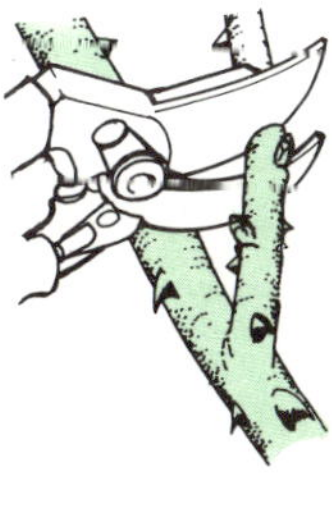

7 Gleichzeitig schneiden Sie alle einjährigen Haupttriebe von der Basis um ein Drittel zurück und ihre Seitentriebe auf zwei, drei Augen oder 10–15 cm. Beschneiden Sie älteres Holz hart auf etwa vier Augen oder 15–22 cm vom Boden. Schneiden Sie einige alte Triebe bis zur Basis runter, wenn die Buschmitte überfüllt ist.

Zwergrosen sind eine beliebte Gruppe niedrig wachsender Rosen, die 30 bis 60 cm hoch werden. Die Blüten haben eine ähnliche Form wie die Tee-Hybriden und Floribunda-Rosen und blühen auf dem neuen Holz des jeweiligen Jahres.
Die Zwergrosen werden ähnlich wie die Edel-Rosen geschnitten, es ist aber ratsam, neu gepflanzte Zwergrosen nicht zu stark zurückzuschneiden.
Gelegentlich wachsen sehr kräftige Triebe, die die Gesamtsymmetrie der Pflanze zu zerstören drohen. Am besten entfernt man sie im Frühjahr, damit ein ausgewogenes Wachstum erhalten bleibt. Wenn eine Zwergrose häufig solche kräftigen Triebe hervorbringt, die das Gleichgewicht der Pflanze stören, dann schneidet man sie am besten wie eine Floribunda-Rose (s. S. 20).

Das erste Jahr

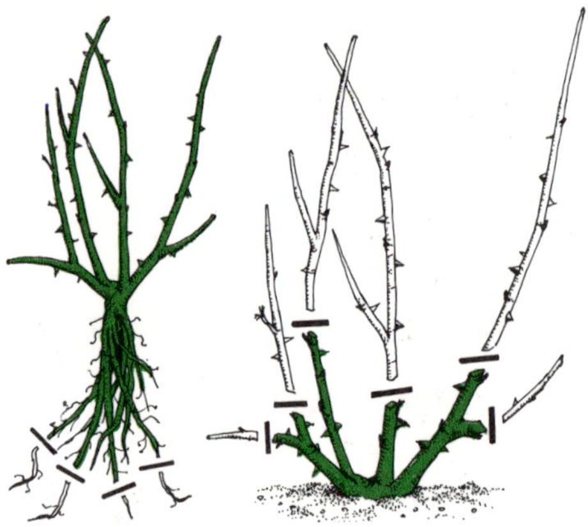

1 Mitte Februar bis Mitte März. Beschneiden Sie die Wurzeln; schneiden Sie kräftige Triebe auf etwa drei Augen oder 10–15 cm zurück. Schwachen Wuchs entfernen.

Polyantha-Rosen sind eine Gruppe niedriger, buschiger, oft mehrmals blühender Rosen. Sie sind die Vorläufer der modernen Floribunda-Rosen. Sie werden selten höher als 60–90 cm und haben viele dünne verzweigte Triebe. Die neu gepflanzten Rosen dieser Gruppe sollten im Februar oder März leicht beschnitten werden. Starke Triebe sollten um ein Drittel gekürzt wer-

Das erste Jahr

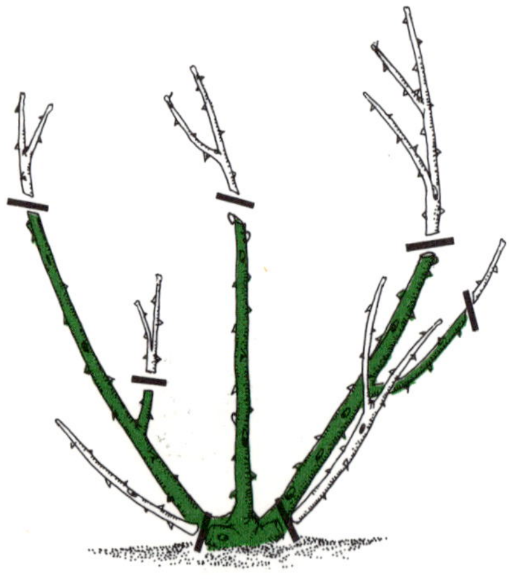

1 Februar bis März. Beschneiden Sie die Wurzeln vorm Pflanzen. Schneiden Sie kräftige Triebe um ein Drittel zurück, und entfernen Sie alles schwache Wachstum.

2 Juni bis September. Der blühende Busch mit neuem Wachstum. Verwelkte Blüten werden abgeschnitten, damit neue Blüten entstehen.

2 Juni/Juli. Kräftige Triebe bilden die Basis. Die Blüten haben sich in Büscheln an den dünneren Trieben gebildet. Der Sommerschnitt läßt neue Blüten entstehen.

Zweites und folgende Jahre

3 Februar bis März. Schwache Triebe ausschneiden. Starke Triebe auf etwa vier Augen oder 10–15 cm zurückschneiden.

den und schwache, dünne Triebe sollten völlig entfernt werden. Entfernen Sie im zweiten und den folgenden Jahren im Februar oder März altes, schwaches, krankes oder totes Holz. Weiterhin muß nur die offene Buschmitte erhalten werden und kräftige Äste müssen um ein Drittel zurückgeschnitten werden. Beschneiden Sie auch im Sommer, damit die Rosen reichlich blühen.

Das zweite Jahr

3 Februar bis März. Schneiden Sie kräftige Zweige um ein Drittel zurück, und erhalten Sie die offene Buschmitte, indem Sie altes, schwaches, krankes und totes Holz ausschneiden.

Das dritte und die folgenden Jahre

4 Februar bis März. Schneiden Sie kräftige Zweige um ein Drittel zurück, entfernen Sie dürre Zweige, und erhalten Sie die offene Buschmitte, indem Sie altes, schwaches, krankes oder totes Holz ausschneiden.

Kletterrosen blühen entweder frei in herrlichen ungebändigten Büscheln oder sie haben nur einige armselige Blüten. Wenn man sie jedoch beschneidet und erzieht, dann bringen sie regelmäßig eine Fülle schöner Blüten hervor.
Es hat sich als zweckmäßig ergeben, die Kletterrosen in fünf Gruppen einzuteilen, aber diese Einteilung muß nicht starr eingehalten werden, und bei der Art des Zurückschneidens gibt es Gemeinsamkeiten.
Wo immer es genügend Platz gibt, ist es ratsam, neue Triebe, die der Ausdehnung dienen, so horizontal wie möglich zu ziehen. Es muß allerdings so viel Spielraum bleiben, daß eine ausgewogene Pflanze entsteht und das natürliche Wachstum darf nicht gestört werden. Vertikal gezogene Zweige bilden häufig nur an der Spitze einige blühende Seitentriebe. Horizontal gezogene Zweige bilden fast ihre ganze Länge entlang blühende Seitentriebe, und das sieht viel schöner aus.
Die Entstehung neuer Triebe hängt von ausreichender Düngung ab, besonders bei der Gruppe 1, bei der jährlich alles alte Holz entfernt wird. Um Windschäden zu vermeiden und um ein ausgewogenes Grundastgerüst zu schaffen, ist es wichtig, alle neuen langen Triebe festzubinden.
Die Gruppe 1 umfaßt alle echten Kletterrosen, Sorten wie »Dorothy Perkins« und »Excelsa«, die von der Rosa wichuraiana abstammen. Sie blühen im Juni und Juli auf Seitentrieben von langen flexiblen Leittrieben aus vorjährigem Holz.

Das erste Jahr
Schneiden Sie alle kräftigen Triebe bei Pflanzen auf 25 bis 40 cm Höhe zurück, und entfernen Sie alles schwache Wachstum. Dieses scharfe anfängliche Beschneiden regt kräftiges, ausgewogenes Wachstum während des ersten Jahres an. Blüten kommen jedoch erst im folgenden Jahr.

Das zweite und die folgenden Jahre
Jetzt werden alle Triebe, die geblüht haben, bis zur Basis zurückgeschnitten. Das sollte bald nach dem Abblühen getan werden, gewöhnlich zwischen August und September. Die neuen Triebe an der Basis werden so eingebunden, daß sie die alten Triebe ersetzen und im folgenden Sommer blühende Seitentriebe bilden. Wo der Standort es erlaubt, sollten Sie die neuen Triebe so weitgehend horizontal ziehen wie möglich, um viele blühende Seitentriebe anzuregen.
Manchmal entwickeln sich nur wenige Triebe an der Basis. Lassen Sie dann einen Teil der kräftigsten alten Triebe stehen, und schneiden Sie deren Seitentriebe nach der Blüte auf zwei bis drei Augen oder 10 bis 15 cm vom Hauptzweig zurück.

3 Juni bis Juli. Die Pflanze blüht auf Seitentrieben des Vorjahres. An der Basis entwickeln sich neue Triebe. Ziehen Sie diese mehr oder weniger horizontal, und binden Sie sie fest.

Das zweite und die folgenden Jahre

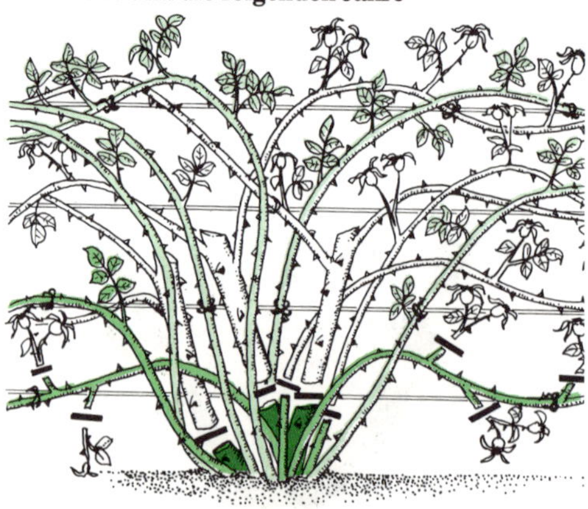

4 August bis September. Schneiden Sie die Blütentriebe bis zur Basis aus. Lassen Sie, wenn nötig, einen oder zwei stehen, um sie in das Astgerüst zu ziehen. Schneiden Sie die Seitentriebe auf drei Augen oder 10–15 cm zurück. Binden Sie alle neuen Triebe fest.

Das erste Jahr

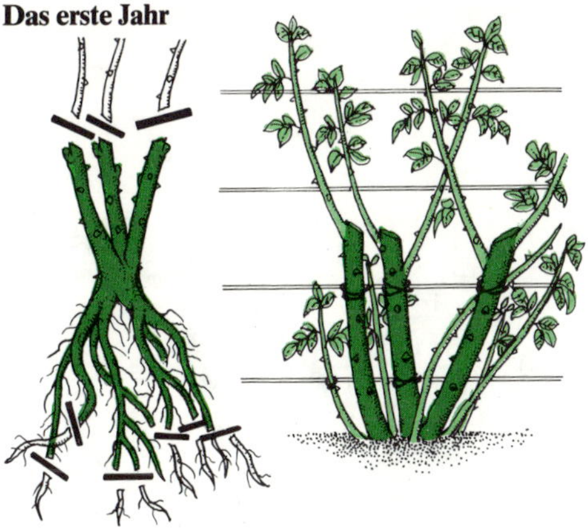

1 Herbst. Die Pflanzen, wie Sie sie kaufen, mit etwa vier Trieben. Schneiden Sie die Triebe auf 25–35 cm zurück, und beschneiden Sie vorm Pflanzen unregelmäßige und grobe Wurzeln. **Frühling:** Neue Triebe entwickeln sich.

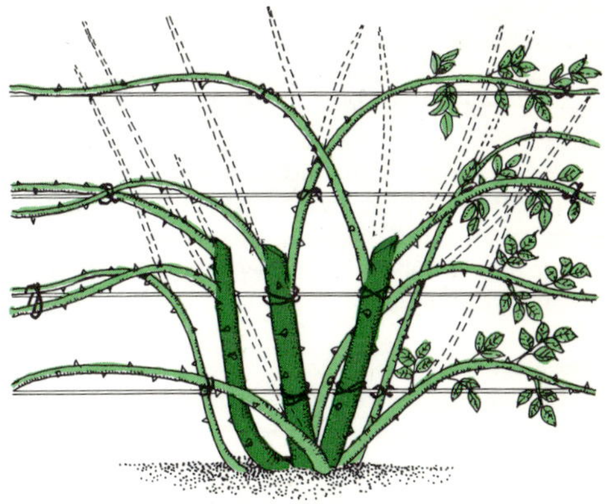

2 Juni bis September. Aus dem beschnittenen Wachstum und an der Basis der Pflanze haben sich starke Triebe entwickelt. Ziehen Sie sie in der gewünschten Weise.

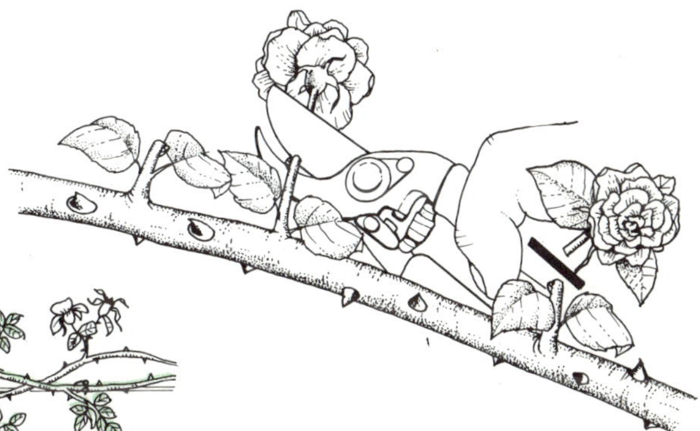

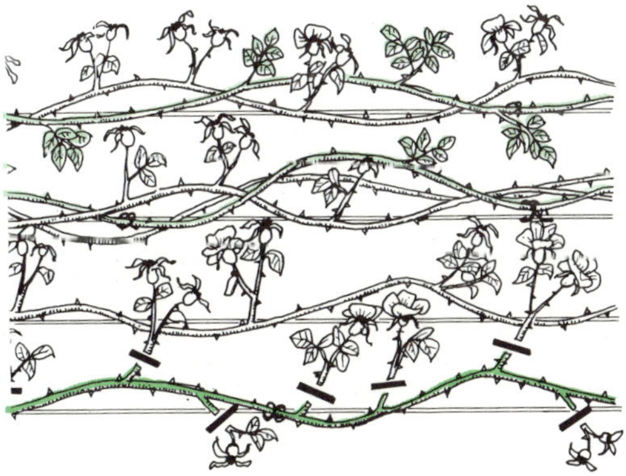

5 Oktober. Am Ende der zweiten Wachstumsperiode sind alle Triebe an den gewünschten Platz gezogen.

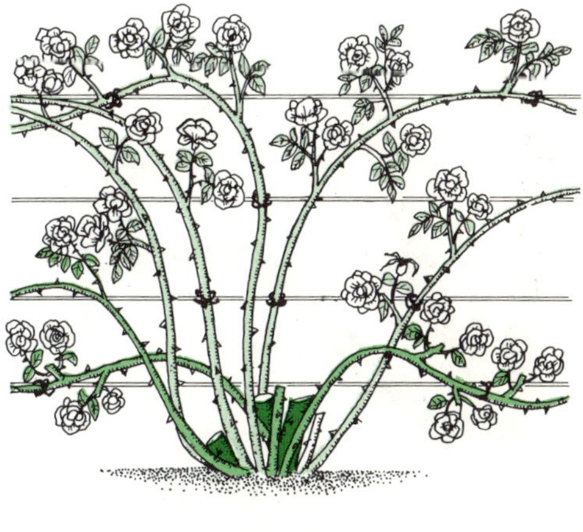

Die Gruppe 2 umfaßt viele bekannte kräftige Rosensorten, wie die »Albertine« und »Chaplin's Pink«. Sie blühen einmal im Sommer auf den Seitentrieben der langen Zweige des Vorjahres. Sie unterscheiden sich von den echten Kletterrosen dadurch, daß sie wenig neue Triebe an der Basis bilden, das meiste neue Wachstum entsteht an alten Stämmen weiter oben. Durch Schneiden soll altes Holz proportional zum neuen entfernt werden.

Das erste Jahr
Neu gepflanzte Sorten dieser Gruppe werden so wie die Gruppe 1 behandelt.

Das zweite, dritte und die folgenden Jahre
Die Pflanzen werden bald nach der Blüte geschnitten. Schneiden Sie einen oder zwei alte Zweige völlig weg, und ziehen Sie jeden sich entwickelnden Trieb von der Basis an die richtige Stelle. Wenn sich an der Basis keine Triebe bilden, schneiden Sie einen oder zwei alte Triebe auf 30 bis 45 cm Länge zurück.
Schneiden Sie älteres Holz weiter oben an der Pflanze bis zu dem Punkt zurück, an dem ein neuer kräftiger Leittrieb wächst. Lassen Sie den Leittrieben ihre ganze Länge und ziehen Sie sie so horizontal wie möglich. Alle kürzeren Seitentriebe sollten auf zwei bis drei Augen oder 15 cm zurückgeschnitten werden.

Das zweite Jahr

1 Juni bis Juli. Die Pflanze blüht auf Seitentrieben des Vorjahres. An der Basis entwickeln sich ein oder zwei Triebe, und einige Leittriebe entwickeln sich weiter oben.

Das dritte und die folgenden Jahre

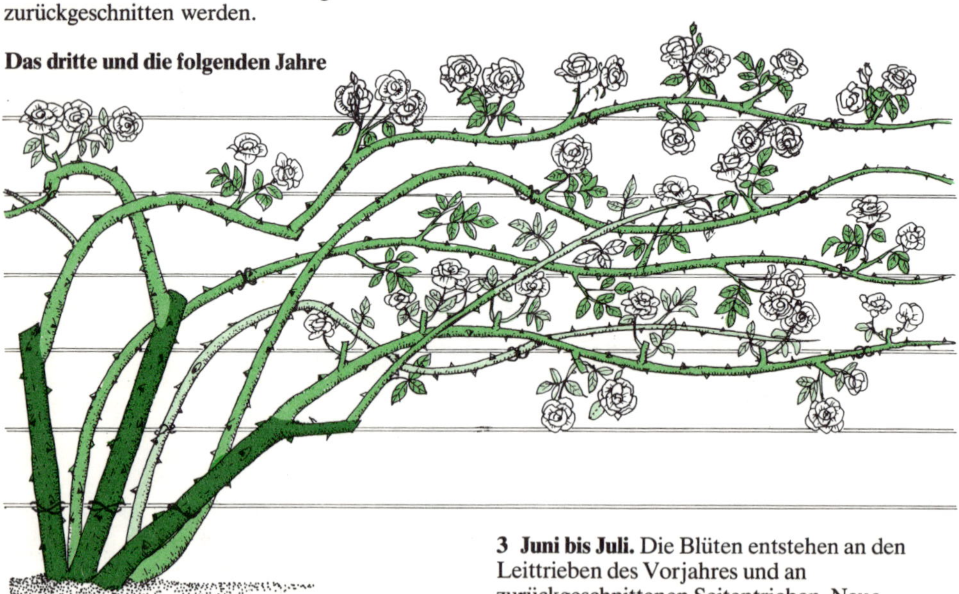

3 Juni bis Juli. Die Blüten entstehen an den Leittrieben des Vorjahres und an zurückgeschnittenen Seitentrieben. Neue Leittriebe entwickeln sich.

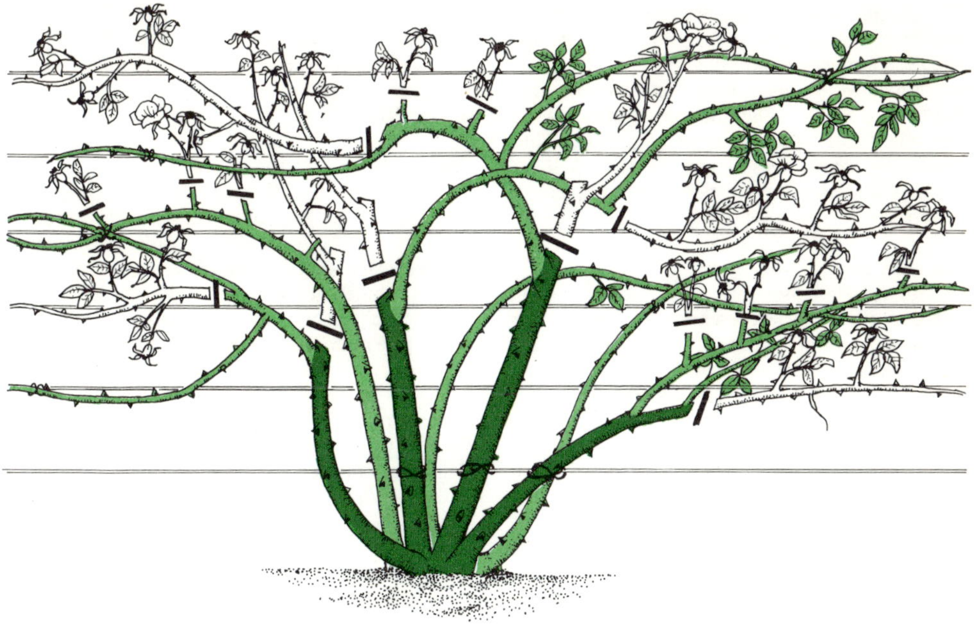

2 August bis September. Schneiden Sie das alte Wachstum bis zu den Hauptersatztrieben zurück. Schneiden Sie die Blütenseitentriebe auf 2–3 Augen oder 15 cm zurück. Ziehen Sie die Ersatzleittriebe soweit es geht in die Horizontale. Schneiden Sie schwache Leittriebe auf 2–3 Augen oder 15 cm zurück.

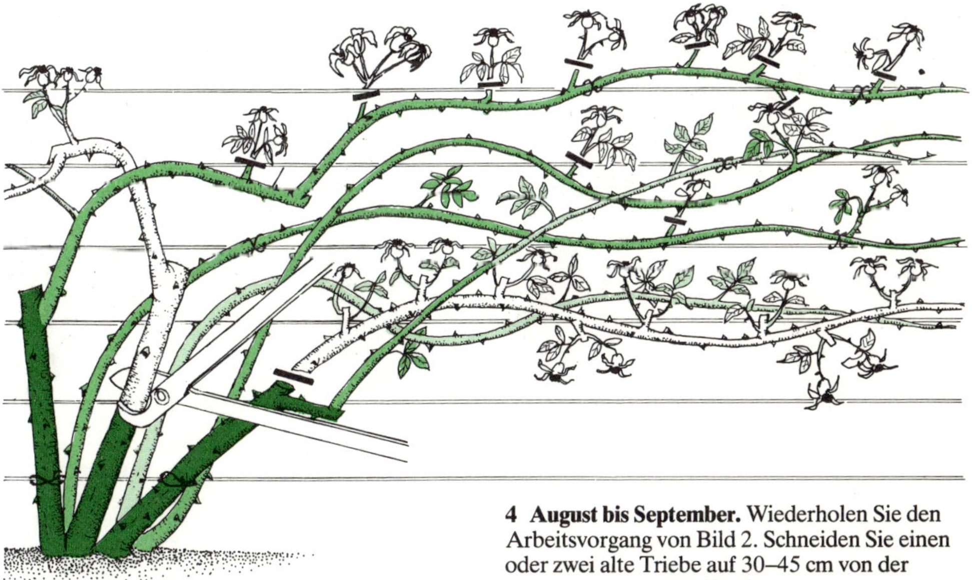

4 August bis September. Wiederholen Sie den Arbeitsvorgang von Bild 2. Schneiden Sie einen oder zwei alte Triebe auf 30–45 cm von der Basis zurück, um das Wachstum von Ersatztrieben an der Basis anzuregen.

Die Gruppe 3 enthält die Kletterrosen, die auf dem Holz des laufenden Jahres blühen, und sie umfaßt Kletterrosen im Stil von Edel-Rosen und kletternde Mutationen von Tee-Hybriden und Floribunda-Rosen. Die meisten dieser Rosen, aber nicht alle, blühen mehrmalig. Durch ihre langen, flexiblen Triebe eignen sie sich ideal dazu, an Wänden, Zäunen oder Pergolen gezogen zu werden.

Das erste Jahr

Neu gepflanzte Rosen dieser Gruppe sollen beim Pflanzen nicht zurückgeschnitten werden, nur die Wurzeln müssen gestutzt und alle beschädigten Spitzen und alles sehr schwache Holz müssen entfernt werden. Diese Sorten sind häufig kletternde Mutationen von Strauchrosen, und sie können sich in die Strauchform zurückentwickeln, wenn sie beim Pflanzen zu hart beschnitten werden.

Es ist nötig, ein starkes, gleichmäßiges Grundastgerüst aufzubauen, da die Rosen dieser Gruppe selten kräftiges Wachstum an der Basis hervorbringen, sondern ihre neuen Triebe höher oben an den Hauptzweigen bekommen. Wenn Sie neue Leittriebe frühzeitig horizontal oder winklig ziehen, dann vermeiden Sie eine zu kahle Basis der Pflanze.

Das zweite und die folgenden Jahre

Außer, daß Sie die Pflanze in der für sie vorgesehenen Größe halten, sollen bei voll entwickelten Rosen dieser Gruppe nur im Sommer während des Wachstums die blühenden Seitentriebe nach dem Abblühen geschnitten werden. Krankes, totes und schwaches Holz soll im späten Herbst oder im Winter, bevor neues Wachstum einsetzt, ausgeschnitten werden. Ziehen Sie gleichzeitig neue Triebe in Lücken im Grundastgerüst, und schneiden Sie alle blühenden Seitentriebe auf drei bis vier Augen oder 15 cm Höhe zurück.

Bei alten Pflanzen ist es gelegentlich nötig, alte und erschöpfte Triebe auf wenige Zentimeter von der Basis zurückzuschneiden. Das sollte das Wachstum von einem oder zwei kräftigen neuen Trieben an der Basis anregen.

Das erste Jahr

1 Herbst oder frühes Frühjahr. Die Pflanze, wie Sie sie kaufen, mit drei bis vier Trieben von 120–150 cm Länge. Beschneiden Sie alle ungleichmäßigen und groben Wurzeln. Stutzen Sie leicht alles unreife oder beschädigte Wachstum. Beschneiden Sie nur, um schwache Seitentriebe auszuschneiden. Beginnen Sie, die Triebe zu erziehen.

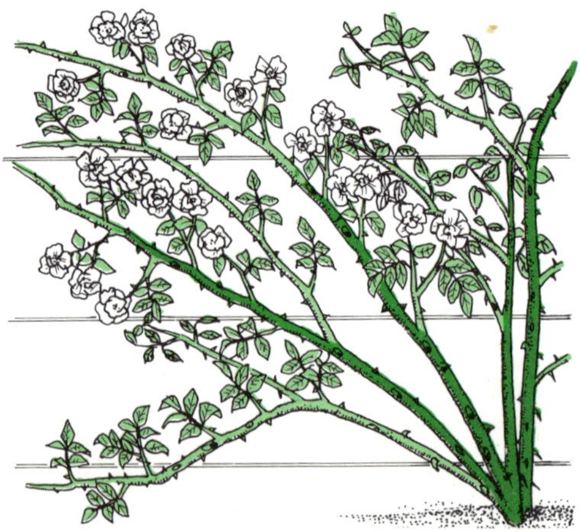

2 Juli bis August. Binden Sie neue Triebe, sobald sie sich entwickeln, in das Astgerüst ein. Einige Blüten entstehen an den Spitzen der neuen Triebe und auf Seitentrieben. Neue Triebe entwickeln sich und müssen eingebunden werden. Machen Sie einen Sommerschnitt.

Das zweite und die folgenden Jahre

3 Oktober bis März. Schneiden Sie die Blütenseitentriebe auf drei, vier Augen oder 15 cm zurück.

4 Juli–August. Blüten wachsen an den Spitzen der neuen Triebe und auf Seitentrieben. Machen Sie einen Sommerschnitt.

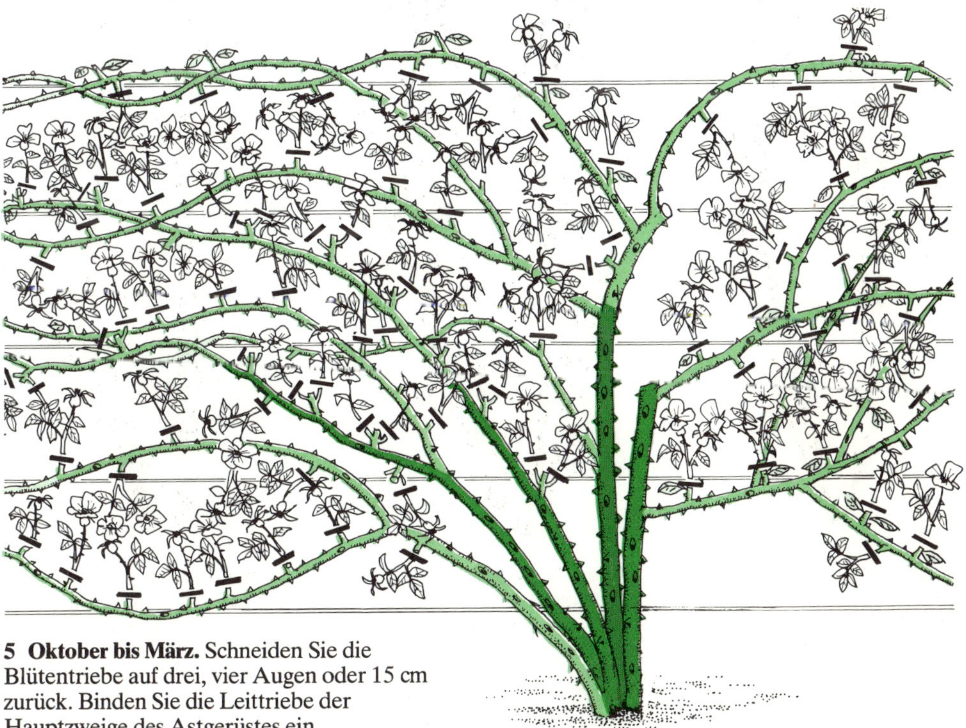

5 Oktober bis März. Schneiden Sie die Blütentriebe auf drei, vier Augen oder 15 cm zurück. Binden Sie die Leittriebe der Hauptzweige des Astgerüstes ein.

Die Gruppe 4 umfaßt sogenannte »Säulenrosen«, die mehrmalig blühen und ihre Blüten auf dem Holz des laufenden Jahres tragen. Sie unterscheiden sich von den Rosen in Gruppe 3 durch ihr bescheideneres, für gewöhnlich aufrechtes Wachstum, das selten höher als 250 bis 300 cm wird. Ihre Triebe sind meistens nicht sehr flexibel, und wie ihr Name sagt, kann man sie an Säulen hochwachsen lassen, oder in Lagen, wo in horizontaler Richtung wenig Platz ist.

Das erste Jahr
Die neu gepflanzten Sorten dieser Gruppe werden wie die Gruppe 3 behandelt. Stutzen Sie die Wurzeln vor dem Pflanzen, und entfernen Sie alle beschädigten Spitzen und schwaches Wachstum. Da sie von Natur aus aufrecht wachsen, sollten Sie in dieser Gruppe keine Leittriebe winklig ziehen, wie bei der Gruppe 3.

Das zweite und die folgenden Jahre
Zum Schneiden voll entwickelter Säulenrosen gehört das routinemäßige Entfernen aller abgeblühten Blütenbüschel im Sommer. Im Spätherbst oder frühem Winter muß schwaches, krankes und totes Holz entfernt werden, und einige Leittriebe und Seitentriebe an Haupttrieben müssen so zurückgeschnitten werden, daß eine symmetrische Form entsteht.
Um an der Basis der Pflanze das Wachstum anzuregen, müssen die unteren Leittriebe um zwei Drittel ihrer Länge zurückgeschnitten werden. Bei alten Pflanzen, die sehr dicht sind, müssen ein oder zwei der ältesten Zweige bis zum Boden zurückgeschnitten werden. Das Ausmaß des Schneidens hängt von der Rosensorte ab und von dem zur Verfügung stehenden Platz. Einige kräftigere Säulenrosen-Sorten mit flexiblen Seitentrieben müssen evtl. schärfer geschnitten werden.

Das erste Jahr

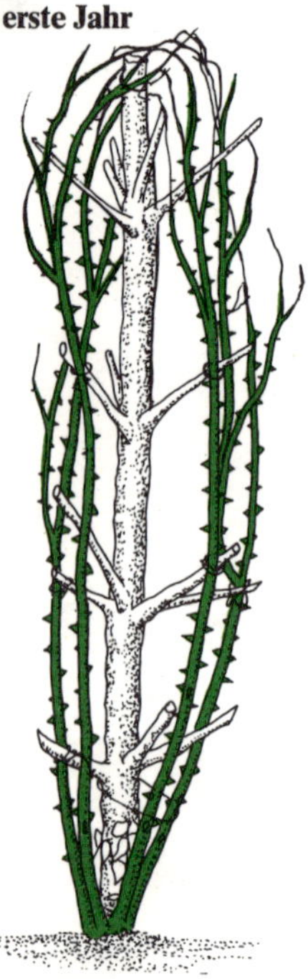

1 Herbst oder frühes Frühjahr. Pflanze, deren Triebe an einen Pfosten oder eine Säule gebunden sind.

2 Juni bis August. Die Pflanzen blühen auf Seitentrieben des alten Holzes. An den Zweigen des Vorjahres und an der Basis haben sich neue Triebe gebildet. Machen Sie einen Sommerschnitt.

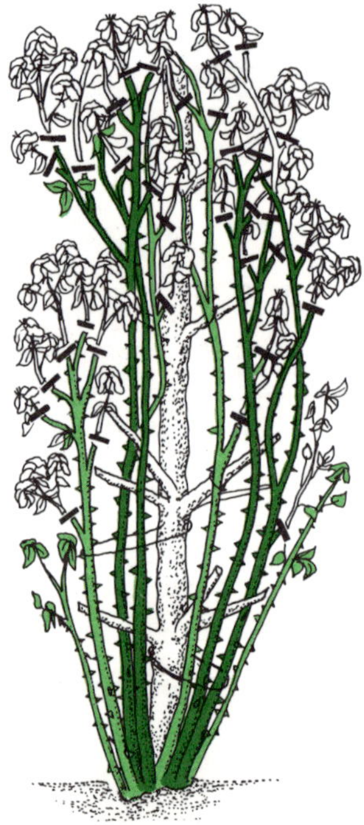

3 November. Schneiden Sie die Blütenseitentriebe zurück und auch so viele neue Leittriebe, daß die Symmetrie der Pflanze erhalten bleibt.

Kräftigere Kletterrosen

Die Gruppe 5 umfaßt Klettersorten und Hybriden von enormer Kraft, die oft in jedem Jahr 6 m wachsen. Wenn diese Rosen unbeschränkt an Bäumen wachsen, dann ist es unpraktisch und unnötig, sie zu beschneiden oder zu ziehen, außer daß totes, krankes oder schwaches Holz da entfernt wird, wo es möglich ist.

Wenn sie zu mächtig werden, dann sollte die Erneuerungsmethode, die auf S. 40 gezeigt wird, angewandt werden. Die anfängliche Behandlung beim Pflanzen und Erziehen entspricht der für Gruppe 3. Die Seitentriebe müssen jedoch nur sehr leicht geschnitten werden.

Horizontales Ziehen

Viele Kletterrosen können horizontal über den Boden gezogen werden, statt an Wänden oder anderen Stützen. Eine ähnliche Methode wird für Edelrosen und Strauchrosen angewandt (s. S. 18). Die biegsamen Ranken von Sorten, die von der Rosa wichuraiana abstammen, sind äußerst gut geeignet für diese Art der Erziehung, um Böschungen und andere Stellen dicht zu bedecken. Die Wirkung ist ungewöhnlich, man braucht aber viel Platz. Die Triebe werden kurz über dem Boden festgebunden und auf dieselbe Art beschnitten, als wüchsen sie ganz herkömmlich als Kletterrosen.

Das zweite Jahr

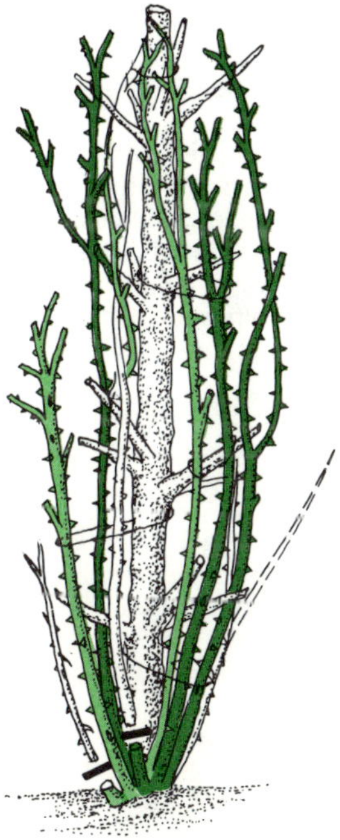

4 Gleichzeitig schneiden Sie alles schwache, kranke und tote Holz aus. Binden Sie die neuen Triebe ein.

5 Juni bis August. Die Pflanzen blühen auf Seitentrieben des alten Holzes. An den Zweigen des Vorjahres und an der Basis haben sich neue Triebe gebildet. Machen Sie einen Sommerschnitt.

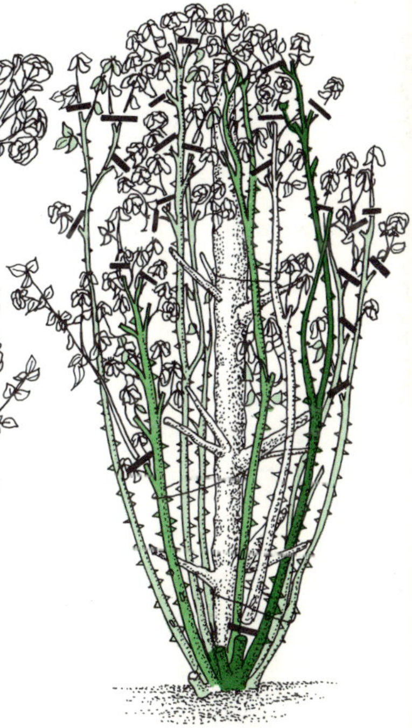

6 November. Schneiden Sie die Blütenseitentriebe zurück und auch so viele neue Leittriebe, daß die Symmetrie der Pflanze erhalten bleibt.

Strauch- und Wildrosen werden seltener als Edelund Floribunda-Rosen angepflanzt, aber ihre Beliebtheit wächst. Gruppiert oder einzeln gepflanzt sind Strauchrosen im Sommer und Herbst sehr lohnend, besonders bei zwanglosen Anpflanzungen, wo moderne Beetrosen unpassend wären. Es wird oft empfohlen, Strauchrosen völlig unbeschnitten zu lassen, damit sie »natürlich« wachsen, zumindest wird vorgeschlagen, sie nur ganz leicht zu beschneiden. Gewöhnlich werden Strauch- und Wildrosen, wenn man sie sich selber überläßt ein paar Jahre gut wachsen und blühen, aber diese Laissez-faire-Methode, obgleich sie was für sich hat, wird nicht immer die bestmöglichen Ergebnisse bringen.
Um die besten Resultate zu bekommen, muß man jährlich etwas schneiden, selbst wenn es nicht mehr ist als eine sanfte »Maniküre«.
Um den Vorgang zu vereinfachen, sind drei Gruppen gebildet worden, diese sind jedoch willkürlich und nicht unabdinglich. Es gibt Überschneidungen, und leichte Veränderungen der Schnittechniken werden bei einigen Rosen nötig sein, die sich nicht eindeutig in diese Gruppen einordnen lassen.
Der Schnitt von Strauch- und Wildrosen hat dieselben Ziele wie das Schneiden anderer Rosen (s. S. 6): kräftigen Wuchs an der Basis oder nahe der Basis anzuregen und alte Zweige zu ersetzen, die ihre Kraft verloren haben und nur noch spärlich blühen.

Es ist wichtig, zu beachten, daß einige Sorten sowohl spät im Jahr auf dem Holz des laufenden Jahres blühen können als auch auf Seitentrieben älteren Holzes. Manche Sorten blühen hauptsächlich zwischen Juni und Juli in einer Überfülle, andere aber blühen mehrmalig bis in den Herbst hinein. Für einige Sorten sind die schönen Hagebutten typisch, bei denen sollten die welken Blüten nicht entfernt werden. Die folgenden allgemeinen Punkte treffen immer zu:
1. Beim Pflanzen müssen nur sperrige und beschädigte Wurzeln und schwache oder beschädigte Triebe entfernt werden.
2. Aus gut verteilten Trieben muß ein kräftiges Grundastgerüst gebildet werden, und nach der Blüte muß dünnes, schwaches Wachstum entfernt werden. Totes und beschädigtes Holz muß abgeschnitten werden, sobald man es sieht.
3. Regelmäßiges Abschneiden welker Blüten ist wünschenswert, außer bei Sorten, die wegen ihrer Früchte angepflanzt werden. Mehrmalig blühenden Strauchrosen, wie den Moschusrosen tut diese »Maniküre« sehr gut, da sie dann ihre Kraft auf neue blühende Seitentriebe verwenden und nicht auf Fruchtbildung.
4. Leichtes Zurückschneiden um einige Zentimeter aller kräftiger Triebe im Winter regt das Wachstum weiterer blühender Seitentriebe im folgenden Sommer an. Es dient auch der Ausschaltung von Krankheiten, da dünne oder weiche Spitzen häufig von Mehltau befallen werden.

Die Gruppe 1 umfaßt folgende Rosen, die viele Jahre nur sehr geringfügig geschnitten werden müssen: Wildrosen (anders als Kletterrosen) und ihre nahen Hybriden.
Rosa spinosissima, die Bibernellrose, und von ihr abstammende Hybriden.
Rosa rugosa, die Apfelrose, und von ihr abstammende Hybriden.
Gallica-Rosen.
Moschus-Rosen.
Fast alle diese Rosen wachsen ziemlich dicht und buschig und blühen hauptsächlich auf kurzen Seitentrieben und jungen Seitentrieben zweiter Ordnung, die auf zweijährigem oder älterem Holz wachsen. Wenn sie nicht mehr ganz jung sind, bilden sie nicht regelmäßig kräftigen Wuchs an der Basis.

Das erste und das zweite Jahr
Im ersten und zweiten Jahr nach der Pflanzung ist das Beschneiden mehr oder weniger auf Punkt 1 bis 4 in der Einführung beschränkt. Gelegentlich kann es nötig sein, einen ungünstig wachsenden Trieb bis zur Basis auszuschneiden.

Das dritte und die folgenden Jahre
Im dritten und den folgenden Jahren sollte man im Winter ein oder zwei ältere Haupttriebe, die nur noch spärlich blühen, ausschneiden, um das Wachstum von Ersatztrieben an der Basis anzuregen und um ein kräftiges Grundastgerüst beizubehalten. Bei sehr alten Büschen ist gelegentlich eine drastischere Behandlung nötig. Schneiden Sie im Winter mehrere alte und schlecht plazierte Haupttriebe aus, damit ein Grundastgerüst mit ausgewogenen Zwischenräumen entsteht.

Das zweite Jahr

1 Februar bis März. Stutzen Sie alle kräftigen Triebe zurück. Schneiden Sie alle schlecht plazierten Triebe bis zur Basis aus. An der Basis haben sich neue Triebe gebildet.

2 Juni bis August. Die Pflanze blüht auf Seitentrieben alten Holzes. An der Basis entwickeln sich neue Triebe.

3 September. Machen Sie einen Sommerschnitt. Schneiden Sie nach der Blüte dünnes, schwaches Wachstum aus. Schneiden Sie auch totes und krankes Holz aus.

Das dritte und die folgenden Jahre

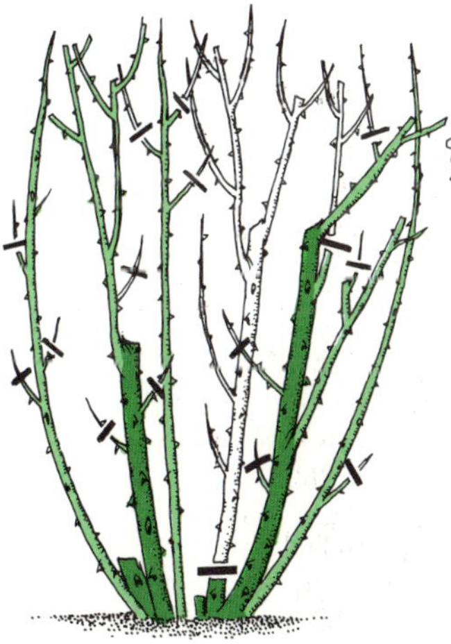

4 Februar bis März. Schneiden Sie, wenn nötig, alle kräftigen Triebe und Seitentriebe zurück. Schneiden Sie einen oder zwei ältere Haupttriebe aus, die nur noch spärlich geblüht haben.

5 Juli bis August. Die Pflanze blüht auf Seitentrieben alten Holzes. An der Basis entwickeln sich neue Triebe.

6 September. Sommerschnitt. Schneiden Sie nach der Blüte dünnes, schwaches Wachstum aus, um ein ausgewogenes Astgerüst zu bekommen. Schneiden Sie totes und krankes Holz aus.

Die Gruppe 2 umfaßt Rosen, die hauptsächlich auf kurzen Seitentrieben oder Seitentrieben zweiter Ordnung von zweijährigem oder älterem Holz blühen. Diese Gruppe schließt »altmodische Rosen«, wie die Albaer, Centifoliaer, Damaszener und Moosrose ein. Eine große Zahl moderner Strauchrosen, die nicht mehrmalig blühen, sondern im Hochsommer einmal in Blüte stehen, gehört auch zu der Gruppe.

Das erste Jahr

Im ersten Jahr werden die Rosen so behandelt, wie die der Gruppe 1. Stutzen Sie schwache oder beschädigte Triebe und entfernen Sie grobe oder beschädigte Wurzeln.

Das zweite und die folgenden Jahre

Voll entwickelte Pflanzen der Gruppe 2 unterscheiden sich von denen der Gruppe 1 durch das regelmäßige Wachstum kräftiger Triebe an der Basis oder nahe der Basis, die in einem Jahr 150 bis 250 cm lang werden können. Im zweiten Jahr bekommen diese langen Triebe so viele blühende Seitentriebe, daß sie oft niedergedrückt werden und fast auf dem Boden liegen und in Gefahr sind, abzubrechen.

Dieses Wachstumsverhalten macht eine andere Schneidetechnik als bei der Gruppe 1 notwendig. Das natürliche Wachstum soll beibehalten bleiben, aber bei den überlastigen blühenden Trieben muß verhindert werden, daß die Blüten im Schmutz liegen. Zusätzlich zu den Punkten 1 bis 4 der Einführung werden im Winter alle kräftigen langen Triebe des laufenden Jahres auf ein Drittel ihrer Länge zurückgeschnitten, und Seitentriebe an älteren Haupttrieben werden auf zwei bis drei Augen oder auf 15 cm vom Zweig zurückgeschnitten. Man muß darauf achten, daß die langen Triebe nicht zu sehr gekürzt werden, da sie sonst ihre elegante Bogenform verlieren und nicht mehr so viele reich blühende Seitentriebe hervorbringen.

Dieser jährliche Schnitt und das jährliche Entfernen von ein oder zwei alten verbrauchten Zweigen sollte jede Rose dieser Gruppe jahrelang zu reicher Blüte und starkem Wachstum bringen.

Das dritte und die folgenden Jahre

3 September bis November. Schneiden Sie allzu lange Triebe zurück, um Windschäden zu vermeiden. Sonst muß nicht beschnitten werden.

4 Februar bis März. Schneiden Sie lange neue Basistriebe bis auf ein Drittel zurück. Schneiden Sie die Seitentriebe der Blütentriebe auf zwei, drei Augen oder 10–15 cm zurück. Schneiden Sie alle ungeschickt plazierten oder alten Triebe, die nur noch spärlich geblüht haben, bis zur Basis zurück.

Das zweite Jahr

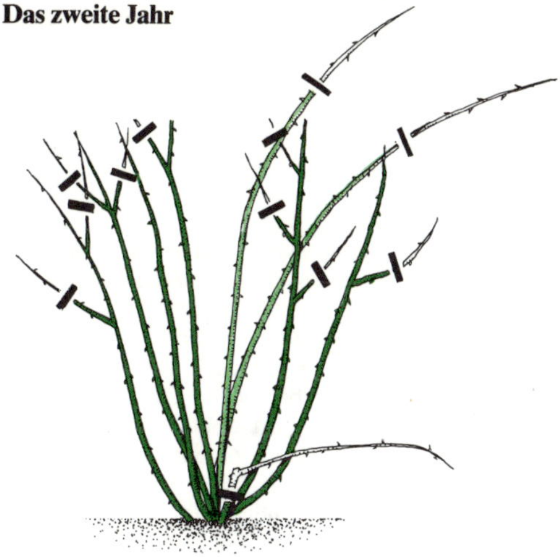

1 Februar bis März. Schneiden Sie lange neue Basistriebe um ein Drittel zurück. Schneiden Sie Seitentriebe der Blütentriebe auf zwei, drei Augen oder 10–15 cm zurück. Schneiden Sie alle ungeschickt plazierten Triebe aus.

2 Juni bis August. Die Pflanze blüht auf den zurückgeschnittenen Seitentrieben des alten Holzes. Neue Basistriebe entwickeln sich. Machen Sie einen Sommerschnitt.

5 Juni bis August. Die Pflanze blüht auf den zurückgeschnittenen Seitentrieben des alten Holzes. Neue Basistriebe entwickeln sich. Machen Sie einen Sommerschnitt.

6 September bis November. Schneiden Sie allzu lange Triebe zurück, um Windschäden zu vermeiden. Sonst muß nicht beschnitten werden.

Die Gruppe 3 kann als kleinere Variante der Gruppe 2 gesehen werden und umfaßt die meisten China-Rosen und eine Anzahl von modernen Strauchrosen, wie die »Fountain«. Von den »altmodischen Rosen« gehören viele Bourbon-Rosen, wie die bekannte »Zephirine Drouhin« und »Mme Isaac Pereire« in diese Gruppe. Auch einige robuste Edel-Rosen gehören dazu und können als Strauchrosen behandelt werden.

Das erste Jahr

Die Pflanzen dieser Gruppe werden im ersten Jahr so wie die der Gruppe 1 behandelt.

Das zweite und die folgenden Jahre

Voll entwickelte Rosen der Gruppe 3 unterscheiden sich von denen der Gruppe 2 dadurch, daß sie während des Sommers und Herbstes wiederholt sowohl auf den Trieben des laufenden Jahres als auch auf zweijährigen oder älteren Seitentrieben und Seitentrieben zweiter Ordnung blühen. Viele von ihnen bringen langes flexibles oder robustes Wachstum entweder an der Basis oder weiter oben an starken Stämmen hervor. Diese neuen Triebe haben oft, anders als die Rosen der Gruppe 2, während des laufenden Jahres reichlich Blüten an ihrer Spitze. Scharfes, oder ziemlich scharfes Beschneiden dieser Rosen im Winter erzeugt kräftige, aber manchmal spärlich oder überhaupt nicht blühende Triebe. Die Entfaltung ist dann unvermeidlich verzögert und eher unterbrochen als kontinuierlich. Um die besten Resultate zu erzielen, sollte man leicht schneiden. Die Rosen der Gruppe 3 neigen dazu, den ganzen Sommer frische, blühende Seitentriebe und Seitentriebe zweiter Ordnung zu entwickeln, und sie wachsen schnell zu dichten verzweigten Vogelnestern. Lichten Sie sie während der Blütezeit leicht aus. Diese Behandlung garantiert eine andauernde Blüte. Der Winterschnitt ist ähnlich wie bei Gruppe 2, jedoch muß das Entfernen sperriger Triebe, die ihre Kraft verloren haben, mehr betont werden.

3 August bis September. Die Blüten entstehen auf Seitentrieben des Wachstums des laufenden Jahres. Dünne Seitentriebe zweiter Ordnung haben sich an den im Sommer beschnittenen Trieben gebildet.

4 Oktober. Schneiden Sie allzu lange Triebe zurück, um Windschäden zu vermeiden.

Das zweite Jahr

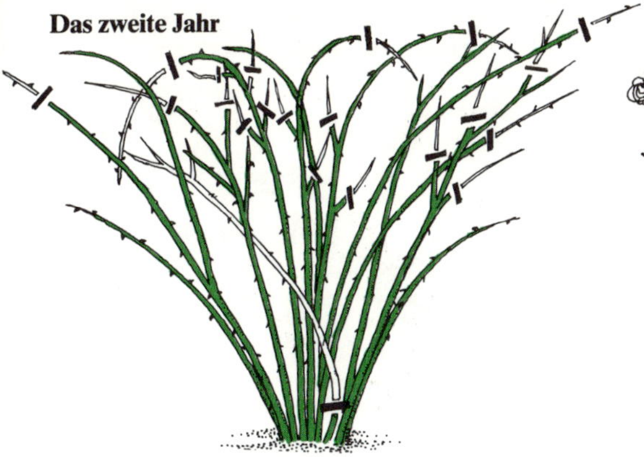

1 Februar bis März. Schneiden Sie alle jungen neuen Triebe an der Basis und alle einjährigen Triebe nahe der Basis um ein Drittel zurück. Achten Sie darauf, daß der gebogene Habitus erhalten bleibt. Schneiden Sie die Seitentriebe der Triebe, die in der letzten Wachstumsperiode geblüht haben, auf zwei, drei Augen (10–15 cm) zurück. Schneiden Sie schwache oder ungeschickt plazierte Triebe aus.

2 Juni bis Juli. Die Pflanze blüht auf Seitentrieben alten Holzes. An der Basis und nahe der Basis entwickeln sich neue Triebe. Machen Sie einen Sommerschnitt.

Das dritte und die folgenden Jahre

5 Februar bis März. Schneiden Sie alle langen neuen Triebe an der Basis und alle einjährigen Triebe nahe der Basis um ein Drittel zurück. Achten Sie darauf, daß der gebogene Habitus erhalten bleibt. Schneiden Sie die Seitentriebe der Triebe, die in der letzten Wachstumsperiode geblüht haben, auf zwei, drei Augen (10–15 cm) zurück.

6 Juni bis Juli. Die Pflanze blüht auf Seitentrieben des vorjährigen Holzes. An der Basis und nahe der Basis entwickeln sich Triebe. Machen Sie einen Sommerschnitt.

Tee-Hybriden und Floribunda-Rosen werden oft als Hochstamm- oder Halbstamm-Rosen gezogen, um einem Rosenbeet Höhe zu geben. Sie können sehr wirkungsvoll sein. Gewöhnlich werden sie auf Stämmen der Rosa rugosa oder der wilden Rose veredelt, aber in den letzten Jahren sind sie etwas in Vergessenheit geraten, da die Krone häufig überlastig ist, und der schlanke Stamm sorgfältig abgestützt werden muß. Der anfängliche Schnitt und die folgenden Maßnahmen entsprechen dem für Buschrosen.
Leichtes Beschneiden schafft eine ziemlich große Krone, die besonders an ungeschützten Standorten sehr windanfällig ist. Es sollte je nach Sorte mäßig scharf beschnitten werden. Schneiden Sie bei Edelrosen die starken Triebe auf drei bis fünf Augen oder 15 cm zurück. Bei Floribunda-Rosen müssen die einjährigen Triebe auf sechs bis acht Augen oder 25 cm und die zweijährigen Triebe auf drei bis sechs Augen oder 15 cm zurückgeschnitten werden.

Das Veredeln von Hochstammrosen.

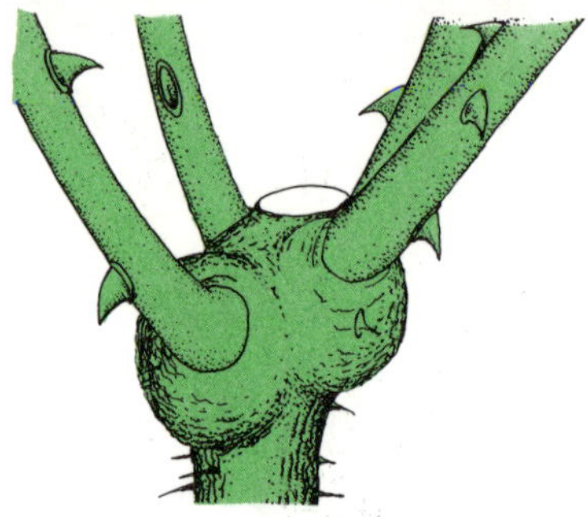

Hochstammrosen werden am besten veredelt, indem man an jeder Seite des Stammes Triebknospen einsetzt, um eine gleichmäßige Krone zu erlangen. Wenn man nur eine Knospe nimmt, wird der Wuchs einseitig; wenn sie also eine Hochstammrose kaufen, vergewissern sie sich, daß sie doppelte Knospen hat.

Das erste Jahr

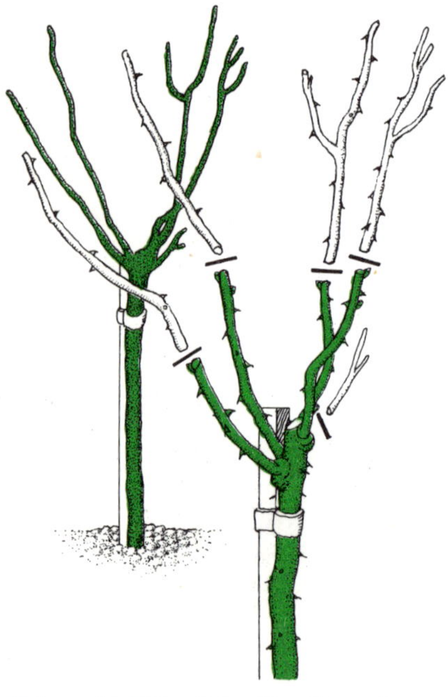

1 Februar bis März. Schneiden Sie starke Zweige auf drei bis fünf Augen oder 15 cm zurück.

2 Oktober bis November. Schneiden Sie am Ende der Wachstumsperiode die Hauptzweige zurück, und schneiden Sie alle weichen, unreifen Triebe aus.

Die hohen Stämme der Rosa rugosa oder der Wildrose werden mit Kletterrosen veredelt, deren lange Triebe bis zum Boden runterhängen. Trauerrosen von Rosensorten der Gruppe 1 der Kletterrose (S. 24) können sehr dekorativ sein, wenn sie korrekt gezogen werden. Das schneiden ist einfach. Schneiden Sie zwischen August und September die zweijährigen Triebe, die geblüht haben, völlig aus, und lassen Sie die kräftigen jungen Triebe stehen, die im folgenden Jahr blühen. Wenn nicht genügend junge Triebe wachsen, lassen Sie einige der zweijährigen Triebe an geeigneten Stellen stehen und schneiden ihre Seitentriebe auf zwei bis drei Augen oder 15 cm zurück.

Sorten der Gruppe 2 der Kletter- und Schlingrosen (S. 26) sind nicht befriedigend als Trauerrosen, und man sieht sie jetzt selten. Das Beschneiden beschränkt sich auf das Entfernen überflüssigen älteren Holzes und Zurückschneiden der Seitentriebe auf zwei bis drei Augen oder 15 cm nach der Blüte. Binden Sie alle kräftigen jungen Triebe runter.

Das zweite und die folgenden Jahre

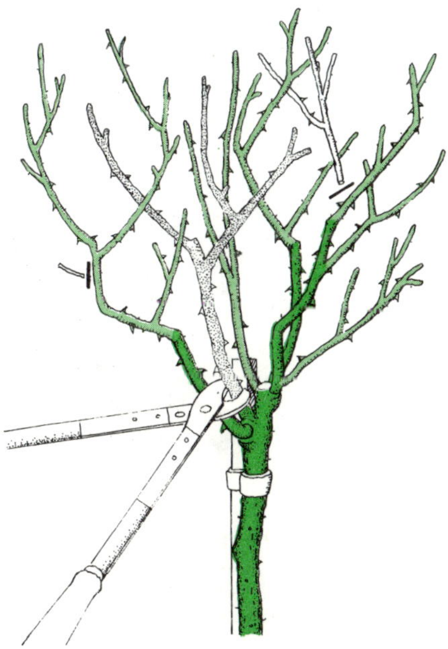

3 Februar bis März. Schneiden Sie tote, kranke, schwache und sich kreuzende Äste aus.

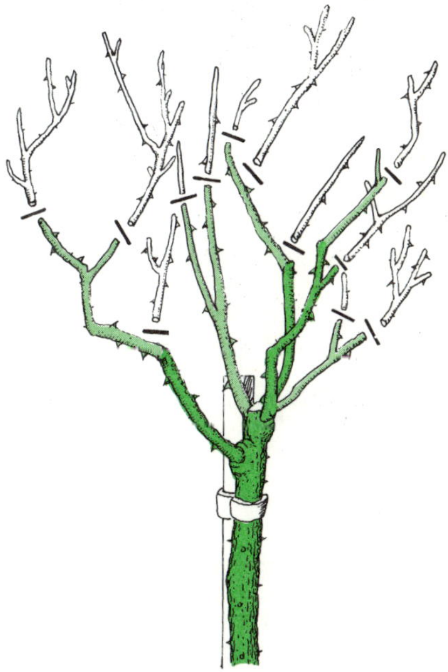

4 Gleichzeitig schneiden Sie neue Triebe auf etwa drei Augen oder 15 cm und die restlichen Seitentriebe auf zwei bis vier Augen oder 10–15 cm zurück.

Unbeschnittene und vernachlässigte Rosen können viele Jahre blühen, aber meistens sind sie ein trauriger Anblick, und man kann ihre toten, dünnen und häufig kranken Triebe nicht übersehen, außer wenn sie blühen. Aber selbst dann sieht man bei genauem Hinschauen, daß die Blüten oft eine unvollkommene Form haben, und daß sie weniger zahlreich sind, als bei Pflanzen derselben Sorte, die etwas liebevoller behandelt wurden. Einige wenige Rosen, besonders kräftige Kletterrosen, wie die Rosa filipes, können 20 Jahre oder länger ohne Pflege gedeihen, aber das sind Ausnahmen, und die meisten Rosen müssen beschnitten werden, um kräftig zu bleiben und reichlich zu blühen.

Was macht der Gärtner mit einer übergroßen und vernachlässigten Rose? Die erste Regung der meisten Leute wird sein, ihr den Rücken zu kehren und sie zu vergessen, oder sie auszureißen und durch eine junge Pflanze zu ersetzen. Die meisten Rosen sind jedoch äußerst zählebig und überstehen es, wenn man sie ganz bis zum Boden runterschneidet, vorausgesetzt, daß sie hinterher gut mit Dünger und Wasser versorgt werden. Wenn diese Methode auch manchem Gärtner recht grob vorkommen mag, so ist sie doch häufig wirkungsvoll und hat den Vorteil, einfach zu sein. Diese extreme Behandlung kann scheinbar hoffnungslos vernachlässigte Pflanzen wieder verjüngen, aber sie kann nicht grundsätzlich empfohlen werden.

Die meisten Rosen können mit gutem Erfolg et-

Das erste Jahr

1 Februar bis März. Schneiden Sie tote, schwache und kranke Triebe aus. Schneiden Sie die Hälfte der Hauptzweige bis zur Basis aus. Lassen Sie die mit kräftigem jungen Wuchs stehen. Schneiden Sie die Seitentriebe auf etwa zwei Augen oder 15 cm zurück.

2 Gleichzeitig glätten Sie die Schnitte an den Hauptzweigen mit einem scharfen Messer und tragen ein Wundverschlußmittel auf. Machen Sie eine gute Mulchdecke aus Torf und Mist.

3 Juni bis Juli. Die Blüten sind auf Seitentrieben älteren Holzes. Kräftige neue Basistriebe wachsen.

was sanfter behandelt werden. Selbst vernachlässigte Rosen haben gewöhnlich einige ziemlich kräftige Triebe, und diese muß man erhalten.

Das erste Jahr
Schneiden Sie im Winter alle toten, dünnen, wirren und kranken Triebe aus, und entfernen Sie alle Wildtriebe, die es an einer veredelten Rose höchstwahrscheinlich gibt. Entfernen Sie etwa die Hälfte aller Hauptzweige bis zur Basis, lassen Sie die stehen, die kräftige junge Triebe haben. Auch bei den stehenbleibenden Trieben müssen Sie alle schwachen Zweige ausschneiden und alle starken Seitentriebe auf zwei bis drei Augen oder 15 cm zurückschneiden. Im Frühling sollten Sie um die Basis der Pflanze verrotteten Dünger oder Kompost häufen und während der Wachstumsperiode in Abständen von zwei bis drei Wochen regelmäßig düngen. Dadurch wird das Wachstum starker Ersatztriebe an der Basis angeregt.

Das zweite Jahr
Schneiden Sie im Winter das alte Wachstum bis zur Basis zurück. Schneiden Sie am neuen Wachstum alle Seitentriebe auf zwei bis drei Augen oder 15 cm zurück und beschneiden Sie, wie die jeweilige Sorte es braucht. Wieder muß gedüngt werden. Im folgenden Sommer sollte das Grundastgerüst der vernachlässigten Pflanze erneuert sein. Jetzt kann routinemäßig der Sorte entsprechend weiter beschnitten werden. Die Erneuerung kann zwei bis drei Jahre beanspruchen.

Das zweite Jahr

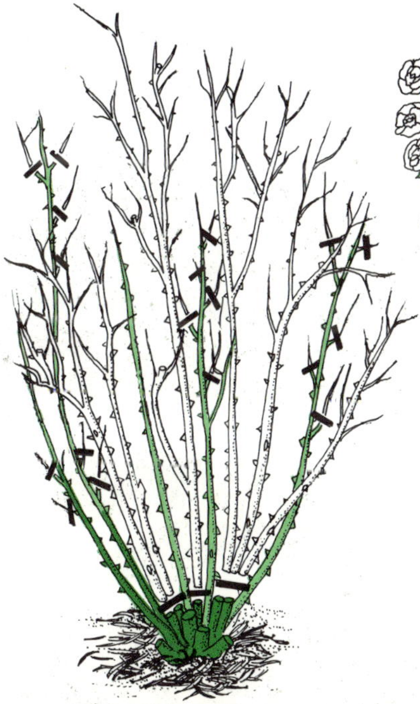

4 Februar bis März. Schneiden Sie die restlichen alten Triebe bis zur Basis aus. Beschneiden Sie alle Seitentriebe neuen Wuchses auf etwa zwei Augen oder 15 cm. Wiederholen Sie den Vorgang von Bild 2.

5 Juni bis Juli. Der Busch blüht auf einjährigen Trieben, und neue kräftige Triebe füllen das Astgerüst der Pflanze auf.

Eine häufige, aber ziemlich falsche Ansicht ist, daß alle Sträucher geschnitten werden sollten, und zwar jedes Jahr sehr scharf geschnitten. Oft entstehen so regelrechte »Haarschnitte«, oder die Zweige werden abgemetzelt, um die Pflanze in ihren Grenzen zu halten. Beide Behandlungen erzeugen häßliche Formen mit kleinen oder gar keinen Blüten.

Das andere Extrem, einen Strauch gänzlich ungeschnitten zu lassen, ist da vorzuziehen. Viele laubabwerfende Sträuche und die meisten Immergrünen, werden befriedigend wachsen und gut blühen, ohne überhaupt geschnitten zu sein, wenn sie genug Platz haben, um sich zu entwikkeln, und wenn der Boden einigermaßen fruchtbar ist.

Es gibt jedoch einige Gruppen von Sträuchern, die korrekt beschnitten werden sollten, um regelmäßig und reichlich zu blühen und um gesunde, kräftige Triebe und Blätter zu bekommen. Dieselben Arten werden, wenn sie unbeschnitten bleiben, auch noch recht schön blühen, aber die Qualität und die Menge der Blüten und Triebe ist armselig, verglichen mit gut geschnittenen Exemplaren.

Man muß die Grundprinzipien des Schneidens kennen und wissen, wie die bestimmte Pflanze wächst und blüht, und welches Alter das Holz hat, auf dem die Blüten entstehen.

Auch, wo ein Busch im Garten gepflanzt wird, ist wichtig für das Schneiden. Pflanzen Sie nie einen Strauch, dessen natürlicher Umfang recht groß wird, in eine Ecke, wo nur wenig Platz ist, und wo Sie ihn ständig schneiden müßten. Das scheint selbstverständlich zu sein, aber man sieht oft große Büsche, die mehrmals im Jahr zurückgeschnitten werden müssen, um an ihren Platz zu passen. Das Ergebnis ist eine häßliche Pflanze mit vielen Zweigen und praktisch keinen Blüten. Wenn Sie also einen Falschen Jasmin (Philadelphus) an eine Stelle pflanzen wollen, wo er sich nur etwa 1,20 m ausbreiten kann, so wählen sie die Sorten »Manteau d'Hermine« (1 m × 1 m) oder »Erectus« (1,50 m × 1,00 m), die passen werden, aber nicht die Art Ph. inodorus grandiflorus, die bis zu 5 m hoch wird.

Wenn ein Strauch beschnitten wird, ist es auch notwendig, ihn zu düngen und zu gießen, damit er viele Jahre lang gesunde, kräftige Triebe bringt.

Versuchen Sie beim Beschneiden eines Busches die beste dekorative Wirkung zu erzielen, je nachdem ob Sie ihn wegen seiner Blüten, seiner Früchte, seines Blattwerkes oder der Schönheit seiner winterlichen Zweige angepflanzt haben. Die Schnittechnik variiert je nach Art und gewünschter Wirkung.

Manchmal kann dieselbe Buschsorte nach unterschiedlichen Methoden geschnitten werden, um unterschiedliche Wirkungen zu erzielen. Die rotblättrigen Sorten des Perückenstrauches, Cotinus coggygria, z. B. können praktisch unbeschnitten bleiben, um drei bis vier Meter große Büsche zu bilden, die mit ihren farbigen Blättern und wuscheligen Blüten wunderschön aussehen. Man kann jedoch auch in jedem Frühling junge Pflanzen scharf zurückschneiden, sie bilden dann kleinere Büsche mit vielen langen und nicht verzweigten Ästen mit großen leuchtend purpur-roten Blättern.

Einige widerspenstige Büsche wachsen ungleichmäßig. Auf der einen Seite haben sie schwache, dünne Triebe, und auf der anderen Seite starke gesunde Zweige. Man muß sie beschneiden, damit sie eine gute Form bekommen. Starke Triebe sollten leicht beschnitten werden (a), das erzeugt mäßiges Wachstum, während die schwachen Triebe (b) hart zurückgeschnitten werden sollten, um kräftiges Wachstum anzuregen, das dazu beiträgt, die Form auszugleichen (c). Schneiden Sie die starken Triebe nicht hart zurück (d), und lassen Sie die schwachen unbeschnitten (e), so daß überall dieselbe Höhe entsteht. Sonst würde die stark beschnittene Seite weiterhin kräftig wachsen, die unbeschnittene aber gar nicht, und die Unausgewogenheit (f) würde weiterhin betont und nicht korrigiert.

Das Schneiden sollte auch bei vielen – nicht bei allen – Sträuchern das Wachstum kräftiger Triebe an der Basis oder nahe der Basis anregen, um die Vitalität der Pflanze zu erhalten und um Ersatz für ältere verbrauchte Zweige zu schaffen. Es erzeugt auch eine gleichmäßige Verteilung der Blüten über die ganze Pflanze und verhindert, daß diese an der Basis dünn wird und an der Spitze zu dicht. Ausnahmen sind: der Japanische Ahorn, die Zaubernuß (Hamamelis), und die meisten Immergrünen.

Man muß die Gesundheit der Sträucher erhalten. Dazu dienen die Maßnahmen, die auf Seite 6 erwähnt wurden. Wichtig ist das Entfernen und Verbrennen aller toten, kranken und beschädigten Triebe so schnell wie möglich. Das ist bei allen Pflanzen notwendig.

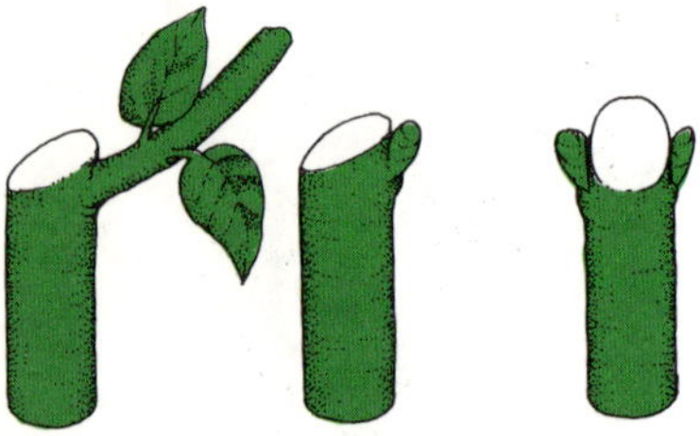

Die Schnitte
Alle Schnitte sollten so korrekt gemacht werden wie gezeigt wurde. Unkorrekte Schnitte können absterben und Krankheiten zur Folge haben. Schnitte sollten unmittelbar über einer nach außen zeigenden Knospe oder Trieb oder über einem starken Paar sich gegenüberliegender Knospen gemacht werden, so daß die entstehenden Triebe in richtiger Relation zu den anderen neuen Trieben stehen.

Rückartung
Gelegentlich schlagen Zweige von Büschen mit bunten Blättern wieder zurück auf die original grünblättrige Form dieser Art. Wenn das geschieht, ist es höchst wichtig, die nicht farbigen Zweige sofort völlig zu entfernen. Sie sind häufig robuster als die farbigen Triebe, und wenn man sie stehen läßt, werden sie wie Wildtriebe nach und nach dominant. Manchmal schlägt der Strauch fast völlig zu seiner grünblättrigen Form zurück. Beispiele sind der Elaeagnus pungens »Maculata« und die Kerria japonica »Picta«.

a

Neu gepflanzte Büsche
Neu aus der Baumschule oder der Gärtnerei sollte jeder Busch gut geformt und buschig sein, er sollte starke Wurzeln (a) haben und nicht einseitig (b) sein. Die meisten immergrünen Büsche sollten beim Pflanzen keinen Schnitt brauchen, außer dem Entfernen des beschädigten Triebes oder eines widerspenstigen Zweiges.
Sommergrüne Büsche wie die Deutzie haben manchmal schwache Triebe, diese sollten vollständig ausgeschnitten werden, um starkes Wachstum an der Basis anzuregen. Endtriebe sollten auch leicht bis zu einer starken Knospe oder einem Paar von Knospen zurückgestutzt werden. Manchmal muß man am Anfang auch stärker beschneiden. Einzelheiten darüber stehen bei der entsprechenden Gruppe.

b

c

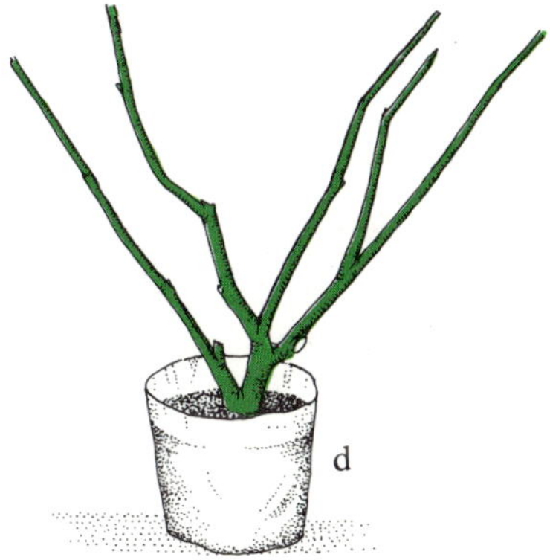

d

Wildtriebe
Die meisten neu gezüchteten Sträucher entstehen aus Stecklingen und wachsen aus ihren eigenen Wurzeln, einige werden jedoch noch auf Unterlagen veredelt. Diese bringen gelegentlich Wildtriebe hervor, die man schnell entfernen muß. Man muß sie bis zu ihrem Ursprung verfolgen und sorgfältig ausschneiden oder ausreißen, damit die schlafenden Knospen an ihrer Basis entfernt sind. Wenn man sie nur am Boden abschneidet, entstehen aus diesen schlafenden Knospen weitere Wildtriebe. Wenn man die Wildtriebe stehen läßt, nehmen sie überhand und verdrängen die veredelte Pflanze.

Frühzeitiges Erziehen
Die meisten Büsche bekommen während des ersten oder zweiten Jahres nach dem Pflanzen eine Anzahl von starken Trieben an der Basis. Diese Triebe bilden das Gerippe des Busches und man muß darauf achten, daß sie gleichmäßig verteilt sind. Oft stehen sie zu nah beieinander oder kreuzen einander und verderben, wenn man sie läßt, das Gleichgewicht, die Symmetrie des Busches (c). Wenn sie schlecht plaziert sind oder überflüssig, schneiden Sie sie aus (d).
Das ist besonders wichtig bei Büschen, die sich nicht von der Basis her erneuern, wenn sie älter sind, sondern ein bleibendes hölzernes Gerippe bilden, bei dem Wachstum und Blüten an der Peripherie entstehen. Beispiele für solche Büsche sind die Magnolien, Hamamelis und viele immergrüne Büsche einschließlich Rhododendron.

In vielen Fällen ist es wünschenswert, sommergrüne Büsche in der Mitte offen zu halten, damit die Luft zirkulieren kann. Das verhindert die Ausbreitung von Krankheiten.
Eine Anzahl von laubabwerfenden Sträuchern, wie der Japanische Ahorn, Acer palmatum, formen ein verzweigtes Netzwerk sich kreuzender Zweige. Außer dem Entfernen des toten oder kranken Holzes sollte man nach ein oder zwei Jahren nicht mehr beschneiden, da der natürliche Wuchs der Pflanze zerstört würde.

Das Beschneiden von Wurzeln
Dies wird bei Ziersträuchern selten angewandt, manchmal ist es aber nützlich, um zu starkes Oberwachstum einzuschränken und um große Büsche auf das Umpflanzen vorzubereiten. Die auf Seite 130 beschriebene Methode kann für alle Büsche angewandt werden.

Die Gruppe 1 enthält eine Anzahl von sommergrünen Büschen, die sich nicht regelmäßig durch kräftige Triebe an der Basis oder an den unteren Zweigen der Pflanze erneuern. Sie vergrößern sich im Umkreis eines Grundastgerüstes aus älteren Zweigen. Man kann diese Art des Wachsens mit der Krone eines Eichenbaumes ohne Stamm vergleichen.
Wenn sie erst einmal etabliert sind, brauchen sie nur noch ein Minimum an Beschneiden. Aber in den ersten Jahren nach dem Pflanzen ist es wichtig, ein Grundastgerüst aus kräftigen Zweigen aufzubauen und im Winter schwache, sich kreuzende, oder schlecht plazierte Triebe zu entfernen, so daß eine symmetrische und ausbalancierte Pflanze entsteht. In der Mitte offene Pflanzen dieser Gruppe wie die Zaubernuß und die Magnolia soulangiana müssen manchmal von schlecht plazierten oder sich kreuzenden Trieben oder Zweigen befreit werden.
Bei dem voll entwickelten Strauch muß nur alles tote, beschädigte oder kranke Holz, sobald man es sieht, entfernt werden und die Symmetrie des Busches erhalten bleiben, indem man schwache und widerspenstige Triebe ausschneidet.
Voll entwickelte Pflanzen haben manchmal kräftige Triebe an der Basis oder an ihrem Grundastgerüst. Man kann sie als Ersatz für alte Zweige gebrauchen, wenn sie in das Grundastgerüst passen. Oft wachsen sie aber an ungeschickten Stellen und sollten dann völlig ausgeschnitten werden.
Wenn Sie alte Zweige entfernen, sollten Sie immer ein Wundverschlußmittel auf die Schnittflächen streichen, damit die Pflanze vor Krankheiten, wie der Rotpustelkrankheit, geschützt ist.

Japanischer Ahorn

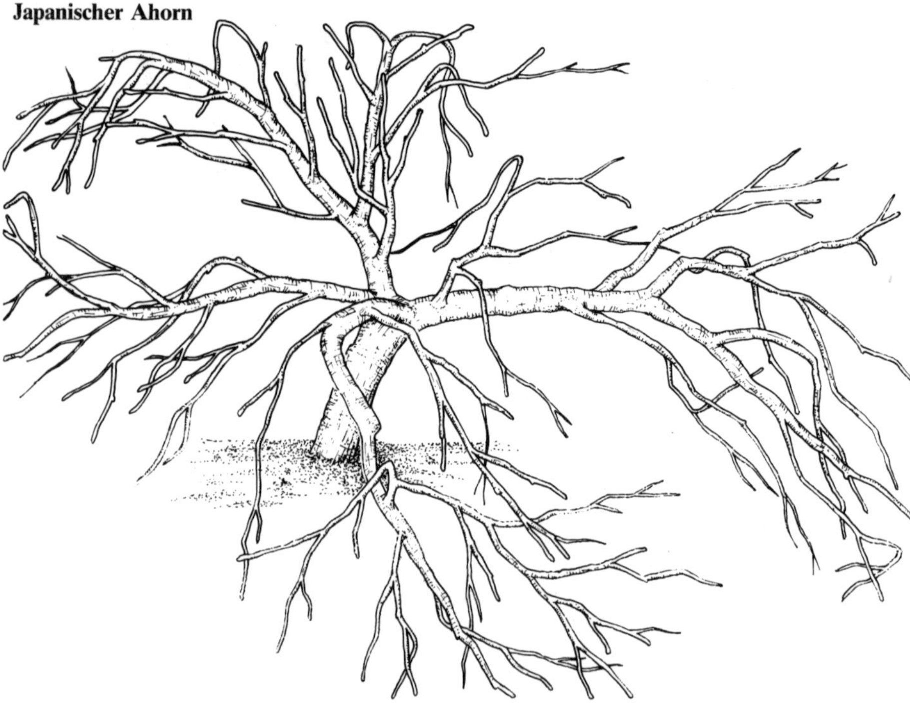

Eine kompliziert verzweigte Form des Acer Palmatum (Japanischer Ahorn). Beachten Sie die Zweige, die das Astgerüst bilden. Wenn das Grundastgerüst gebildet ist, sollte nicht mehr beschnitten werden. Nur tote, kranke und beschädigte Triebe müssen entfernt werden. Der natürliche Habitus soll beibehalten werden; auch sich kreuzende Zweige bleiben stehen.

Das erste Jahr

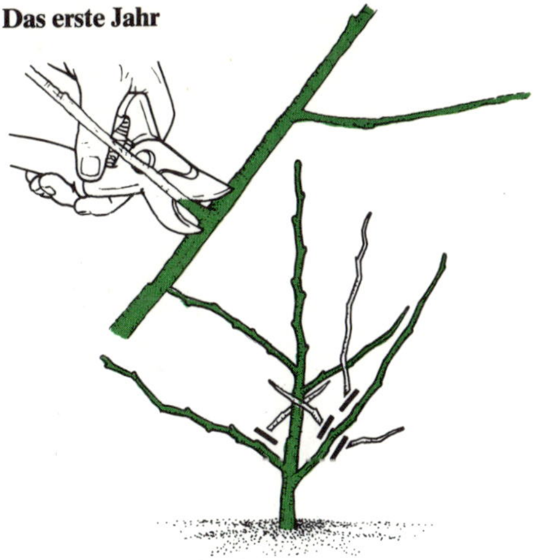

1 November bis April. Magnolia stellata (Sternmagnolie) beim Pflanzen. Entfernen Sie schwache Triebe und sich kreuzende Zweige. Schaffen Sie ein ausgewogenes Astgerüst, indem Sie widerspenstiges Wachstum entfernen.

Das zweite Jahr

2 März bis April. Schneiden Sie alles weitere Wachstum, das die regelmäßigen Abstände stört, und alle Seitentriebe der ersten Wachstumsperiode aus. Wenn sie in das Astgerüst passen, lassen Sie sie stehen.

Das dritte und die folgenden Jahre

3 März bis April. Jetzt muß nur noch sehr wenig beschnitten werden. Die Pflanze soll in ihrer natürlichen Weise wachsen. Entfernen Sie nur totes, krankes und beschädigtes Holz.

4 April. Die voll entwickelte Pflanze in Blüte.

Die Gruppe 2 umfaßt solche sommergrünen Büsche, die auf Trieben des Vorjahres blühen. Die Blüten entstehen entweder auf kurzen Seitentrieben, die aus dem einjährigen Holz herauswachsen (Deutzie, Philadelphus oder Falscher Jasmin, Ribes sanguineum oder Blutjohannisbeere) oder direkt auf den einjährigen Zweigen (Forsythia). Viele Büsche, die im Frühjahr oder im Frühsommer blühen, gehören zu dieser Gruppe. Sie brauchen einen Erneuerungsschnitt, um eine vernünftige Höhe zu behalten und um regelmäßig jährlich neue, starke Triebe unten an der Pflanze zu bilden. Unbeschnittene Büsche dieser Gruppe haben bald viele dünne Zweige, bekommen häufig eine plumpe Form und haben nur noch wenige kleine Blüten an der Spitze der Äste.

Das erste Jahr
Wenn man die Pflanzen aus der Baumschule bekommt, sind sie gewöhnlich zwei oder drei Jahre alt. Das Beschneiden beim Pflanzen beschränkt sich darauf, daß man schwache und beschädigte Triebe herausschneidet und Haupttriebe bis zu einer starken Knospe oder einem Knospenpaar einige Zentimeter zurückschneidet. So kann die Pflanze im ersten Jahr ihre Kraft darauf konzentrieren, ein starkes Grundastgerüst aus Zweigen zu bilden. Im ersten Jahr gibt es nur wenige Blüten. Schneiden Sie sofort nach der Blüte alle blühenden Seitentriebe zurück, bis zu einem kräftigen, sich entwickelnden Trieb, und entfernen Sie alles dünne, schwache Wachstum.

Das zweite Jahr
Blüten entstehen entweder auf kurzen Seitentrieben oder direkt an den Haupttrieben. Ein oder mehrere kräftige Triebe werden sich unterhalb der blühenden Zweige entwickeln. Wenn die Blüten abgeblüht sind, sollten Sie alles ein Jahr alte Holz, das geblüht hat, entfernen. Schneiden Sie die Zweige bis zum untersten (gewöhnlich auch stärksten) der sich entwickelnden neuen Triebe zurück, vorausgesetzt, daß die Ausgewogenheit und Symmetrie der Pflanze dadurch nicht zerstört wird. Wenn das blühende Holz nicht unmittelbar nach der Blüte zurückgeschnitten wird, entwickeln sich aus Seitenknospen zahlreiche schwächere Triebe.

Das dritte und die folgenden Jahre
Zweige, die geblüht haben, sollten genau wie im zweiten Jahr unmittelbar nach der Blüte ausgeschnitten werden. Zusätzlich sollte ein Viertel bis ein Fünftel aller alten Zweige völlig bis zur Basis ausgeschnitten werden. Die Deutzie ist ein typisches Beispiel für einen Busch der Gruppe 2. Die Zeit des Beschneidens variiert je nach Blütezeit des Busches leicht. Beschneiden Sie immer unmittelbar nach der Blütezeit.

Das erste Jahr

1 Herbst oder frühes Frühjahr. Die junge Deutzie beim Pflanzen. Schneiden Sie alles schwache Wachstum aus, und stutzen Sie die Haupttriebe bis zu einem kräftigen Knospenpaar (oder bei Büschen mit wechselseitigen Knospen bis zu einer nach außen zeigenden Knospe). Bereiten Sie eine gute Mulchdecke um die Basis.

4 Juli. Schneiden Sie sofort nach der Blüte die Blütenzweige bis zu den kräftigen jungen Trieben, die sich weiter unten an den Hauptzweigen bilden, zurück. Entfernen Sie alles schwache Wachstum. Achten Sie darauf, daß das Gleichgewicht und die Symmetrie der Pflanze erhalten bleiben.

2 Oktober bis November. Während der ersten Wachstumsperiode haben sich einige starke Basistriebe und viele Seitentriebe an den Hauptzweigen entwickelt. Schneiden Sie alle schwachen oder schlecht plagierten Triebe aus, um ein symmetrisches Astgerüst zu erhalten. Machen Sie im frühen Frühjahr eine Mulchdecke.

5 Oktober bis November. Die kräftigen jungen Triebe sind stark gewachsen und haben Seitentriebe bekommen, an denen die Blüten des nächsten Jahres entstehen werden. Mulchen Sie im frühen Frühjahr gut.

Das zweite Jahr

3 Juni bis Juli. Die Blüten entstehen auf kurzen Seitentrieben an vielen der oberen Triebe, die im letzten Jahr wuchsen. Wenn die Blüten welken, wachsen an der Basis der Pflanze und unten an den Hauptzweigen starke Triebe.

Das dritte und die folgenden Jahre

6 Juli. Schneiden Sie sofort nach der Blüte die Blütenzweige bis zu den kräftigen jungen Trieben, die sich weiter unten an den Hauptzweigen bilden, zurück. Entfernen Sie alles schwache Wachstum. Wenn es zu viele Hauptzweige gibt, schneiden Sie ein Viertel oder ein Fünftel der ältesten Zweige bis zur Basis aus. Mulchen Sie jedes Frühjahr gut.

Kerrie
Die Gruppe 2 umfaßt auch einige Sträucher wie die Kerrie, bei der fast alle neuen Triebe vom Boden her hochwachsen. Sie blühen auf einjährigem Holz, müssen aber etwas anders beschnitten werden. Sofort nach der Blütezeit sollten die Triebe, die geblüht haben, bis zur Basis ausgeschnitten werden, oder bis zu einem Punkt weit unten an dem Trieb, an dem sich kräftige junge Triebe zeigen. Wenn blühendes Holz stehen bleibt, wird es im nächsten Winter auf natürliche Weise absterben, es sieht aber häßlich aus.

Das erste Jahr

1 Herbst oder frühes Frühjahr. Die junge Kerria beim Pflanzen. Schneiden Sie alles schwache Wachstum aus. Lassen Sie die kräftigen Zweige und ihre Seitentriebe stehen, da sie die Blüten dieses Jahres tragen werden.

2 Mai. Schneiden Sie die Blütentriebe bis zur Basis, oder bei starken Zweigen bis zu Punkten weiter unten, an denen sich kräftige junge Triebe entwickeln, aus. Es bilden sich Basistriebe. Mulchen Sie gut.

Hydrangea (Hortensie)
Hortensien gehören zur Gruppe 2. Das Beschneiden der Hortensie (H. macrophylla) macht oft Schwierigkeiten. Sie blüht spät im Jahr, und häufig wird sie im Frühjahr hart zurückgeschnitten, weil man hofft, daß das daraus resultierende starke Wachstum im Spätsommer oder Herbst blüht. Leider tut es das nicht.
Die junge Pflanze muß nur wenig beschnitten werden, und unbeschnittene Pflanzen blühen meistens reichlich. Wenn sie völlig unbeschnitten bleiben, bekommen sie jedoch oft dürre Äste. Bei dreijährigen und älteren Pflanzen sollte ein Teil des alten Holzes im Frühjahr bis zur Basis ausgeschnitten werden, damit jedes Jahr kräftige junge Ersatztriebe wachsen. Schneiden Sie die welken Blütenstände nicht ab, da sie die überwinternden Blütenknospen schützen, die bei großer Kälte erfrieren können. Entfernen Sie sie erst im Frühjahr.

1 Ende März bis April. Schneiden Sie ein Drittel bis ein Viertel der älteren erschöpften Triebe bis zur Basis aus. Schneiden Sie alle schwachen, dünnen Triebe aus. Schneiden Sie die verwelkten Blütenköpfe bis zu einem starken Knospenpaar ab.

Das zweite und die folgenden Jahre

3 Mai. Schneiden Sie die Blütentriebe bis zur Basis, oder bei starken Zweigen bis zu Punkten weiter unten, an denen sich kräftige junge Triebe entwickeln, aus. Es bilden sich Basistriebe. Mulchen Sie gut.

2 September. Die oberen Wachstumsknospen an den beschnittenen Trieben sind gewachsen und an den kräftigsten haben sich Blütenköpfe gebildet.

Ginster

Viele Ginsterarten (Cytisus scoparius und seine Hybriden) gehören zu der Gruppe 2. Sie sind sommergrüne Büsche, obgleich die leuchtend grünen jungen Zweige ihnen das Aussehen von immergrünen Pflanzen geben. Sie blühen im Mai und im Juni auf der ganzen Länge des Holzes des Vorjahres.

Beim Pflanzen muß man nicht Beschneiden. Wenn die Blüten abgeblüht sind, sollte man das blühende Holz auf zwei Drittel seiner Länge zu dem Punkt niederschneiden, wo sich junge Triebe bilden. Das Prinzip des Beschneidens ist das gleiche wie für die Deutzie und ähnliche Sträucher, aber Ginster sollte nicht zu hart zurückgeschnitten werden, da auf altem Holz schlecht Triebe wachsen. Es ist notwendig, selbst erst ein Jahr alte Pflanzen zu beschneiden, nachdem sie geblüht haben, um zu verhindern, daß sie zu lang und kopflastig werden.

1 Juni bis Juli. Schneiden Sie im zweiten und den folgenden Jahren sofort nach der Blüte das Holz, an dem die Blüten waren, um zwei Drittel bis zu jungem kräftigem Wuchs, der nahe der Basis des vorjährigen Holzes wächst, zurück.

Die Gruppe 3 umfaßt solche Sträucher, die auf dem Holz des laufenden Jahres blühen. Wenn man sie im frühen Frühjahr sehr hart beschneidet, bringen sie kräftige Triebe hervor, die im Sommer oder im frühen Herbst blühen. Wenn man sie sich selber überläßt, entwickeln sie sich schnell in unordentliche verzweigte Büsche, die nach und nach an Qualität und Quantität der Blüten verlieren.

Man kann der Gruppe 3 auch eine kleine Anzahl von sommergrünen Büschen zuordnen, für die der Prunus triloba (Mandelbäumchen) typisch ist. Sie blühen früh im Jahr am Holz des vorherigen Jahres. Sie reagieren auf hartes Beschneiden im März oder April, nachdem sie schon geblüht haben, indem sie lange rutenartige Triebe hervorbringen, die im folgenden Frühjahr blühen.

Es ist grundsätzlich nötig, früh im Jahr zu beschneiden, damit das blühende Holz soviel Zeit wie möglich hat, sich zu entwickeln. Man kann einfach bei kleinen buschigen Pflanzen, wie winterfesten Fuchsien und Perovskia zwischen März und April allen Wuchs bis zum Boden zurückschneiden, oder ein Grundastgerüst aus holzigen Zweigen bis zu einer gewünschten Höhe wachsen lassen und dann im Frühjahr den jeweils neuen Wuchs bis zu diesem Grundastgerüst zurückschneiden, wie bei Buddleia davidii-Hybriden.

Unterschiede in der Höhe der Triebe und der Blüten kann man bei einer Pflanze erreichen, indem man einige Triebe des Grundastgerüstes höher oder niedriger stehen läßt als die übrigen. Das ist vor allem bei Pflanzen nützlich, von denen man nur eine Seite sieht, denn dadurch kann man eine größere blühende Fläche schaffen. Dieser harte Schnitt muß jedes Jahr zwischen März und Anfang April vorgenommen werden, wenn die Triebknospen gerade zu schwellen beginnen, und man die Lage der neuen Triebe erkennen kann.

In windigen Gegenden kann es nötig sein, Triebe die geblüht haben, im späten Herbst zurückzuschneiden, um Windschäden zu vermeiden, normalerweise ist jedoch nur der Rückschnitt im Frühjahr nötig.

Diese Methode ist für sommergrüne Büsche, wie Ceanothus (Säckelblume), Caryopteris (Bartblume), Spartium junceum (Binsenginster) und andere der Gruppe 3, die weniger kräftig als die Buddleia davidii (s. S. 56) sind, geeignet. Es ist wichtig, sie im ersten Jahr unbeschnitten zu lassen, damit sich ein kräftiges natürliches Zweigsystem entwickelt. Nur schwache und schlecht plazierte Triebe, die die Symmetrie der Pflanze stören, müssen entfernt werden. Wenn man diese Büsche beim Pflanzen hart zurückschneidet, bringen sie nur schwache Triebe hervor oder sterben völlig ab.

Das erste Jahr

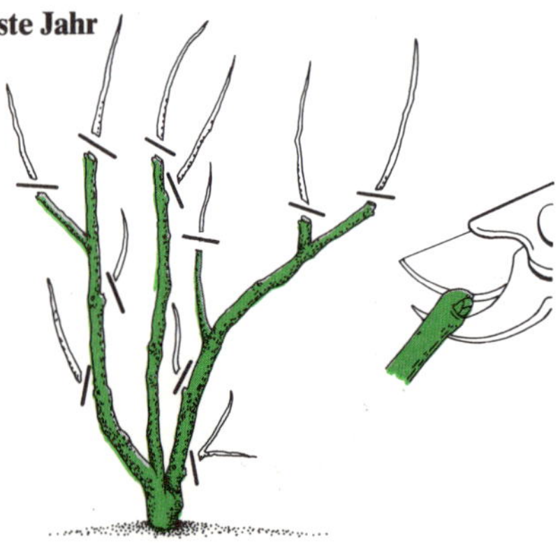

1 März bis Anfang April. Schneiden Sie alle beschädigten oder schwachen Triebe aus. Schneiden Sie die Haupttriebe um drei bis fünf cm bis zu starken nach außen zeigenden Knospen zurück. Schneiden Sie alle schlecht plazierten Triebe völlig aus.

2 August bis September. Aus den oberen Knospen am Wachstum des letzten Jahres sind starke Triebe gewachsen, die im Spätsommer blühen.

Es ist sehr wichtig, Büsche, die auf diese Art beschnitten wurden, zu düngen, damit sie jedes Jahr genügend gesunde Triebe hervorbringen.

Das erste Jahr
Anfängliches Beschneiden soll ein starkes, gut ausgewogenes Grundastgerüst schaffen. Im ersten Jahr schneidet man gewöhnlich weniger stark als in den folgenden Jahren, damit die Wurzel gut anwachsen kann. Entfernen Sie beim Pflanzen alles schwache und beschädigte Holz. Schneiden Sie die restlichen Triebe zwischen März und April um ein Viertel bis drei Viertel ihrer Länge zurück, wobei die kräftigen Büsche, wie Buddleia davidii, Sommerflieder, stärker beschnitten werden als weniger robuste Sorten wie die Perovskia und der Ceanothus (Säckelblume).

Das zweite Jahr
Schneiden Sie zwischen März und April die Triebe des Vorjahres hart zurück, damit sich unmittelbar über dem älteren Holz Knospen bilden. Bei der Fuchsia und ähnlichen kleinen Büschen, die kein hölzernes Grundastgerüst entwickeln, können Sie bis fast zum Boden zurückschneiden. In sehr milden Gegenden können auch diese Büsche verholzen und dann sollten sie nach dem Grundastgerüst-Prinzip behandelt werden. Häufen Sie um die Basis der Pflanze guten Kompost oder Dünger, damit kräftiges, neues Wachstum entsteht.

Das dritte und die folgenden Jahre
Nach mehreren Jahren kann das Grundastgerüst zu dicht werden, dann sollte man einige der alten holzigen Zweige ausschneiden. Geben Sie der Pflanze jedes Jahr eine Mulchdecke, um kräftiges Wachstum zu erzeugen. Im Hinblick auf die geringen Variationen bei der Stärke des Beschneidens, um das Grundastgerüst zu bilden, sind drei Straucharten als Beispiele ausgesucht worden, die die mindesten technischen Unterschiede erfordern. Wenn vergessen wird, regelmäßig zu düngen, kann das Wachstum schwach und dürr werden.

Das zweite Jahr

3 März bis Anfang April. Schneiden Sie alles Wachstum des letzten Jahres um die Hälfte bis zu starken nach außen zeigenden Knospen zurück. Entfernen Sie alle schwachen, widerspenstigen Triebe völlig.

Das dritte und die folgenden Jahre

4 März bis Anfang April. Schneiden Sie alle Triebe des letzten Jahres bis auf ein oder zwei Knospen zurück. Jetzt ist das Grundastgerüst gebildet.

Die Gruppe 3 umfaßt Büsche wie die Perovskia, winterfeste Fuchsie, die unter Umständen kein holziges Grundastgerüst bilden und fast bis auf den Boden zurückgeschnitten werden.

Das erste Jahr

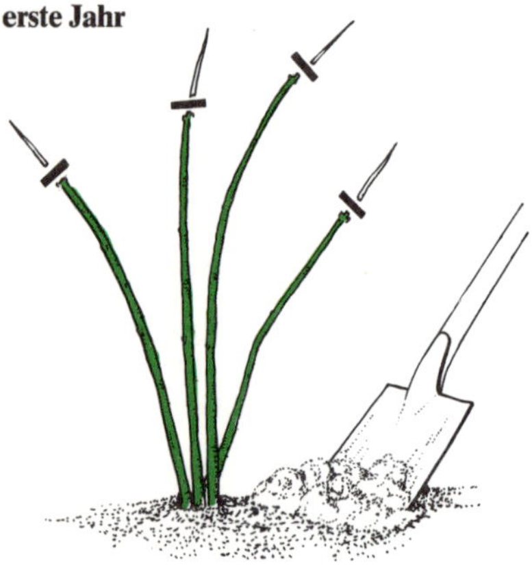

1 März bis April. Die Perovskia beim Pflanzen. Schneiden Sie alle schwachen, dünnen Spitzen bis zu einem starken Knospenpaar zurück. Machen Sie um die Basis der Pflanze eine gute Mulchdecke.

2 November. Im Sommer haben sich Basistriebe entwickelt, und die Triebe des letzten Jahres haben Seitentriebe bekommen. Die grauen Äste sind auch im Winter reizvoll.

4 September. Starke Triebe sind bis zu einer Höhe von 60–90 cm gewachsen. Am oberen Teil jeden Triebes haben sich Seitentriebe gebildet. Blüten entstehen an Seitentrieben und an den Spitzen der Triebe.

Das dritte und die folgenden Jahre

5 März bis April. Schneiden Sie alle Zweige oberhalb eines starken Knospenpaares bis fast zum Boden zurück.

Das zweite Jahr

3 März bis April. Schneiden Sie alle Zweige oberhalb eines starken Knospenpaares bis fast zum Boden zurück.

Achten Sie darauf, daß keine Stümpfe stehenbleiben, die während des Jahres absterben.

Der Aufbau eines Astgerüstes

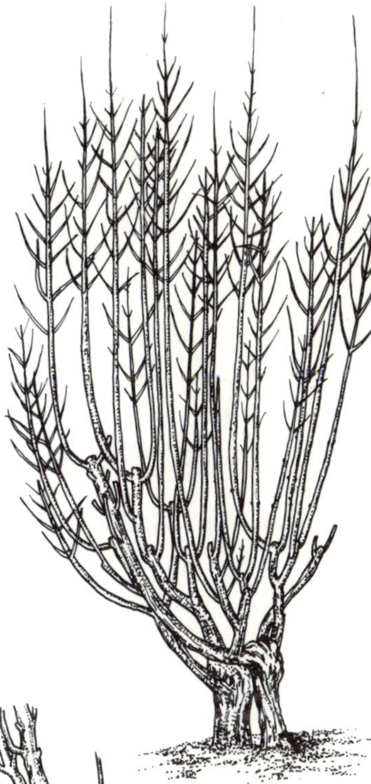

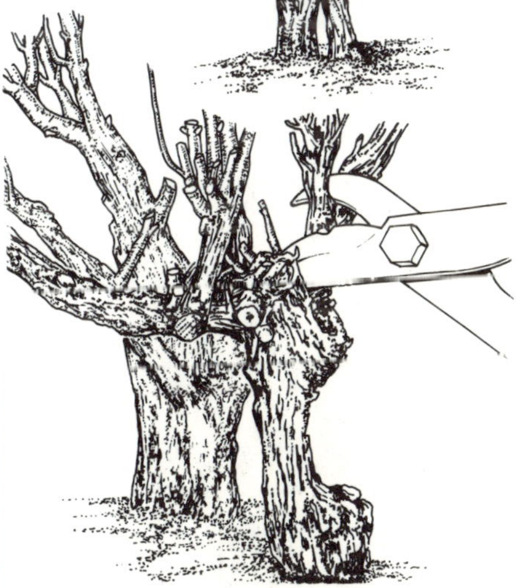

Wenn man möchte, kann man die Perovskia auf einem Gerüst von holzigen Basistrieben ziehen. Es muß früh erzogen und konsequent beschnitten werden, wie es für den sommergrünen Ceanothus beschrieben wurde.

Die Gruppe 3 umfaßt kräftige Sträucher wie die Buddleia davidii, die auf einem holzigen Grundastgerüst wachsen sollten, dem man erlauben muß, sich bis zur gewünschten Höhe zu entwikkeln.

Das erste Jahr

1 März bis Anfang April. Die Buddleia davidii (Sommerflieder) beim Pflanzen. Schneiden Sie alle Haupttriebe um die Hälfte oder drei Viertel ihrer Länge bis zu Punkten, an denen sich kräftige Triebe bilden oder Knospen schwellen, zurück. Schneiden Sie alles schwache Holz völlig aus. Mulchen Sie gut.

2 Juli bis August. Lange rutenähnliche Triebe haben sich an den beschnittenen Zweigen und an der Basis gebildet. Diese blühen im Spätsommer an ihren Spitzen.

Das dritte Jahr

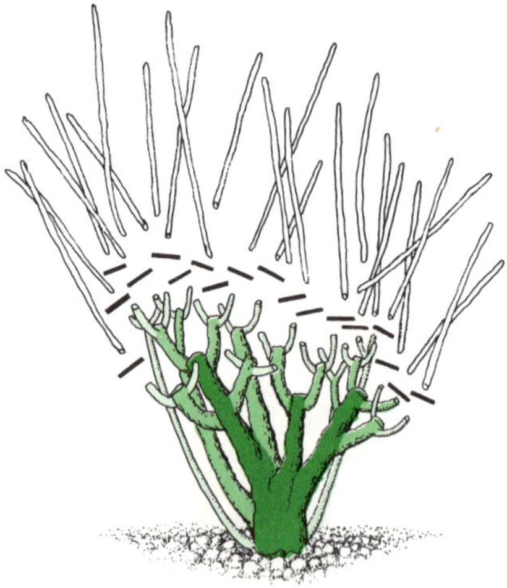

5 März bis April. Schneiden Sie zurück, wie die 3. Bildunterschrift beschreibt. Das Hauptastgerüst ist jetzt gebildet. Alle Triebe an der Basis oder nahe der Basis, die sich in den kommenden Jahren entwickeln, können entweder Lücken im Astgerüst füllen oder ausgeschnitten werden. Mulchen Sie gut.

Das zweite Jahr

3 März bis Anfang April. Schneiden Sie alle neuen Triebe bis auf ein oder zwei Knospenpaare auf dem Holz des Vorjahres zurück. Schneiden Sie alles Wachstum von der Basis oder nahe der Basis, das im Vorjahr entstanden ist, bis zur gewünschten Höhe runter. Mulchen Sie gut.

4 Oktober. Die Pflanze hat auf Endtrieben und oberen Seitentrieben der Triebe des laufenden Jahres geblüht. Schneiden Sie in einem windigen Garten alle Haupttriebe um ein Drittel zurück, um Windschäden zu vermeiden.

Das vierte und die folgenden Jahre

6 März bis Anfang April. Beschneiden Sie wie gewöhnlich. Wenn das Astgerüst sehr verholzt und überfüllt ist, sollten Sie alle schlecht plazierten Stümpfe ausschneiden, wobei die bleibenden möglichst geschickt verteilt sein sollten. Ziehen Sie neue Triebe so, daß sie die alten ersetzen.

Die Gruppe 4 umfaßt Büsche, die im frühen Frühjahr jeden Jahres hart beschnitten werden, so daß ihre dekorative Wirkung von ihrem Blattwerk kommt oder von der Rinde ihrer Zweige im Winter. Die Technik ist ähnlich wie bei der Gruppe 3. Die meisten dieser Büsche würden auf vorjährigem Holz blühen, wenn sie aber auf diese Art beschnitten werden, blühen sie überhaupt nicht. Mit guter Düngung werden die Blätter von farbig oder rot-blättrigen Varianten solcher Büsche wie Cotinus coggygria (Perückenstrauch) und Cornus alba (Hartriegel) oder von Büschen wie Rhus typhina (Essigbaum), die man wegen der Farbe ihres Herbstlaubes pflanzt, doppelt oder dreimal größer.

Cotinus coggygria

Diese Methode wird angewandt, um den dekorativen Effekt solcher Büsche zu verstärken, die farbige Blätter haben, wie der rotblättrige Cotinus coggygria (Perückenstrauch) »Rubrifolius«. Sie ist auch sehr wirkungsvoll beim goldenen Holunder (Sambucus canadensis »Aurea« und rotblättrigen Haselstrauch, und sie ist nützlich in kleinen Gärten, wo dieselben Pflanzen unbeschnitten zu groß würden.

Die Technik ist sehr ähnlich wie die Methode nach der Cornus alba (s. S. 60) beschnitten wird, aber man erlaubt der Pflanze, einen höheren Stamm oder eine Gruppe von Stämmen bis zur gewünschten Höhe zu entwickeln, bevor man sie stutzt.

Das erste Jahr

1 März bis April. Der Cotinus coggygria »Rubrifolius« beim Pflanzen. Schneiden Sie alle Haupttriebe auf 30–45 cm zurück, um das Grundastgerüst zu bilden. Schneiden Sie schwache Basistriebe aus. Mulchen Sie gut.

2 Juli bis August. Starke, unverzweigte Triebe haben sich gebildet, die schönere und größere Blätter haben als ein unbeschnittener Busch.

Viele Büsche mit schön gefärbter Rinde, wie der rot- und grünstämmige Hartriegel, einige Weiden und die Brombeere, reagieren auch dankbar auf dieses drastische Schneiden. Sie entwickeln nichtverzweigte neue Triebe mit ausgeprägterer Farbe als die unbeschnittenen Exemplare. Wie bei der Gruppe 3 kann das Grundastgerüst in der Höhe so variiert werden, wie es der Standort des Busches erfordert. Ausnahmen hiervon sind Sorten wie die Brombeere, die kein Grundastgerüst aufbaut, sondern Wurzelschößlinge bekommt, die rutenartig aus der Basis der Pflanze wachsen.

Das zweite Jahr

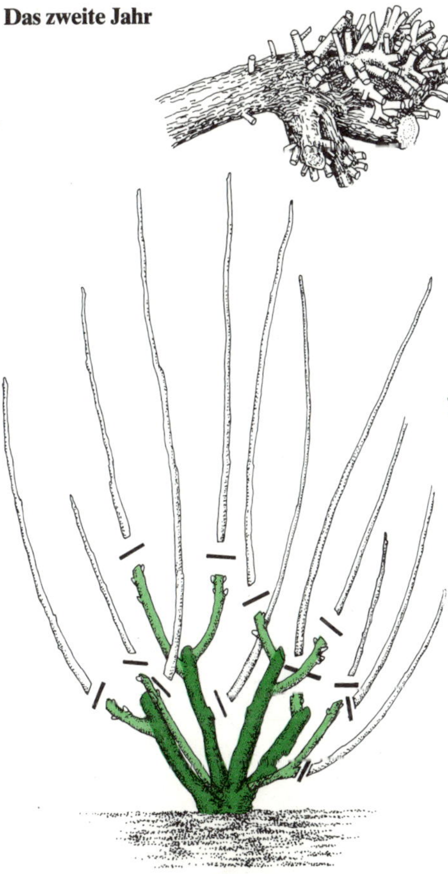

3 März. Schneiden Sie die Triebe des Vorjahres bis zu einer Knospe drei bis fünf cm oberhalb des Astgerüstes zurück. Wenn Sie ein höheres Astgerüst wünschen, schneiden Sie die Triebe in entsprechender Höhe ab. Schneiden Sie alle überflüssigen oder schwachen Triebe aus, damit die Zweige des Gerüstes in harmonischen Abständen stehen.

4 Juli bis August. Die etablierte Pflanze mit einem starken holzigen Grundastgerüst und vielen kräftigen Trieben.

Rubus cockburnianus

Diese Methode ist für Büsche, wie Rubus cockburnianus und ihre Verwandten, die weißstämmigen Brombeeren, geeignet. Diese werden wegen ihrer weißen, verzweigten Stämme im Winter angepflanzt. Sie bilden kein Grundastgerüst, sondern bekommen Wurzelschößlinge, wie die verwandte Himbeere. Das Beschneiden beschränkt sich darauf, daß zwischen März und April alle Triebe bis zum Boden zurückgeschnitten werden.

Wenn man die Triebe des Vorjahres stehen läßt, dann blühen sie zwar im Sommer, sind jedoch nicht besonders dekorativ, und darum ist es besser, sie zu entfernen, bevor sie anfangen zu wachsen. So wird die Kraft der Pflanze auf die Erzeugung starker neuer Triebe verwendet, und nicht zwischen der Produktion von Blüten und der Produktion von Trieben geteilt.

Wenn die Pflanze spärlich wächst, sollte man einen oder zwei Triebe des Vorjahres stehen lassen. Dadurch wird die Pflanze ernährt und kann im Sommer Triebe an der Basis entwickeln.

Das erste Jahr

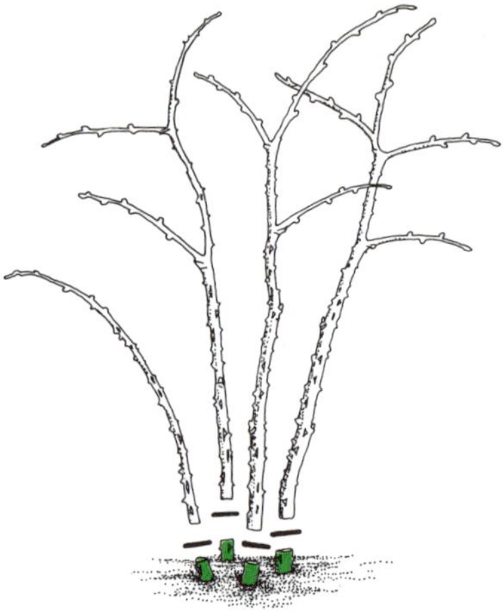

1 März bis Anfang April. Cornus alba (Hartriegel) beim Pflanzen. Schneiden Sie alle Haupttriebe bis auf wenige Zentimeter von der Basis zurück. Schneiden Sie alle schwachen Basistriebe aus. Mulchen Sie die Pflanze gut.

Cornus alba

Diese Methode kann bei Cornus alba und vielen Weiden angewandt werden, die wegen der farbigen Rinde der jungen Triebe angepflanzt werden. Sie halten gewöhnlich hartes Beschneiden unmittelbar nach dem Pflanzen aus.

Das erste Jahr

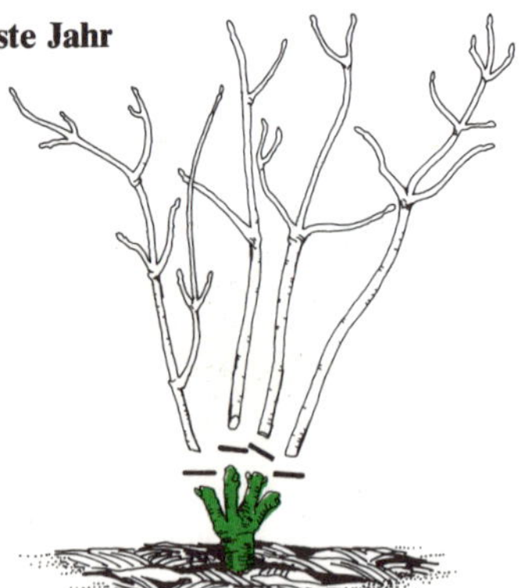

1 März bis April. Weißzweigige Brombeere bei der Pflanzung. Den gesamten Aufwuchs über dem Boden unmittelbar über dem Boden wegschneiden. Gut abdecken.

2 Oktober. Kräftige Triebe, die sich im oberen Bereich verzweigen, sind im Frühling und Sommer herangewachsen. Im Herbst verlieren sie die Blätter. Die Triebe aber bleiben attraktiv den ganzen Winter hindurch.

2 Oktober. Während des Frühjahrs und Sommers haben sich kräftige, biegsame, meistens unverzweigte Triebe gebildet. Wenn die Blätter gefallen sind, bieten die farbigen Zweige ein reizvolles Bild.

Das zweite und die folgenden Jahre

3 März bis Anfang April. Schneiden Sie alle Haupttriebe bis auf wenige Zentimeter von der Basis zurück. Schneiden Sie alle schwachen Basistriebe aus. Mulchen Sie gut.

Das zweite Jahr

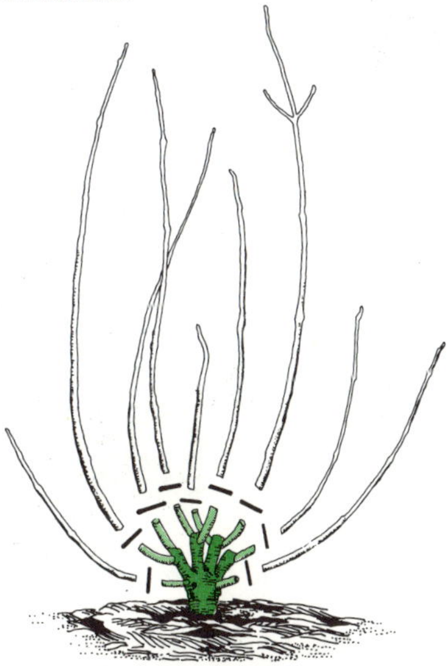

3 März bis April. Wiederum den gesamten Aufwuchs unmittelbar über dem Boden wegschneiden.

Zurücksetzen

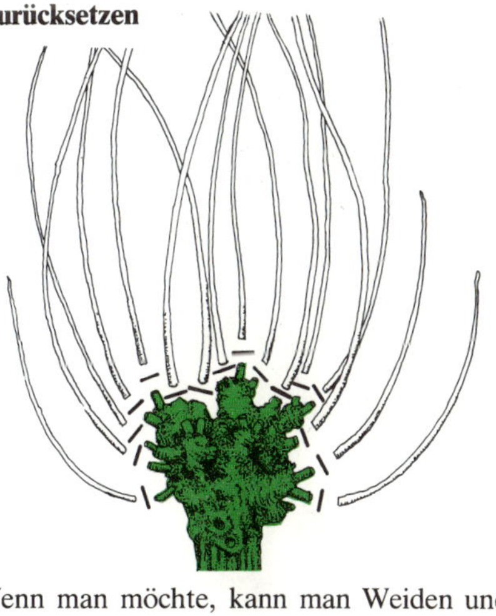

Wenn man möchte, kann man Weiden und Cornus auf einem oder mehreren holzigen Stämmen einer gewünschten Höhe ziehen. Sie müssen dann auf dieselbe Art beschnitten werden. Man nennt diese Art des Beschneidens Zurücksetzen.

Die Gruppe 5 umfaßt die immergrünen Büsche, von denen die meisten buschig und kompakt sind. Wenn ausreichend Platz vorhanden ist, sollte man sie wenig beschneiden. Man kann sich darauf beschränken, verwelkte Blüten und Triebe, die die Symmetrie stören, zu entfernen.

Tote, kranke und schlecht plazierte Triebe können jederzeit entfernt werden, während wintergeschädigte Triebe am besten zwischen April und Mai entfernt werden, wenn die Triebknospen zu schwellen beginnen. Dadurch haben neue Triebe vor dem nächsten Winter die maximale Zeit, sich zu entwickeln. Wenn man früher im Jahr beschneidet, bekommt die Pflanze leicht Wind- und Frostschäden, schneidet man im Sommer und Herbst, entwickeln sich neue Triebe, die mit großer Wahrscheinlichkeit während des folgenden Winters Schaden nehmen.

Einige wenige immergrüne Büsche können härter beschnitten werden, damit sie stärker blühen oder kompakter wachsen. So können Pflanzen wie Santoline jedes Frühjahr fast bis zum Boden

Erziehung

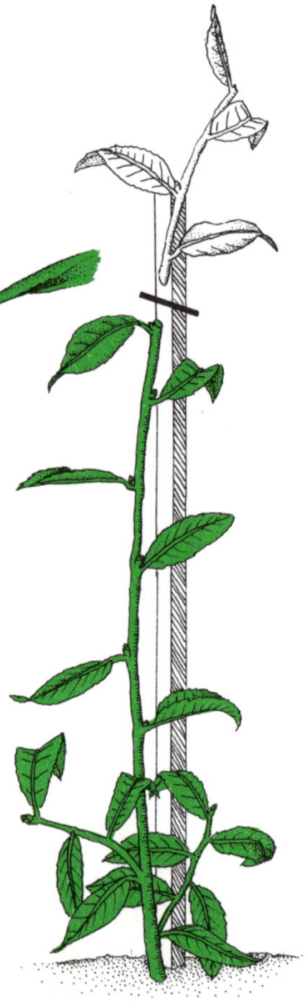

April bis Mai. Eine junge Kamelie mit einem gut entwickelten Leittrieb. Schneiden Sie den obersten kräftigen Seitentrieb leicht zurück. Wenn man ihn stehenläßt, wird das Wachstum leicht unausgewogen.

April bis Mai. Eine junge Kamelie mit einem schwachen Leittrieb und wenigen Seitentrieben. Schneiden Sie den schwachen Leittrieb bis zu einer starken Knospe zurück, um kräftiges Wachstum von Seitentrieben anzuregen.

runtergeschnitten werden. Hypericum calycinum (Johanniskraut) und Mahonia aquifolium (Mahonie) müssen im Frühjahr kräftig beschnitten werden, wenn sie als Bodendecker wachsen sollen.

Frühes Erziehen

Das frühe Erziehen beschränkt sich darauf, daß alle Seitentriebe leicht beschnitten werden, die die Symmetrie stören. Manchmal sind die Leittriebe junger, immergrüner Büsche, wie der Kamelie, dünn, schwach und ohne Seitentriebe. Dann sollte der Leittrieb beim Pflanzen einige Zentimeter zurückgeschnitten werden, damit das Wachstum von Seitentrieben weiter unten angeregt wird. Der höchste neue Seitentrieb sollte so gezogen werden, daß er den Leittrieb ersetzt. Achten sie darauf, daß der Leittrieb nur einige Zentimeter zurückgeschnitten wird, da sonst zu viel Seitenwachstum entstehen und sich kein geeigneter Ersatztrieb für den Leittrieb entwickeln könnte.

Juni bis Juli. Es haben sich Seitentriebe gebildet. Der oberste Seitentrieb wird als Ersatzleittrieb gezogen.

Das Abschneiden welker Blüten oder unreifer Samenkapseln

Einige Immergrüne, vor allem Rhododendron, entwickeln im Überfluß Blüten und Samen. Wenn man den Samen nicht braucht, sollten die verwelkten Blüten so schnell wie möglich abgeschnitten werden. Das verhindert, daß die Pflanzen Samenhülsen entwikkeln und lenkt ihre Kraft auf die Entwicklung starker neuer Triebe und Blütenknospen für das folgende Jahr. Das Abschneiden welker Blüten sollte sofort vorgenommen werden, bevor sich Samenhülsen bilden. Kneifen Sie die verwelkten Blüten sorgfältig zwischen Zeigefinger und Daumen ab. Achten Sie darauf, daß Sie keine Wachstumsknospen beschädigen, die unmittelbar unter den Blütendolden in den Blattachseln sitzen.

Lavendel

Unbeschnittener Lavendel entwickelt sich in holzige knorrige Büsche, mit unten kahlen Zweigen, auf denen wenig graues Blattwerk wächst. Es lohnt sich nicht, solche Büsche zu verjüngen, da sie selten zufriedenstellendes junges Wachstum hervorbringen, wenn sie bis ins alte Holz zurückgeschnitten wurden. Man sollte sie lieber durch junge Pflanzen ersetzen, die man im April hart beschneidet, damit sie eine niedrige, buschige Form entwickeln.

Das Beschneiden beschränkt sich darauf, daß man jeden April die Büsche zwei bis drei Zentimeter zurückstutzt, um das Wachstum frischer junger Triebe anzuregen, die später im Jahr Blütenrispen bekommen. Sehr ordentliche Gärtner werden die alten Blütenzweige im frühen Herbst entfernen, um eine ordentliche Pflanze zu haben. Andere werden sie lieber im folgenden April entfernen, wenn sie den jährlichen Schnitt machen. In kalten Gegenden sollte man die Blütenzweige bis zum Aprilschnitt stehen lassen, da sie das Blattwerk bei großer Kälte schützen.

Schneiden Sie nicht unmittelbar nach der Blüte, wie manchmal empfohlen wird. Das regt nur neues Wachstum an, das leicht Winterschäden bekommt.

Heidekraut

Baum-Heidekraut (Erica arborea und ihre Verwandten) braucht nicht regelmäßig beschnitten zu werden. Nur ist es manchmal nötig, schlecht plazierte Zweige zu entfernen. Das sollte im April gemacht werden. Ein Erneuerungsschnitt zwischen April und Mai kann bei Baumheiden und anderen großen Arten erfolgreich sein.

Die meisten im Sommer und Herbst blühenden Heidearten (Calluna vulgaris, Erica ciliaris, Erica vagans, Daboecia cantabrica und ihre Variante) sollten regelmäßig beschnitten werden. Wenn man das nicht tut, werden sie meistens langbeinig mit kurzen, weniger attraktiven Blütenrispen. Es sollte zwischen März und Anfang April beschnitten werden, da die alten rost- oder bronzefarbenen Blüten im Winter schön aussehen. Die abgeblühten Blütenrispen solcher Heidearten, die wegen ihrer leuchtend bunten Winterblätter angepflanzt werden, sollten im Oktober nach der Blüte beschnitten werden. Zwischen März und Anfang April kann es notwendig sein, sie noch einmal zu beschneiden. Im Winter blühende Heidearten wachsen von Natur aus dicht und ausgebreitet, und man sollte bei ihnen im April, wenn sie abgeblüht sind, vorsichtig die welken Blüten abschneiden. Weiteres Beschneiden brauchen sie nicht.

Das erste Jahr

1 April. Eine junge Lavendelpflanze von 25 cm Höhe. Beschneiden Sie beim Pflanzen hart, um widerspenstige Triebe zu entfernen und neues Wachstum anzuregen.

2 September. Während des Frühjahrs und Sommers wächst die Pflanze kräftig und buschig. Im ersten Jahr entwickeln sich schon einige Blütenrispen.

1 März bis Anfang April. Schneiden Sie die Blütenrispen des Vorjahres bis unterhalb der untersten Blüte ab. Nehmen Sie dafür eine Schere, und versuchen Sie, der natürlichen Form der Pflanze zu folgen. Vermeiden Sie eine platte »Tischform«, indem Sie den Winkel der Schneideflächen verändern.

2 August bis September. Eine Calluna vulgaris (Heide) in Blüte. Eine kompakte Pflanze mit langen Blütenrispen. Schneiden Sie die welken Blüten nicht ab, da sie auch im Winter reizvoll aussehen.

Das zweite und die folgenden Jahre

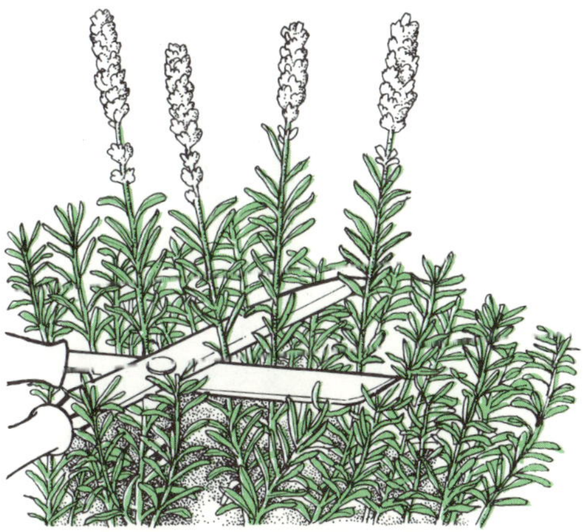

3 April. Stutzen Sie den Busch. Entfernen Sie die alten Blütenrispen und 2,5 cm vom Wachstum des vergangenen Jahres. Folgen Sie mit der Schere dem natürlichen Umriß der Pflanze, damit keine platte »Tischform« entsteht.

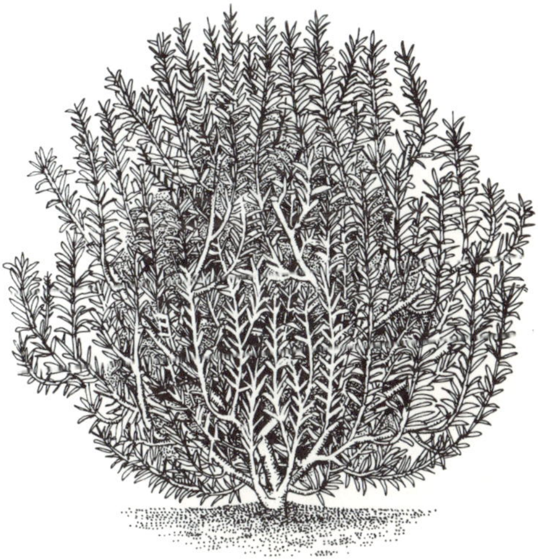

4 September. Diese ältere Pflanze nach der Blüte zeigt die Form, die durch regelmäßiges Beschneiden erzielt werden soll.

Eucalyptus

Die Schneidemethode für Eucalyptus hängt davon ab, ob die Sorte als Baum, als Busch, als niedriges Gebüsch gezogen werden oder gestutzt werden soll. Der Eucalyptus bekommt neue Triebe sowohl an der Basis als auch am Stamm und ist für verschiedene Erziehungs- und Schnittmethoden geeignet.

Das erste Jahr

Man muß junge Exemplare pflanzen, die nicht größer als 60 bis 120 cm sind, die stetig gewachsen sind, nicht an einen Topf gewöhnt sind. Wenn die Wurzeln in einem Topf zusammengepreßt gewesen sind, entwickeln sie sich selten befriedigend, wenn sie ins Freiland gepflanzt werden und bilden nicht die starke Verankerung und Stütze, die nötig ist. Wenn man Eucalyptus pflanzt, dann sollte die Oberfläche des Wurzelballens 2 1/2 bis 5 cm unterhalb der Erdoberfläche sein, in einer flachen Vertiefung, die am Ende des Jahres mit Erde aufgefüllt wird. Diese Vertiefung hält nicht nur das Wasser für die junge Pflanze, sondern sie schützt auch die geschwollene Basis, die sich an Eucalyptus-Pflanzen bildet. Das ist wichtig, denn hier können sich aus schlafenden Knospen neue Triebe bilden, wenn der Hauptstamm verletzt wird. Am Anfang ist es wichtig, die Pflanze abzustützen, damit das Wurzelsystem sich etablieren kann und Windschaden vermieden wird. Die beste Stütze ist ein Dreieck oder ein Viereck aus Leisten, die alle etwa 2,5 cm vom Stamm entfernt sind.

Das Ziehen eines Eukalyptus mit einem langen, geraden Stamm:

Das erste Jahr

1 April bis Mai. Pflanzen Sie den Baum in einer flachen Vertiefung. Der obere Teil des Wurzelballens ist drei bis fünf cm unter dem Boden. Stützen Sie die Pflanze ab.

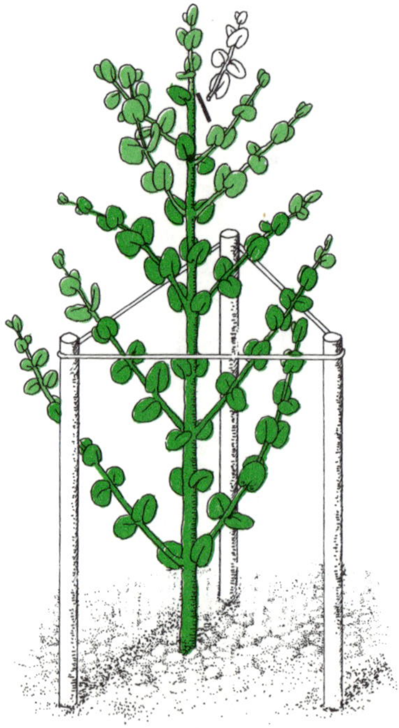

Oktober. Die Pflanze ist im Sommer kräftig gewachsen. Es müssen nur tote Zweige entfernt werden. Wenn sich ein zweiter Leittrieb entwickelt, muß der ungünstiger plazierte Trieb sobald wie möglich ausgeschnitten werden. Füllen Sie die Vertiefung mit Erde auf, damit die geschwollene Basis geschützt ist.

Der Baum entwickelt sich.
Der Baum muß nicht weiter beschnitten werden, es sei denn, er wächst so schnell, daß die Höhe ein schlechtes Verhältnis zum Umfang hat. Dann sollte der Leittrieb beschnitten werden, damit das Wachstum von seitlichen Zweigen angeregt wird.

1 Mitte März bis April. Schneiden Sie den Leittrieb genau oberhalb eines Seitentriebes um ein Drittel des vorjährigen Wachstums zurück, der zum Stamm in einem spitzen Winkel steht.

2 Oktober. Der Seitentrieb ist nach oben gewachsen und bildet einen neuen Leitrieb. Nach zwei oder drei Jahren wird der Stamm so gerade sein wie bei einem unbeschnittenen Baum.

Jährliches Niederschneiden ist eine einfache und wirkungsvolle Behandlung für Eucalyptus in kleinen Gärten, die schönes Blattwerk während fast des ganzen Jahres erzeugt. Sorten mit schönen blau-grünen, frischen Blättern, wie der Eucalyptus gunnii sind hierfür besonders geeignet. Sie werden in einer Wachstumsperiode etwa 120 bis 180 cm hoch. Eine Variation der Behandlung ist, Eucalyptus zu stutzen wie Weiden. Dafür muß der junge Baum so gezogen werden, daß er ein »Bein« in der gewünschten Höhe bildet und dann müssen die Triebe jährlich zwischen März

Das erste Jahr

1 April bis Mai. Eine junge Eucalyptuspflanze wird in eine flache Vertiefung gepflanzt. Der obere Teil des Wurzelballens drei bis fünf cm unter dem Boden. Eine Stütze genügt.

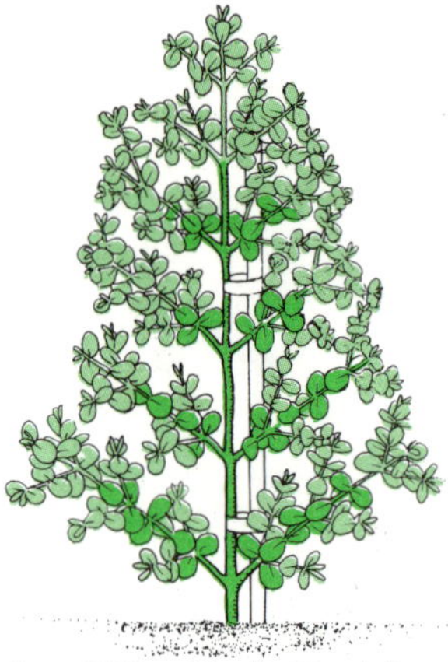

2 Oktober. Füllen Sie die Vertiefung mit Erde auf. Die Pflanze ist im Sommer kräftig gewachsen und hat ein etabliertes Wurzelsystem.

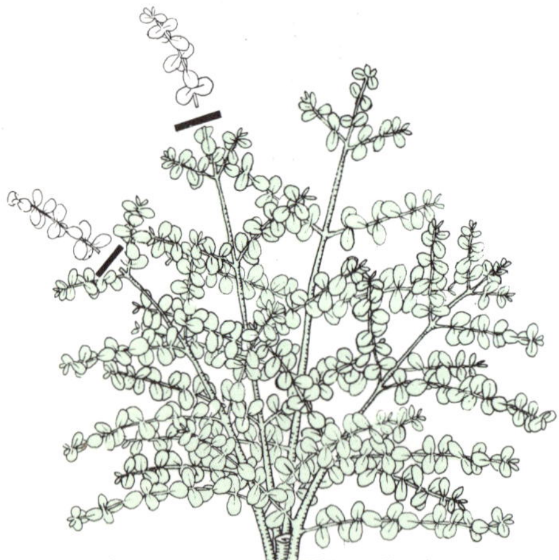

4 Juli. Es entwickeln sich kräftige Basistriebe. Schneiden Sie alle aufrechten Triebe, die schneller als die übrigen wachsen, bis zu Seitentrieben zurück. Man verhindert damit, daß sie dominierend werden und wieder eine Baumform bilden.

Das dritte und die folgenden Jahre

5 Mitte März bis Anfang April. Schneiden Sie die Zweige bis fast zum Boden zurück. Bestreichen Sie die Wunden mit einem Wundverschlußmittel. Machen Sie um die Basis eine Mulchdecke.

und Anfang April bis zur Spitze des »Beines« zurückgeschnitten werden. Die Pflanze, die so entsteht, kann ziemlich plump werden, wenn man sie nicht sehr sorgfältig erzieht.

Das zweite Jahr

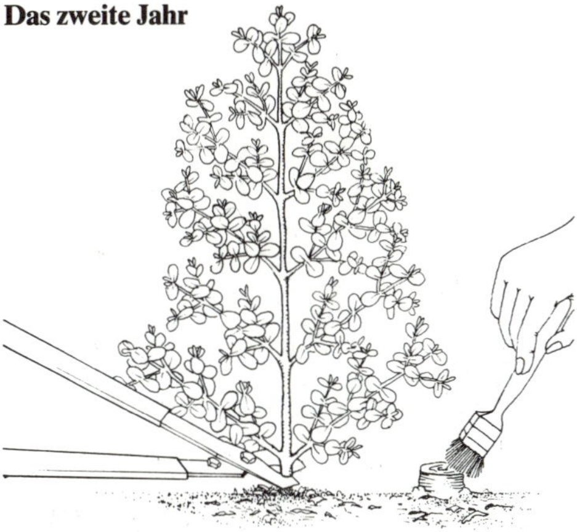

3 Mitte März bis Anfang April. Schneiden Sie den Stamm nahe am Boden ab. Bestreichen Sie die Wunde mit einem Wundverschlußmittel. Machen Sie um die Basis eine Mulchdecke.

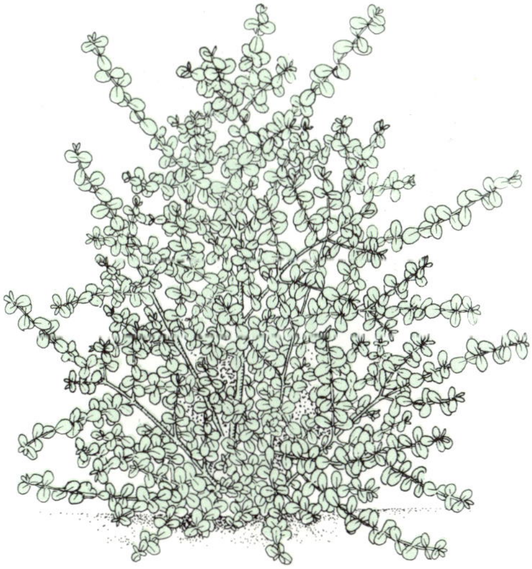

6 Mitte März bis Anfang April. Eine voll entwickelte niedrig gehaltene Pflanze. Düngen Sie sie nach dem Beschneiden mit Ammoniumsulfat, und mulchen Sie mit gut verrottetem Kompost oder Mist.

Eucalyptus in Buschform

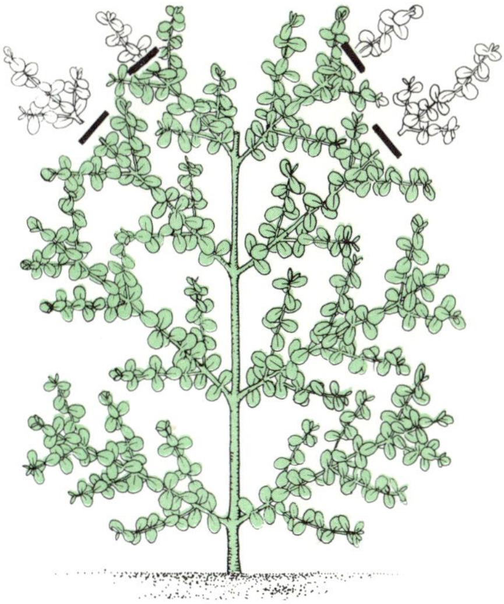

Durch diese Methode entsteht eine viel größere Pflanze als bei einem niedergeschnittenen Eucalyptus, sie wächst aber ähnlich. Sie sollte auch wie der als Baum gezogene Eucalyptus anfänglich mit einem Pfahl gestützt werden. Während der ersten Wachstumsperiode nach dem Pflanzen bis zum folgenden Sommer muß nicht beschnitten werden.

Schneiden Sie im Juni den Leittrieb bis zu der Gruppe von Seitentrieben zurück, die sich in der letzten Wachstumsperiode nahe am Endtrieb entwickelt haben. Schneiden Sie im Juli und August alle Seitentriebe zurück, die schneller als die anderen wachsen, damit sie nicht dominierend werden. Schneiden Sie in den folgenden Jahren im März und April aufrechte Triebe, die die buschige Form der Pflanze stören, zurück. Wiederholen Sie das im Juni.

Manchmal werden Eucalyptus-Büsche zu groß für ihren Standort. Sie können dann leicht verjüngt werden, wenn man sie zwischen Mitte März und Anfang April hart auf ein niedriges rundes Grundastgerüst zurückschneidet. Von diesen Ästen und von der Basis werden viele Triebe wachsen. Sie müssen im Sommer beschnitten werden, damit keiner vorherrschend wird. Wenn die gewünschte Form des Busches wieder erreicht ist, kann das normale Schneiden fortgesetzt werden.

Trotz der guten Absichten des Gärtners werden manche starken Büsche wie der Philadelphus, Blaue Flieder und die winterfesten Rhododendren entweder zu groß für ihren Standort oder übergroß durch Vernachlässigung.
Manchmal zieht man in ein anderes Haus um und findet einen Garten voll unbeschnittener Sträucher vor, die einem hoffnungslos vorkommen.
Eine Lösung ist, sie auszugraben und mit neuen Büschen wieder anzufangen. Das kann unter Umständen die beste Methode sein, aber viele Büsche erholen sich wieder und können durch drastisches Beschneiden in kurzer Zeit erneuert sein.

Das erste Jahr
Der Vorgang ist einfach. Schneiden Sie alle schwachen Äste bis zum Boden und die Hauptäste bis auf etwa 30 cm von der Basis zurück. Glätten Sie die Wunden mit einem scharfen Messer und tragen Sie ein Wundverschlußmittel auf. Bei sommergrünen Büschen, wie Flieder, sollte das im Winter ausgeführt werden, wenn die Pflanzen ruhen. Immergrüne Pflanzen wie der Rhododendron und Kirschlorbeer sollten im späten Frühjahr behandelt werden, wenn ihre Wachstumsperiode beginnt.
Erneuerungsmaßnahmen müssen immer von der reichlicher Düngung (am besten mit Mist oder Kompost) im Frühjahr nach dem Schnitt begleitet sein. Auch die folgenden Jahre muß gut gedüngt werden. Es ist auch wichtig, die Pflanze ausreichend zu gießen, besonders im ersten Jahr.

Das zweite Jahr
Das drastische Beschneiden regt an den meisten Stümpfen das Wachstum der schlafenden Knospen an und häufig entwickeln sich große Büschel von Trieben. Schneiden Sie im folgenden Winter die meisten dieser Triebe bis zu ihrem Ausgangspunkt auf den Stümpfen zurück. Lassen Sie auf jedem Stumpf zwei oder drei der stärksten und am besten plazierten Triebe stehen, die das neue Grundastgerüst des verjüngten Busches bilden.

Das dritte und die folgenden Jahre
Im dritten und den folgenden Jahren sollten die Schnittechniken für den jeweiligen Busch angewandt werden, die in den vorhergegangenen Abschnitten beschrieben wurden. Ein oder zwei Jahre nach dem Erneuerungsschnitt werden weitere Triebe aus den Stümpfen wachsen. Schneiden Sie diese völlig aus, wenn sie nicht so passend wachsen, daß sie eine Lücke im Grundastgerüst ausfüllen. Alle Stümpfe, die nach dem ersten Jahr keine lohnenden Triebe hervorgebracht haben, sollten sauber bis zum Boden ausgeschnitten werden.
Der ängstliche und vorsichtige Gärtner mag dieses Vorgehen als zu drastisch empfinden. Wenn die Pflanze nicht gesund ist, und Sie befürchten, daß sie sich von der völligen Amputation nicht erholen wird, so schneiden Sie nur einen Teil der

Sommergrüne Büsche

1 Winter. Ein alter Fliederbusch, der an der Basis kahl geworden ist und nur noch oben Blüten hat.

Hauptzweige aus. Die Behandlung kann dann dadurch fortgesetzt werden, daß Sie die alten Zweige nach der Blüte im Sommer oder im folgenden Winter entfernen. Diese Zwei-Phasen-Erneuerung ist geeignet für sommergrüne Büsche wie Philadelphus, die sich von der Basis her erneuern.

Bei Immergrünen ist es besser, gleich die ganze Pflanze zu behandeln, um das ungleiche Wachstum zu vermeiden, das entsteht, wenn der Erneuerungsschnitt über zwei Wachstumsperioden ausgeführt wird. Nicht bei allen Büschen wird diese Behandlung Erfolg haben, aber der Prozentsatz, der sich erholt, ist hoch und innerhalb von drei oder vier Jahren sollte der Strauch wieder reich blühen.

Büsche können in einem Zeitraum von zwei Jahren erneuert werden. Diese Methode ist für Büsche wie Deutzie und Philadelphus (Falscher Jasmin) geeignet.

2 November bis Februar. Schneiden Sie alle starken Zweige auf 30–60 cm vom Boden zurück. Schneiden Sie alles schwache Holz aus. Schneiden Sie alle Stümpfe aus, die das Gleichgewicht stören können, wenn die jungen Triebe wachsen. Bestreichen Sie alle Wunden mit einem Wundverschlußmittel. Mulchen Sie die Basis der Pflanze mit Kompost oder Mist.

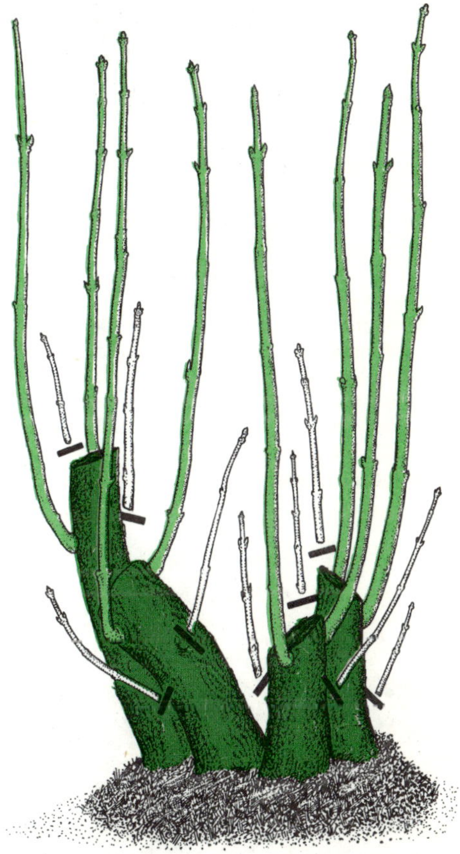

3 Oktober. Im Frühling und Sommer sind aus den schlafenden Knospen unter der Oberfläche der Stümpfe kräftige Triebe gewachsen. Schneiden Sie die neuen Triebe zurück. Lassen Sie an jedem Stumpf zwei oder drei der kräftigsten und am besten plazierten Triebe stehen. Sie bilden das neue Astgerüst.

Sträucher können zweijährlich erneuert werden. Diese Methode empfiehlt sich vor allem bei Sträuchern mit dünnen Zweigen, wie Deutzie und Philadelphus.

Das erste Jahr

1 November bis Februar. Eine alte Deutzie voller dünner Zweige. Schneiden Sie in der Ruhezeit alle dünnen Zweige bis zur Basis zurück. Lassen Sie alle neuen kräftigen Basistriebe stehen. Schneiden Sie die Hälfte der alten Stämme bis auf wenige Zentimeter vom Boden zurück. Tragen Sie auf die Wunden der dicken Stümpfe ein Wundverschlußmittel auf. Mulchen Sie mit Kompost oder Mist.

Immergrüne Büsche

Das erste Jahr

1 Winter. Ein alter Kirschlorbeer der widerspenstig und zu groß für seinen Platz im Garten geworden ist.

2 Anfang Mai. Schneiden Sie alle kräftigen Äste auf 30–60 cm von der Basis zurück. Schneiden Sie alles schwache Wachstum völlig aus.

Das zweite Jahr

2 Juni bis Juli. Die Pflanze blüht spärlich auf Seitentrieben der stehengebliebenen Triebe. An der Basis und nahe der Basis entwickeln sich kräftige Triebe.

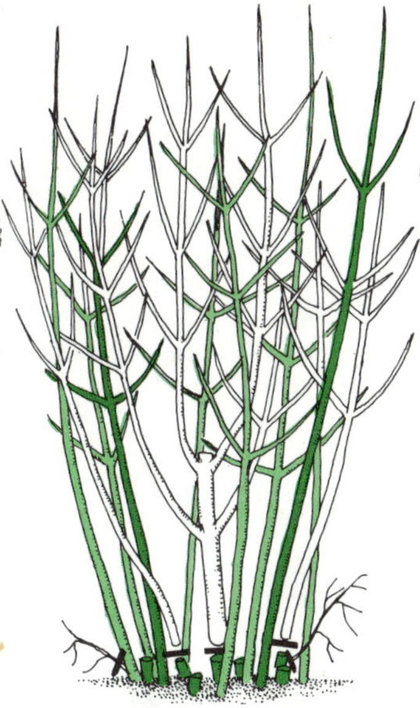

3 November bis Februar. Schneiden Sie die restlichen alten Stämme aus. Tragen Sie ein Wundverschlußmittel auf und mulchen Sie gut.

4 Juni bis Juli. Einige Blüten wachsen auf Seitentrieben des vorjährigen Holzes. Kräftige Basistriebe und Seitentriebe entstehen.

3 Gleichzeitig schneiden Sie alle Stümpfe, die das Gleichgewicht stören könnten, aus. Mulchen Sie gut.

Das zweite Jahr

4 Anfang Mai. Kräftige Triebe sind gewachsen. Schneiden Sie die neuen Triebe aus. Lassen Sie an jedem Stumpf zwei oder drei der kräftigsten und am besten plazierten stehen.

Viele sommergrüne und immergrüne Sträucher, die nach dem Schneiden dichtes Wachstum hervorbringen, können als Gartenhecke angepflanzt werden. Das Trimmen einer Hecke ist der Schnitt für einen bestimmten Zweck und die selben allgemeinen Grundsätze können angewandt werden.

Formhecken müssen regelmäßig getrimmt werden. Formlose Hecken müssen nur soweit beschnitten werden, daß sie nicht übergroß werden und widerspenstige Triebe haben. Zum Schneiden nimmt man gewöhnlich eine normale Heckenschere oder eine elektrische Heckenschere.

Bei breitblättrigen Immergrünen, wie der Kirschlorbeer (Prunus laurocerasus), sollte man eine andere Gartenschere nehmen, da die Heckenschere die größeren Blätter verstümmelt und die Hecke unansehnlich bleibt, bis sich neue Triebe gebildet haben. Wo die Hecke zu lang ist, um mit einer Gartenschere beschnitten zu werden, nehmen Sie die Heckenschere für den Hauptschnitt und folgen diesem mit einer Gartenschere, um beschädigte, häßliche Blätter zu trimmen.

Die Düngung der Hecken wird oft vernachlässigt. Sie ist aber für ein gesundes Wachstum sehr wichtig, denn da die einzelnen Pflanzen einer Hecke oft nur 30 cm weit auseinanderstehen, herrscht zwischen den Wurzeln große Rivalität. Eine jährliche Mulchdecke aus gutem Kompost, Torf oder Mist erhält die notwendige Kraft. Wenn Ihnen Ihr Dünger für die Hecke zu schade erscheint, denken Sie daran, daß Sie bei jedem Schnitt nahrungs-produzierende Teile der Pflanze entfernen.

Die Kunst, Büsche und Bäume, besonders immergrüne, zu verschiedenen Formen, wie Tiere etc., zu formen, erfordert sehr viel Erfahrung und kann nur von Spezialisten ausgeführt werden. Wir behandeln sie hier nicht.

Anfängliches Erziehen

Es kann gar nicht deutlich genug betont werden, wie wichtig das korrekte anfängliche Erziehen ist, da der Erfolg einer Hecke von der Behandlung während der ersten zwei oder drei Jahre abhängt.

Gärtner zögern meistens, junge Hecken während des ersten oder zweiten Jahres zu beschneiden, es ist jedoch notwendig, neu gepflanzte Hecken sofort etwas zu beschneiden, damit sie nicht zu schnell zu hoch wachsen.

Man sollte sie so behandeln, daß sie reichlich Bodenwuchs entwickeln, sonst ist der untere Teil ziemlich kahl und nur die obere Hälfte dicht. Der Grad des anfänglichen Schnitts hängt von der jeweiligen Pflanze ab.

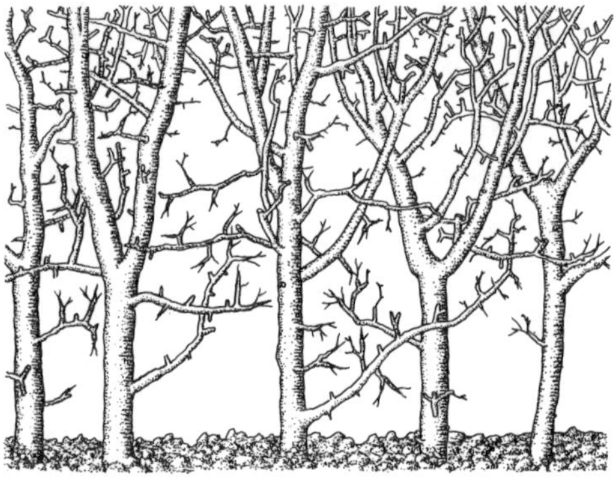

Eine sommergrüne Hecke, die im Anfang nicht hart beschnitten wurde. Beachten Sie den Mangel an Basistrieben.

Eine sommergrüne Hecke, die beim Pflanzen hart beschnitten wurde. Das Ergebnis ist gleichmäßiges dichtes Wachstum an der ganzen Hecke.

Formhecken

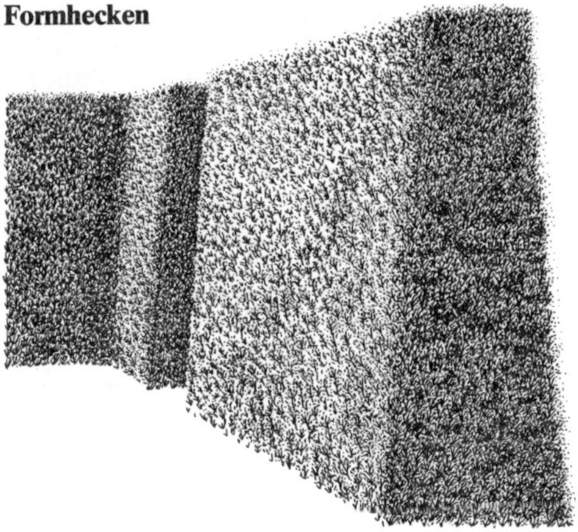

Der Hauptzweck einer Formhecke ist, eine Grenze, eine Abschirmung oder einen Windschutz zu bilden. Darum muß man eine Hecke ziehen, die die gewünschte Höhe und Breite hat, und die überall gleich dicht ist.

Die Breite selbst starker Hecken sollte 30 bis 60 cm nicht überschreiten.

Denken Sie daran, daß eine Hecke umsomehr Arbeit macht und umsomehr Platz braucht, je breiter sie ist.

Formhecken sollten sich auf beiden Seiten leicht verjüngen, so daß die Basis breiter ist als die Spitze. Wenn die Hecke, besonders eine immergrüne, an der Spitze breiter ist als an der Basis, kann sie leicht beschädigt werden und die Zweige können durch heftigen Wind und Schnee abknicken.

Wenn Sie eine Formhecke trimmen, beginnen Sie am Boden, um die an der Basis gewünschte Breite herzustellen, und arbeiten dann nach oben. Die Schneidefläche der Heckenschere sollte sich gegen die Hecke neigen, so ist es einfacher, die schräge Linie herzustellen.

Bei Hecken, die über 180 cm hoch sind, wird häufig die Spitze breiter als die Basis, einfach weil es leichter ist, die Schere in Armhöhe oder niedriger zu handhaben als über dem Kopf. Vermeiden Sie das, indem Sie eine Leiter benützen.

Das Ziehen und Trimmen von Formhecken ist der Zweckmäßigkeit halber in drei Gruppen unterteilt, basierend auf dem Schnitt während der ersten beiden Jahre.

Wann und wie häufig man voll entwickelte Hekken trimmt, ist bei den einzelnen Pflanzen unterschiedlich, aber mit wenigen Ausnahmen sind sie alle in diesen Gruppen enthalten.

Freiwachsende Hecken

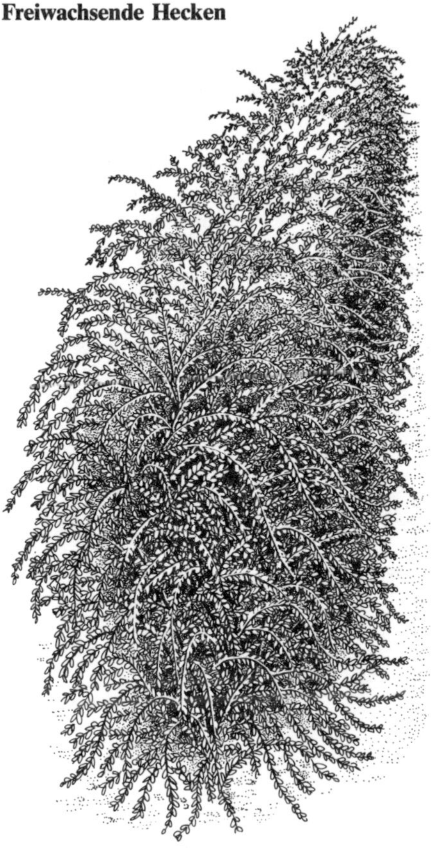

Freiwachsende Hecken können auch sehr reizvoll sein, denn sie haben den Vorteil, daß sie weniger beschnitten und gepflegt werden müssen als Formhecken. Viele blühende Büsche, wie Berberis stenophylla, Deutzie, Rose, Pyracantha (Feuerdorn) und Potentilla (Fingerkraut) bilden schöne freiwachsende Hecken. Sie werden genauso beschnitten wie als Einzelbüsche. Die, die auf altem Holz blühen, werden unmittelbar nach der Blüte beschnitten, und die, die auf dem Holz des laufenden Jahres blühen, werden im frühen Frühjahr beschnitten.

Bei Büschen, die Beeren und Blüten auf altem Holz haben, sollte der Schnitt ausgeführt werden, wenn die Beeren fort sind. Würde man sie nach der Blüte schneiden, könnten sich kaum Beeren entwickeln.

Die Gruppe 1 umfaßt aufrecht stehende Pflanzen, wie Weißdorn (Crataegus), Liguster, Schneebeere (Symphoricarpos), Schlehdorn (Prunus spinosa) und Tamariske, die alle nach dem Pflanzen hart beschnitten werden müssen.

Das erste Jahr
Schneiden Sie beim Pflanzen zwischen Oktober und März jede Pflanze auf 15 cm vom Boden zurück. Das fördert starke Triebe an der Basis und verhindert, daß die Basis kahl ist, wie bei unbeschnittenen Pflanzen.

Das zweite Jahr
Im zweiten Jahr muß im Winter hart beschnitten werden, um die Dichte des Busches zu gewährleisten und um ein starkes Grundastgerüst der Hecke zu bilden. Meistens genügt dieses zweite harte Beschneiden, damit die Hecke sich dicht entwickelt, wenn sie aber doch noch etwas spärlich ist, kann man dieselbe Technik jeden Winter anwenden, bis die Hecke dicht ist.

Das dritte und die folgenden Jahre
Nun genügt es, die Hecke während der Wachstumsperiode in Form zu trimmen. Die Abstände zwischen den Schnitten richten sich nach den Pflanzen und auch nach dem Klima.
Die meisten Pflanzen dieser Gruppe sollten zwischen April oder Mai bis September regelmäßig alle vier bis sechs Wochen getrimmt werden, um ordentlich auszusehen.
Eine Anzahl von Immergrünen, wie Lonicera yunnauensis, Buchsbaum Berberis veruculosa gehören auch in diese Gruppe. Sie unterscheiden sich nur im Zeitpunkt und Grad des Beschneidens während der ersten zwei Jahre. Man pflanzt sie am besten im März oder April und schneidet die Hauptzweige und Seitentriebe um ein Drittel zurück. Das wird im folgenden März oder April wiederholt, wenn man das vorjährige Holz um ein Drittel zurückschneidet. Im dritten und in den folgenden Jahren werden sie wie die anderen Büsche der Gruppe 1 behandelt.

Das zweite Jahr

3 Februar bis März. Schneiden Sie Haupttriebe des Vorjahres um die Hälfte zurück. Schneiden Sie die restlichen Seitentriebe auf wenige Zentimeter von den Zweigen des Astgerüstes zurück.

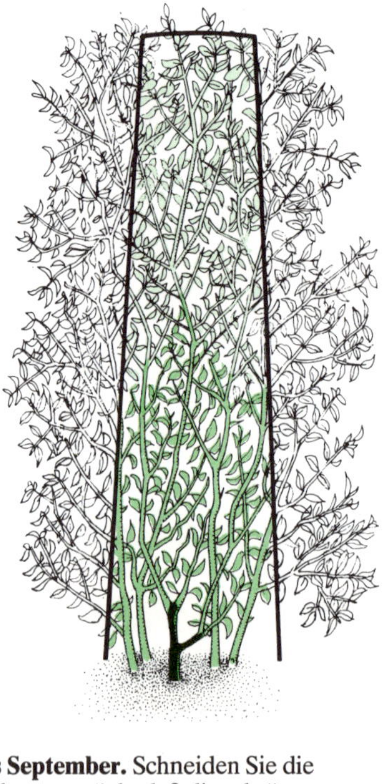

4 Mai bis September. Schneiden Sie die Seitentriebe so zurück, daß die schräg zulaufenden Seiten erhalten bleiben.

Das erste Jahr

1 Oktober bis März. Schneiden Sie nach dem Pflanzen jede Pflanze auf 15 cm vom Boden zurück.

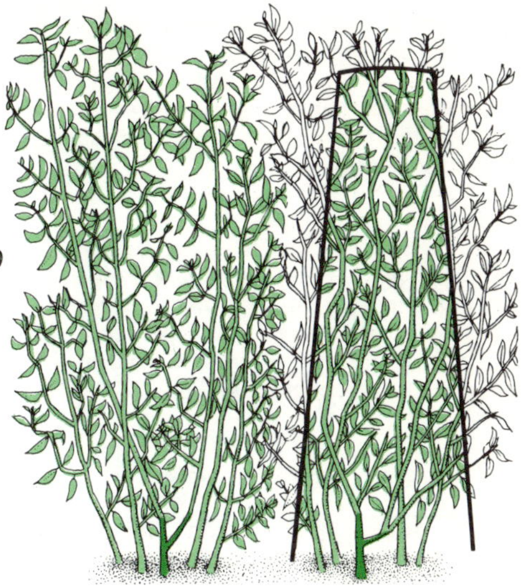

2 Juni bis Juli. Schneiden Sie die Seitentriebe leicht zurück, um das Wachstum weiterer Seitentriebe anzuregen.

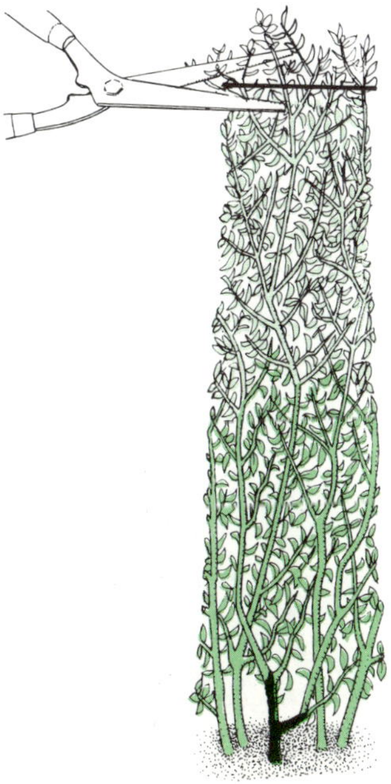

5 Oktober bis November. (oder während des Winters bis März). Schneiden Sie ungleichmäßige Leittriebe bis zu einer Höhe zurück. Machen Sie das, bis die gewünschte Höhe erreicht ist.

Das dritte und die folgenden Jahre

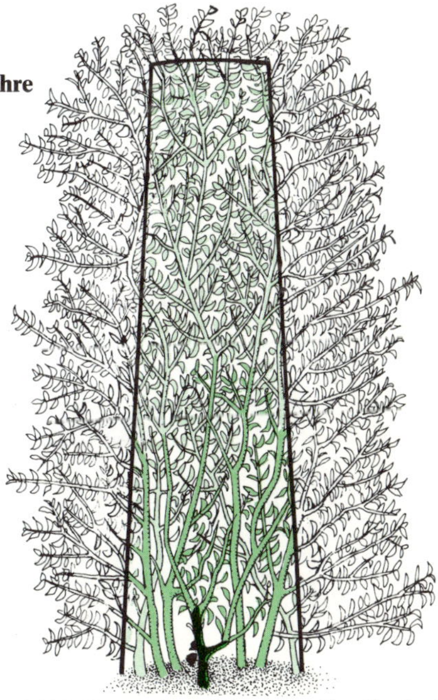

6 Mai bis September. Schneiden Sie alle vier bis sechs Wochen die oberen und die Seitentriebe zurück, damit die gewünschte Form erhalten bleibt.

Die Gruppe 2 umfaßt untersetzte Büsche, die von Natur aus eine buschige Basis haben. Es zählen dazu Rotbuche, Hainbuche, Haselnuß und viele sommergrüne, blühende Sträucher wie Forsythia (Forsythie) und Ribes sanguineum (Blutjohannisbeere).

Das erste und zweite Jahr

Das anfängliche Beschneiden ist in dieser Gruppe weniger scharf als in Gruppe 1. Schneiden Sie beim Pflanzen die Leittriebe und längeren Seitentriebe um ein Drittel zurück. Wiederholen Sie den Vorgang im zweiten Winter, um widerspenstigen Wuchs zu vermeiden und um die Basis zu verdichten.

Das dritte und die folgenden Jahre

Im dritten und den folgenden Jahren muß nur so getrimmt werden, daß eine sich verjüngende Form entsteht. Wenn zwei Schnitte möglich sind, sollten sie im Juni und Ende August oder Anfang September ausgeführt werden. Wenn nicht, schneiden Sie einmal Ende August. Wenn die gewünschte Höhe erreicht ist, trimmen Sie das obere Wachstum zurück.

Bei blühenden Büschen, wie der Forsythie, schneiden Sie sofort nach der Blüte und noch einmal leicht im August.

Die Gruppe 3 umfaßt die Koniferen, die man als Hecken ziehen kann und viele Immergrüne. Beim Pflanzen bleiben die Leittriebe unbeschnitten und nur unordentliche, sperrige Seitentriebe werden leicht zurückgeschnitten, um das Wachstum weiterer Seitentriebe anzuregen. Die Leittriebe brauchen überhaupt nicht geschnitten zu werden, ehe die Hecke die gewünschte Höhe erreicht hat. Das Schneiden im zweiten und den folgenden Jahren beschränkt sich auf das Trimmen der Seitentriebe in die gewünschte Form.

Voll entwickelte Hecken dieser Gruppe müssen nur ein- oder zweimal während des Sommers getrimmt werden. Ein einziger Schnitt Ende August reicht meistens, aber bei den stärker wachsenden Sorten kann die Hecke im Hochsommer ziemlich unordentlich werden. Man kann das verhindern, wenn man sie im Juni und Ende August trimmt.

Einige Formhecken dieser Gruppe haben auch reizvolle Blüten und Früchte, besonders Cotoneaster (Felsenmispel) und Pyracantha (Feuerdorn) die ihre jungen Triebe nach der Blüte bekommen. Entfernen Sie die jungen Triebe Ende Juli oder August, und lassen Sie die welken Blüten stehen, die im Herbst Früchte bilden.

Das erste Jahr

1 Oktober bis März.
Schneiden Sie nach dem Pflanzen den Hauptzweig und die starken Seitentriebe um ein Drittel zurück.

Das zweite Jahr

2 Oktober bis März.
Schneiden Sie die Hauptzweige und die starken Seitentriebe um ein Drittel zurück.

Das dritte und die folgenden Jahre

3 Juni und Ende August.
Stutzen Sie die Seitentriebe zurück, damit schräg zulaufenden Seiten gebildet werden.

Das erste Jahr **Das zweite und die folgenden Jahre**

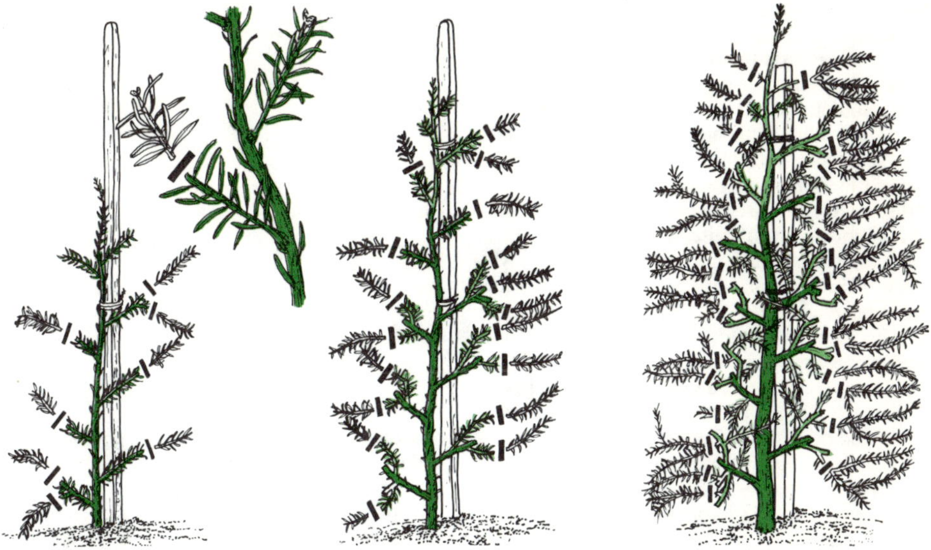

1 Oktober bis März. Beschneiden Sie beim Pflanzen widerspenstige Seitentriebe. Stützen Sie die Hauptleittriebe ab.

Juni bis Ende August. Stutzen Sie die Seitentriebe auf die gewünschte Form. Binden Sie die Leittriebe ein.

3 Juni bis Ende August. Stutzen Sie die Seitentriebe auf die gewünschte Form. Binden Sie die Leittriebe ein. Nehmen Sie die Leittriebe zurück.

Erneuerung

Manche Hecken werden zu breit und groß, wenn man sie vernachlässigt. Meistens sollte man dann diese Hecken ausgraben und durch neue ersetzen. Einige Arten reagieren jedoch gut auf ziemlich drastisches Beschneiden. Die Methode ist ähnlich wie die, die für einzeln stehende Büsche beschrieben wurde. Schneiden Sie jedoch die Pflanzen nicht bis zur Basis zurück, sondern schneiden Sie eine Seite der Hecke bis zu den Hauptstämmen zurück. Wiederholen Sie das im folgenden Jahr oder zwei Jahre später mit der anderen Seite der Hecke. Bei Immergrünen sollte im April oder Anfang Mai geschnitten werden, und sommergrüne Arten sollten im späten Winter behandelt werden, wenn sie ruhen. Es ist notwendig, daß die Hecke gut gedüngt und gut gewässert wird, damit sie sich von dieser rigorosen Behandlung erholt. Diese Technik kann bei Eibe, Stechpalme, Cotoneaster, Pyracantha, Rhododendron und vielen sommergrünen Heckenpflanzen, besonders Hainbuche, angewandt werden.

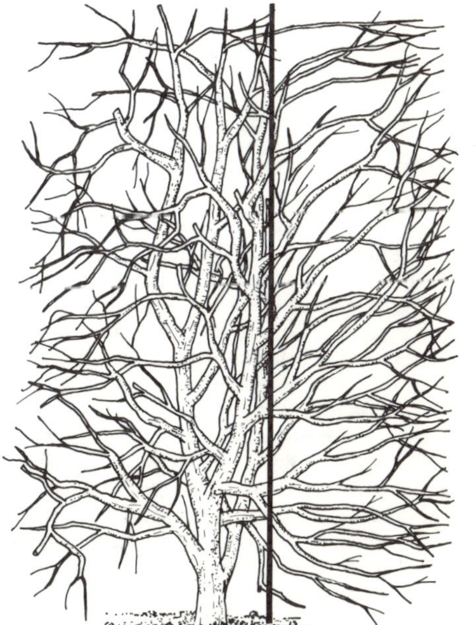

Hauswände und Zäune bilden eine besondere Dimension beim Gärtnern, da sie Platz bieten für Kletter- und Spalierpflanzen. Viele Leute pflanzen eine Kletterrose oder Clematis an ihre Hauswand, aber selten ist der vorhandene Raum optimal genutzt. Alle Hauswände, Zäune, Schuppen- und Garagenwände könnten und sollten bepflanzt sein. Das hätte nicht nur den Vorteil, daß einige fragwürdige Produkte der Bauindustrie versteckt wären, sondern es würde auch Haus und Garten miteinander verschmelzen, und einen Lebensraum schaffen, der in den Mittelmeerländern durch die weinumrankten Patios entsteht. Außerdem schützen Wände und Zäune empfindliche Pflanzen, die im offenen Garten nicht winterfest wären.

Man kann auch weitere vertikale Flächen gewinnen durch Pergolen, Bögen, Säulen und ähnliches, und man kann Kletterpflanzen an Bäumen oder gelegentlich sogar an Hecken wachsen lassen.

Wenn man den Schnitt der vielen Pflanzen plant, die auf diese Art wachsen können, sollte man ihren Habitus und die Details der Grundkultivation bedenken, die das Erziehen und Schneiden von Kletter- und Spalierpflanzen beeinflussen. Die Pflanzen können je nach Habitus in verschiedene Gruppen unterteilt werden.

1. Die natürlichen Kletterpflanzen, wie Efeu und wilder Wein, die sich selber durch Haftwurzeln oder Haftscheiben halten. Sie brauchen keine Unterstützung.

2. Die Schlingpflanzen, eine große Gruppe, zu der Geißblatt, Clematis und Glyzinie gehören. Sie klettern durch schlingende Triebe oder Blattstiele. Sie brauchen ein Gerüst, an das sie sich klammern können.

3. Die Kletternden und Wuchernden, die durch andere Pflanzen hindurchwuchern und sich mit Stacheln (Rosen) oder mit schnell wachsenden Verlängerungen ihrer Triebe festhalten (Solanum crispum). Sie brauchen ein Gerüst, an dem die Triebe leicht befestigt werden können.

4. Pflanzen, die etwas empfindlich sind und an der Wand oder dem Zaun Schutz finden.

Man kann sie entweder, wenn ausreichend Platz da ist, leicht beschneiden und wenn der Platz begrenzt ist, erziehen und hart beschneiden. Zu ihnen gehören immergrüner Ceanothus. Wenn man sie eng an der Wand zieht, brauchen sie ein Gerüst, an dem man die Triebe festbinden kann.

Viele winterfeste Sträucher können auf dieselbe Art gegen Wände oder Zäune gezogen werden; das ist besonders in kleinen Gärten ratsam, in

Efeu mit Luftwurzeln

denen es nicht genug Platz gibt, um so große Pflanzen wie Philadelphus und Forsythia freistehend lassen.

Wählen Sie eine Pflanze, die ohne ständiges Rückschneiden bequem an den vorgesehenen Platz paßt. Ein wuchernder, wilder Wein an einem Bungalow kann zwar anfänglich sehr reizvoll sein, braucht jedoch ständig Aufmerksamkeit, damit er nicht Ziegel löst und die Dachrinne beschädigt. Eine »gut erzogene« Clematis, Ceanothus oder Feuerdorn (Pyracantha) sind an solcher Stelle viel befriedigender.

Der langweiligste Zaun kann durch eine Clematis montana belebt werden, die man vertikal den Zaun hinauf und dann horizontal so weit zieht, wie nötig. Selbst so schwierige Stellen, wie die niedrigen Wände unter Fenstern können mit erzogenen Büschen wie Caryopteris, Daphne odora oder buntem Euonymus verkleidet werden, wenn man diese Pflanzen anfänglich korrekt zieht und beschneidet.

Bei der Entscheidung, welche Pflanze man nimmt, ist die Lage sehr entscheidend. Man sollte nicht sonnenhungrige Ceanothus an eine Nordmauer pflanzen. Sie würden wachsen, aber selten blühen, sehr widerspenstig und zerzaust sein, während Feuerdorn wachsen, blühen und Früchte tragen würde.

Pflanzen Sie nie direkt an eine Mauer oder an einen Zaun, lassen Sie immer 22 bis 30 cm Zwischenraum zwischen der Pflanze und ihrer Stütze. Der Boden nahe der Wand ist meistens sehr trocken. Die Pflanze würde wenig wachsen, absterben oder spärlich blühen.

Wenn die Pflanze nicht alleine durch Wurzelschößlinge oder Haftwurzeln klettert, muß man

Clematis mit Blattranken

sie unterstützen. Vergewissern Sie sich, daß das Gerüst, Gitter oder was sonst Sie installieren, die Pflanze bei heftigem Wind oder starkem Schneefall tragen kann. Man kann in kurzer Zeit sorgfältiges Erziehen und Beschneiden zunichte machen, wenn die Stütze der Pflanze nicht sicher verankert ist.

Anfängliches Erziehen und folgendes Beschneiden

Alle Regeln für sachgemäßes Beschneiden gelten auch für Kletter- und Spalierpflanzen. Vor allem sollte auch bei ihnen alles tote, beschädigte und kranke Holz regelmäßig entfernt werden. Der Gärtner schneidet, um einen möglichst großen Umfang und schöne Blätter, Blüten und Früchte zu erzielen. Dafür ist es notwendig, den natürlichen Habitus der Pflanzen einzuschränken, und besonders dort, wo es an Platz mangelt, muß das Beschneiden ein ausgeglichenes und nicht zu üppiges Wachstum fördern.

Man kann gar nicht genug betonen, wie wichtig das frühe Erziehen zu einem soliden Grundastgerüst ist. Gärtner werden oft zögern, kräftige Triebe an jungen Pflanzen zurückzuschneiden, aber manchmal ist das nötig, um die Wand oder den Zaun gut zu bedecken, und um zu verhindern, daß die Pflanzen sich zu weit von ihren Stützen entfernen. Der Gärtner muß dafür sorgen, daß die Pflanze so nahe wie möglich an der Wand oder dem Zaun wächst.

Anfänglich muß man also die Triebe dirigieren und festbinden, um die gewünschte Fläche zu bedecken. Nach außen zeigende Triebe müssen zurückgeschnitten werden, um das Wachstum von Seitentrieben anzuregen.

Das Beschneiden voll entwickelter Pflanzen variiert je nach Wachstum. Bei Kletterpflanzen, wie Efeu und wilder Wein, die Haftwurzeln oder Haftscheiben haben, müssen nur die Triebe, die im Wege sind, entfernt werden. Andere Pflanzen müssen regelmäßig jährlich beschnitten werden, um ordentlich und im Rahmen zu bleiben, und um reichlich zu blühen. Im allgemeinen können Sie die Regeln zum Beschneiden von Sträuchern anwenden. Die Pflanzen, die vor dem Hochsommer auf dem Holz des Vorjahres blühen, z. B. Ceanothus impressus, Forsythia suspensa und Clematis macropetala, werden unmittelbar nach der Blüte beschnitten. Solche Pflanzen, die nach dem Hochsommer auf dem Holz des laufenden Jahres blühen, werden entweder im Spätwinter (Clematis x jackmanii) oder im frühen Frühjahr (Ceanothus x burkwoodii) beschnitten.

Einige Pflanzen brauchen eine umfangreichere Behandlung, um reichlich zu blühen. Man wendet bei ihnen den Sommerschnitt an. Die Seitentriebe und Wasserschosse werden zurückgeschnitten, damit sich Blütenzweige bilden.

Die Leittriebe werden so gezogen, daß sie Lükken im Grundastgerüst ausfüllen, während die Seitentriebe und Wasserschosse, die während der Wachstumsperiode gewachsen sind, zurückgeschnitten werden, daß nur noch zwei bis fünf Blätter an den Trieben stehenbleiben. Der Grad des Beschneidens richtet sich nach der Pflanzenart.

Diese Technik ist besonders bei der Japanischen Quitte (Chaenomeles) und Glyzinie (Wisteria) anzuwenden. Diese beiden müssen streng kontrolliert werden, um nicht zu kräftig zu wachsen, was zur Folge hätte, daß sie spärlich blühen. Sommerschnitt regt die Bildung von Blütenknospen an, da die Nahrung darauf verwendet wird und nicht auf das Wachstum langer Triebe.

Die komplizierten Regeln für den Schnitt der Clematis, die man oft findet, können auf drei Kategorien vereinfacht werden, die auf dem Alter des Holzes basieren, auf dem Blüten entstehen. Einige Clematis blühen ausschließlich auf dem Holz des laufenden Jahres, während eine Anzahl im Frühjahr blühender Sorten auf kurzen Trieben vom Holz des Vorjahres blühen. Eine dritte Gruppe, die viele bekannte Hybriden einschließt, wie »Nelly Moser«, blüht im Frühsommer auf Holz des Vorjahres und entwickelt im Spätsommer und Herbst kleinere Blüten auf den jungen Trieben des laufenden Jahres.

Kräftige Sorten, wie die Clematis montana, können durch Bäume wachsen und unbeschnitten bleiben, bis sie nicht mehr zu bändigen sind. Dann kann man sie einfach erneuern, indem man im späten Winter oder frühen Frühjahr die alten Stämme auf 60 bis 90 cm vom Boden zurückschneidet. Meistens werden dann ruhende Knospen in den alten verholzten Stämmen angeregt und nach wenigen Jahren blühen die Pflanzen reichlich. Wie bei allen Erneuerungen ist es sehr wichtig, reichlich zu düngen und zu wässern.

Unbeschnitten entwickeln die meisten Clematis wirre Massen von Zweigen, die ihre Blüten hoch über den holzigen, kahlen Stämmen tragen. Das Ziel aller folgenden Techniken ist es, eine große Ausdehnung und viele Blüten an dem zur Verfügung stehenden Platz zu erreichen.

Das Schneiden der Pflanzen ist wichtig, wird aber oft vergessen. Viele Clematis, besonders die großblühenden Hybriden, neigen dazu, während des ersten Jahres auf einem einzigen Stamm schnell hoch zu wachsen, wenn man das nicht rechtzeitig verhindert.

Beim Pflanzen sollte der Stamm zum untersten Paar kräftiger Knospen zurückgeschnitten werden, um weiteres Wachstum an der Basis anzuregen. Die zwei Zweige, die aus diesen Knospen entstehen, können zurückgenommen werden, um die Zahl der Triebe an der Basis zu vergrößern, meistens ist das aber nicht nötig. Dieses anfängliche Schneiden betrifft alle Clematis, ob im Januar oder im Februar ruhend gepflanzt oder mit Blättern im Frühjahr oder Frühsommer. Die meisten Clematis bilden von alleine buschige üppige Pflanzen, aber, um sicherzugehen, daß das geschieht, ist es besser, sie beim Pflanzen zu beschneiden.

Die Gruppe 1 enthält alle Clematis-Arten, die im Sommer oder Herbst ausschließlich auf neuen Trieben des laufenden Jahres blühen. Wenn sie nicht beschnitten werden, beginnen sie im Frühjahr dort zu wachsen, wo sie im vorherigen Jahr geblüht haben und werden an der Basis kahl und haben nur an der Spitze Blüten.

Das Schneiden ist einfach. Man schneidet im Januar oder Februar das ganze Wachstum des Vorjahres bis zum Boden zurück. Die Schnitte sollten unmittelbar über dem untersten Paar starker Knospen an jedem Stamm gemacht werden.

Beispiele für diese Gruppe sind Clematis orientalis, C. tangutica, C. texensis, Hybriden, wie »Gravetye Beauty« und »Etoile Rose«, C. viticella und ihre Abkömmlinge und bei den großblühenden Hybriden C. x jackmanii, »Ernest Markham«, »Hagley Hybrid« und »Perle d'Azur«.

4 Mai bis Juni. Ziehen Sie junge Triebe und neue Basistriebe an den gewünschten Platz.

Das erste Jahr

1 Januar bis Februar. Eine neu gepflanzte Clematis. Schneiden Sie sie bis zum untersten Paar kräftiger Knospen zurück.

Das zweite Jahr

2 Mai bis Juni. Ziehen Sie die kräftigen jungen Triebe und alle Basistriebe an ihren Platz. Im Spätsommer Blütenbildung.

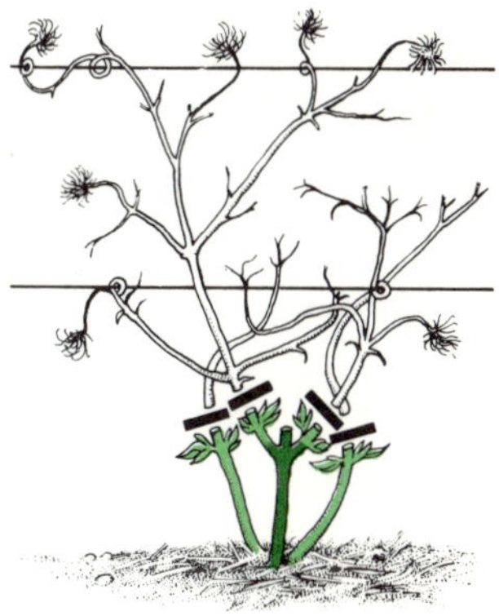

3 Januar bis Februar. Schneiden Sie alle Triebe bis zum untersten Paar starker Knospen an jedem verholzten Stamm zurück.

5 Juli bis September. Blüten wachsen an den Trieben des laufenden Jahres.

Das dritte und die folgenden Jahre

6 Januar bis Februar. Schneiden Sie alle Triebe bis zum untersten Paar starker Knospen an jedem Stamm zurück. Mulchen Sie gut.

Die Gruppe 2 umfaßt hauptsächlich kräftige, im Frühjahr blühende Sorten, die zwischen April und Juni auf kurzen Trieben vom Wachstum des vorigen Sommers blühen. Beispiele für diese Gruppe sind Clematis montana und ihre Formen, C. chrysocoma, C. alpina und C. macropetala.

Die ersten beiden Arten sind sehr kräftig, und wenn man sie auf begrenzte Flächen beschränken will, so bedeutet das viel Arbeit. Man gibt ihnen am besten viel Platz an einer Hausmauer oder in einem Baum und läßt sie unbeschnitten oder trimmt sie nur nach der Blüte ein wenig, damit sie ordentlich ausschauen. Wenn sie unbeschnitten bleiben, brauchen sie evtl. nach einigen Jahren eine Erneuerung. Sie müssen dann im späten Winter bis fast zum Boden zurückgeschnitten werden.

Das erste Jahr

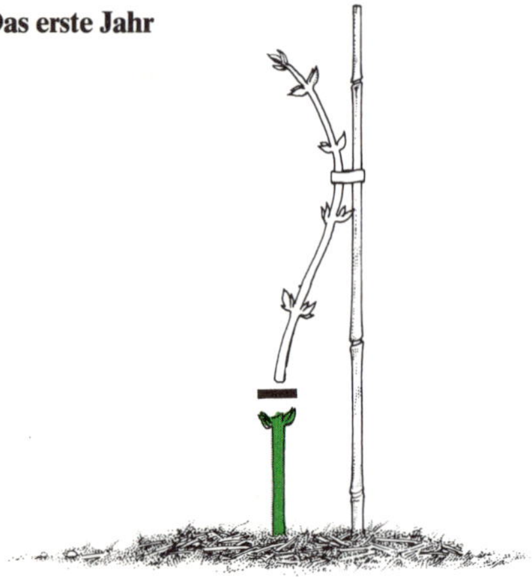

1 Januar bis Februar. Eine neu gepflanzte Clematis mit einem einzigen Hauptstamm. Schneiden Sie den Stamm an dem untersten Paar starker Knospen zurück. Mulchen Sie gut.

2 Mai bis Juni. Ziehen Sie die kräftigen jungen Triebe und weitere Basistriebe an den gewünschten Platz.

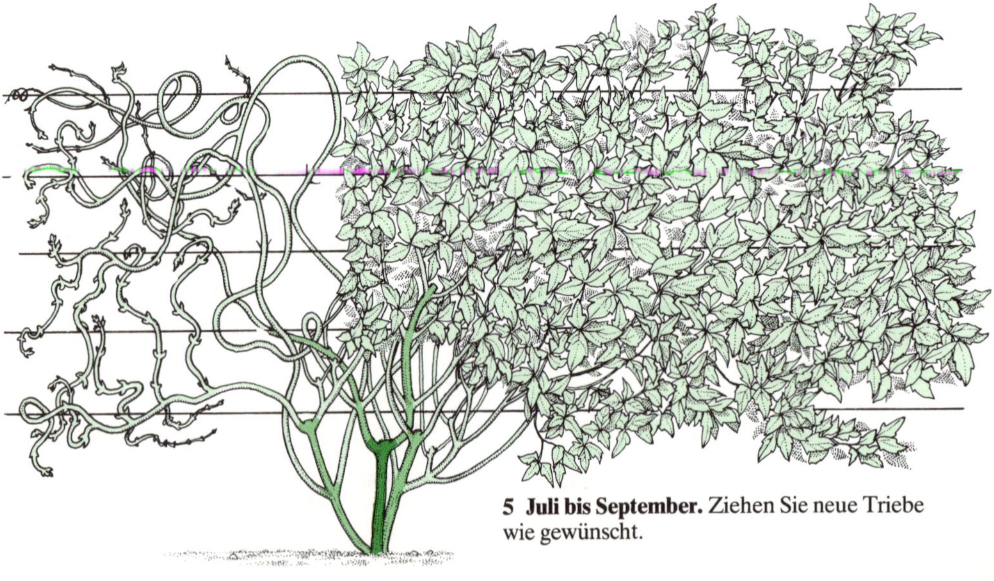

5 Juli bis September. Ziehen Sie neue Triebe wie gewünscht.

Im ersten und zweiten Jahr
Rückschnitt bei der Pflanzung bewirkt ein kräftigeres Wachstum, mit dessen Hilfe man in den ersten beiden Jahren den verfügbaren Raum abdecken und ein Grundgerüst formieren kann.

Im dritten und den folgenden Jahren
Wenn das Grundgerüst aufgebaut ist, dann besteht der Schnitt der ausgewachsenen Pflanzen nur noch darin, daß man alle abgeblühten Triebe sofort nach der Blüte bis auf wenige Zentimeter auf das Grundgerüst zurückschneidet.
Dadurch werden kräftige, lange Triebe angeregt, die man nach Bedarf aufleiten und erziehen oder natürlich herunterhängen lassen kann. Diese Sommertriebe sorgen für den nächstjährigen Blütenflor. Sie benötigen keinen Winterschnitt mehr.

Das zweite Jahr

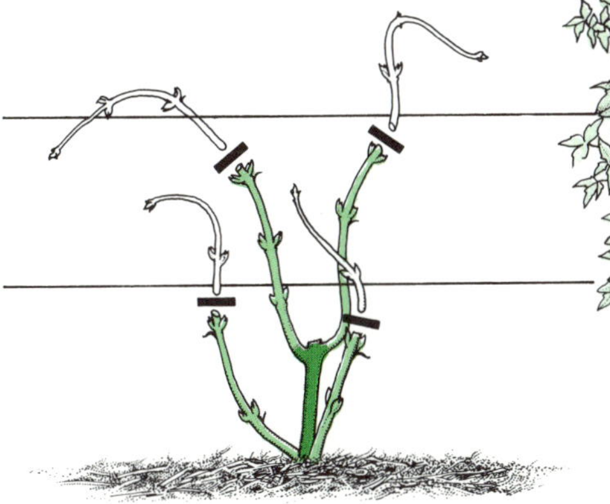

3 Januar bis Februar. Schneiden Sie alle Triebe, die Sie im Vorsommer hochgezogen haben, um die Hälfte ihrer Länge bis zu einem Paar starker Knospen zurück. Mulchen Sie gut.

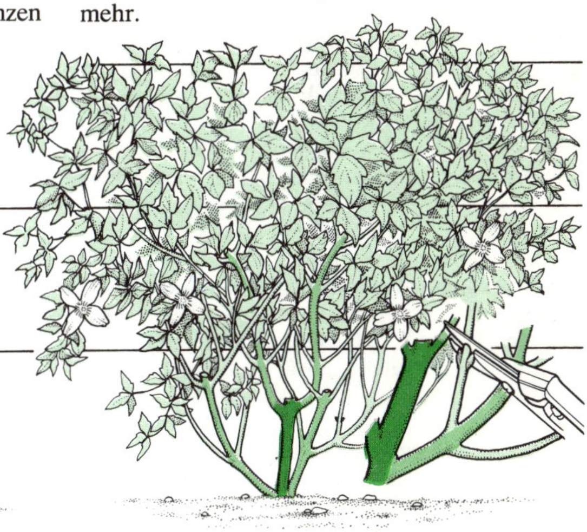

4 April bis Juni. Ziehen Sie die neuen Triebe wie gewünscht. Schneiden Sie alle Seitentriebe unten an der Pflanze, die geblüht haben, bis auf ein oder zwei Knospenpaare von der Basis zurück.

Das dritte und die folgenden Jahre

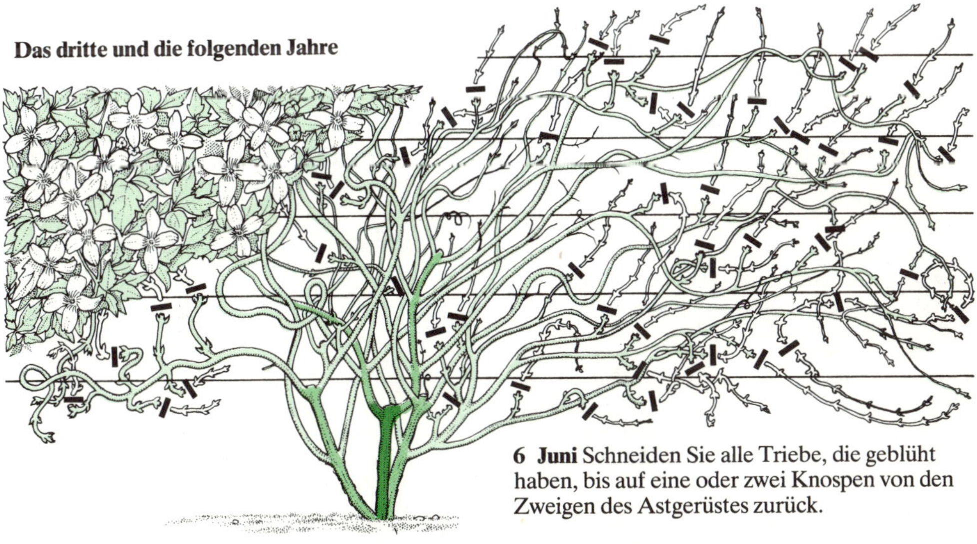

6 Juni Schneiden Sie alle Triebe, die geblüht haben, bis auf eine oder zwei Knospen von den Zweigen des Astgerüstes zurück.

Die Gruppe 3 umfaßt alle Hybriden, die von Mai bis Juli große prächtige Blüten auf dem Holz des Vorjahres hervorbringen. Während die Blüten auf Seitentrieben des alten Holzes blühen, entstehen auch gleichzeitig neue Triebe. Auf diesen blühen im Spätsommer oder früh im Herbst mittelgroße Blüten.

Beliebte Sorten dieser Gruppe sind »Lasurtern«, »Nelly Moser«, »The President«, »Henryi«, »Mme le Coultre«, »William Kennett« und die gefüllten »Duchess of Edinburgh« und »Vyvyan Pennell«, die später im Jahr einfache Blüten haben können.

Der Habitus der Clematis der Gruppe 3 bedingt, daß ein befriedigender Schnitt sehr viel Arbeit macht, und deshalb kann man sie ungeschnitten lassen oder nur leicht beschneiden, es sei denn, daß sie widerspenstig und unkontrolliert wachsen. Dann kann man erneuern, wie in der Anleitung beschrieben wurde. Sie können jedoch auch wie die Gruppe 1 behandelt werden und jedes Jahr zwischen Januar und Februar hart bis zur Basis zurückgeschnitten werden, dann blühen sie aber nur im Spätsommer.

Alle diese Behandlungen bringen das volle Blütenpotential dieser Clematis nicht hervor, aber man kann bei voll entwickelten Pflanzen ein einfaches Erneuerungssystem anwenden, um im Sommer und Herbst ein Maximum an Blüten zu haben. Dieser Erneuerungsschnitt entspricht dem grundsätzlichen Erziehen der Gruppe 1, aber bei voll entwickelten Pflanzen schneidet man ein Viertel bis ein Drittel der alten Triebe auf etwa 30 cm von der Basis zurück. Das macht man je nach Sorte zwischen Mai und Juli, unmittelbar nachdem die erste Blütenwelle auf dem Holz des Vorjahres geblüht hat. Der Erneuerungsschnitt kann jedoch auch jährlich im Januar oder Februar ausgeführt werden, dann gibt es aber im Frühsommer weniger Blüten.

Während des Sommers wachsen an den zurückgeschnittenen Stämmen starke Triebe, und möglicherweise haben sie im Herbst einige Blüten. Es muß reichlich gedüngt werden. Wenn man diese Methode anwendet, wird der »Vogelnest-Effekt« vermieden, den man so häufig sieht.

Dieses Erneuerungssystem funktioniert besser bei Pflanzen an Wänden oder Zäunen, wo die Triebe gleichmäßig verteilt werden können. An Pergolen oder zwischen Büschen läßt man diese Clematis nach dem ersten Blühen am besten unbeschnitten, da es schwierig ist, die zurückgeschnittenen Äste zu entwirren.

Das erste Jahr

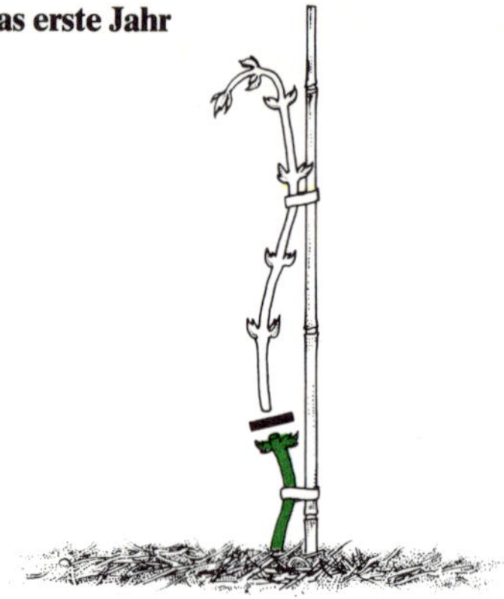

1 Januar bis Februar. Eine neu gepflanzte Clematis mit einem einzigen Hauptstamm. Schneiden Sie den Stamm an dem untersten Paar starker Knospen zurück. Mulchen Sie gut.

4 Juni bis September. Ziehen Sie die neuen Triebe, wie Sie es wünschen. Das Grundastgerüst ist jetzt etabliert. Auf den neuen Trieben bilden sich im Sommer und Herbst einige Blüten.

2 Mai bis Juni. Ziehen Sie kräftige junge Triebe und Basistriebe an den gewünschten Platz. Im Spätsommer können einige Blüten entstehen.

Das zweite Jahr

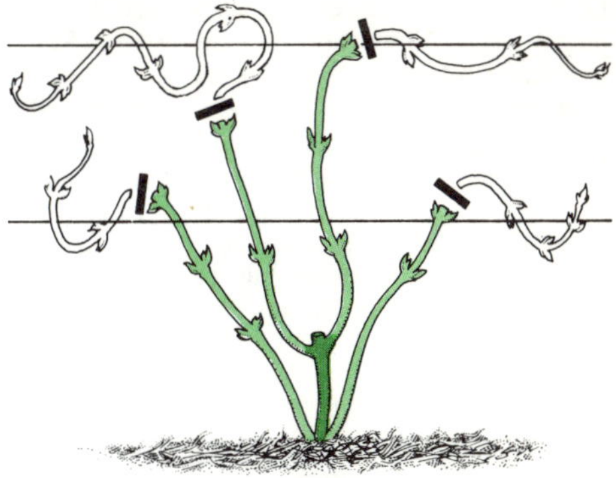

3 Januar bis Februar. Schneiden Sie alle Haupttriebe, die im vorigen Sommer an den gewünschten Platz gezogen wurden, um die Hälfte bis zu einem kräftigen Knospenpaar zurück. Mulchen Sie gut.

Das dritte und die folgenden Jahre

5 Juni bis Juli. Die Pflanze blüht auf altem Holz. Schneiden Sie sofort nach der Blüte ein Viertel bis ein Drittel der reifen Triebe bis auf etwa 30 cm von der Basis zurück. Gießen und düngen Sie gut.

6 August bis September. Die Pflanze blüht auf jungen Trieben. Ziehen Sie die Basistriebe, die an den zurückgeschnittenen Ästen wachsen, an die gewünschten Stellen.

Das Schneiden der Wisteria verunsichert die meisten Gärtner, da es fast unmöglich scheint, die gewaltige Stärke ihrer peitschenartigen Sommertriebe unter Kontrolle zu halten. Es ist jedoch möglich, Wisteria an einem vernünftig abgegrenztem Platz zu ziehen, obgleich sie an einer Wand oder an einem Baum 30 m und mehr klettern können. Sie unter Kontrolle zu halten, braucht viel Aufmerksamkeit des Gärtners, denn sie muß zweimal in einem Jahr beschnitten werden, soll sie reichlich blühen und ihr natürliches robustes Wachstum begrenzt werden.

Das erste Jahr

Eine junge Wisteria, die im Winter oder frühen Frühjahr gepflanzt wurde, bekommt normalerweise einen oder zwei kräftige Triebe an der Basis, die schnell in die Länge schießen. In diesem Stadium entwickeln sich von alleine wenige oder keine Seitentriebe. Wenn die Pflanze spalierartig wächst, um eine Wand oder einen Zaun zu bedecken, dann muß der Haupttrieb beim Pflanzen auf 70 bis 90 cm vom Boden zurückgeschnitten werden.

Es regt das Wachstum von zwei oder drei Seitentrieben an, die in die gewünschte Lage gezogen werden müssen. Binden Sie den oberen Trieb vertikal fest und die anderen Triebe in einem Winkel von etwa 45 Grad. Wenn die Seitentriebe anfänglich horizontal gezogen werden, kann ihr Wachstum gehemmt werden. In diesem Stadium sind die Zweige flexibel und können leicht in die gewünschte Position gebogen werden.

Das zweite und die folgenden Jahre

Schneiden Sie im folgenden Winter den Leittrieb auf 70 bis 90 cm oberhalb des obersten Seiten-

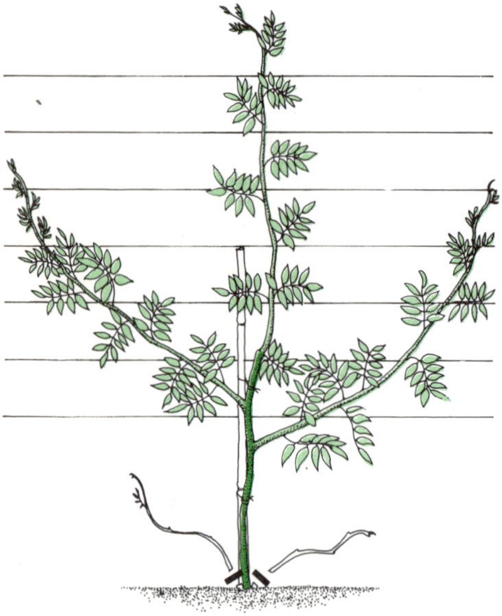

2 Juni bis Anfang August. Zwei oder drei kräftige Triebe entwickeln sich von seitlichen Knospen. Ziehen Sie den obersten vertikal. Binden Sie die anderen Seitentriebe in einen Winkel von etwa 45 Grad an das Stützgerüst. Entfernen Sie alle neuen Basistriebe. Binden Sie das weitere Längenwachstum fest. Wenn sich Seitentriebe zweiter Ordnung bilden, dann schneiden Sie sie Anfang August auf 15–25 cm zurück.

Das zweite Jahr

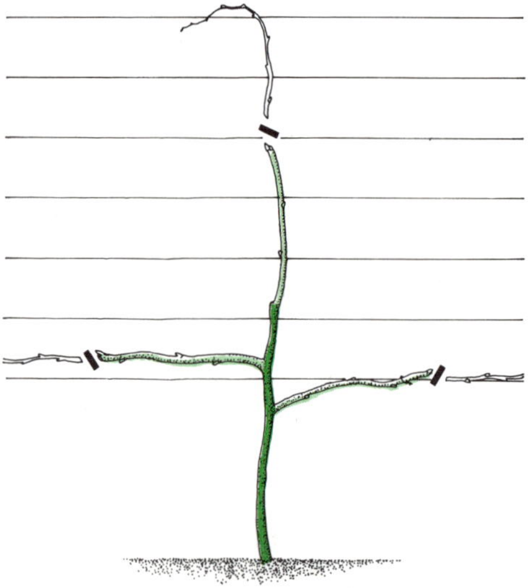

3 Dezember bis Januar. Schneiden Sie den vertikalen Leittrieb auf 75–100 cm vom obersten Seitentrieb zurück. Biegen Sie die Seitentriebe von 45 Grad in die Horizontale, und schneiden Sie ihre Leittriebe um ein Drittel zurück.

triebes zurück. Biegen Sie die Seitentriebe in eine mehr oder weniger horizontale Lage. Schneiden Sie gleichzeitig die horizontalen Leittriebe dieser Seitentriebe um ein Drittel zurück. Das regt weitere Seitentriebe an, und in den folgenden Jahren kann eine entsprechende Erziehung vorgenommen werden, die einen neuen vertikalen Leittrieb und weitere gut verteilte horizontale Seitentriebe beschafft, die die Arme des Spaliers bilden.
Ziehen Sie für jeden zurückgeschnittenen Seitentrieb einen neuen horizontalen Leittrieb, und schneiden Sie überzählige Seitentriebe Anfang August auf 15 bis 25 cm (vier bis fünf Blätter) von den Hauptzweigen des Grundastgerüstes zurück, damit sie Blütenspieße bilden.
Dieser Vorgang wird jährlich wiederholt, bis man die gewünschte Anzahl gut verteilter Seitentriebe hat.

Das erste Jahr

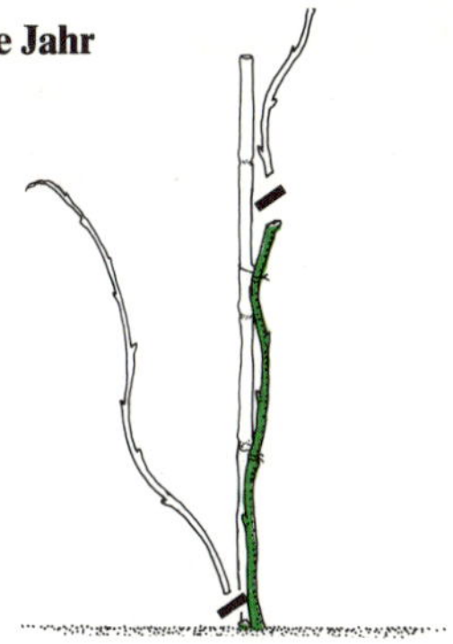

1 Winter bis frühes Frühjahr. Eine junge Wisteria (Glyzinie) beim Pflanzen. Schneiden Sie den kräftigsten Trieb auf 75–90 cm vom Boden zurück. Stützen Sie diesen Haupttrieb ab. Schneiden Sie alle weiteren Triebe bis zur Basis runter.

4 Juni bis Anfang August. Aus seitlichen Knospen an dem vertikalen Leittrieb entwickeln sich kräftige Triebe. Ziehen Sie den obersten als neuen Leittrieb vertikal. Binden Sie die anderen Seitentriebe in einem Winkel von etwa 45 Grad an das Stützgerüst. Entfernen Sie alles weitere Wachstum an der Basis. Schneiden Sie Anfang August alle überzähligen Seitentriebe und Seitentriebe zweiter Ordnung auf 15–25 cm zurück.

Das dritte Jahr

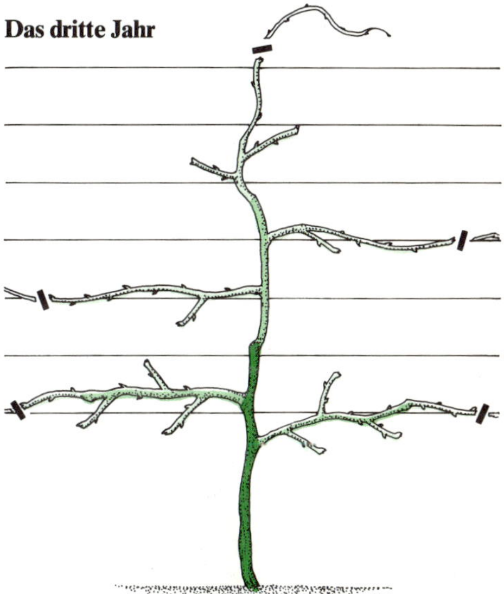

5 Dezember bis Januar. Schneiden Sie den vertikalen Leittrieb auf 75–100 cm vom obersten Seitentrieb zurück. Biegen Sie die Seitentriebe von 45 Grad in die Horizontale, und schneiden Sie ihre Leittriebe um ein Drittel zurück. Schneiden Sie die Zweige, die horizontal schon gezogen wurden, um ein Drittel ihres vorjährigen Wachstums zurück.

Die voll entwickelte Pflanze

Wenn das Grundastgerüst so erzogen ist, daß es den vorhandenen Platz ausfüllt, werden alles weitere Längenwachstum, das in einem Jahr drei bis vier Meter erreichen kann, und alle Seitentriebe Anfang August auf 15 cm (vier bis sechs Blätter) von den Hauptzweigen zurückgeschnitten, um Blütenspieße zu bilden. Diesem Sommerschnitt folgt ein weiteres Kürzen der Blütenspieße im Winter (Dezember und Januar) auf 8 bis 10 cm, so daß nur zwei bis drei Knospen an jedem Zweig bleiben. Die Blüten des folgenden Jahres wachsen auf diesen Zweigen. Im Winter kann man die prallen Blütenknospen gut von den flachen Triebknospen unterscheiden, so daß man leicht einen Überblick über das Blütenpotential bekommt.

6 Anfang August. Schneiden Sie alle Erweiterungstriebe auf 15 cm (4–6 Blätter) zurück.

Eine aufwendigere Methode, mehr Blütenknospen zu erzeugen, ist, während des Sommers alle zwei Wochen alles Längenwachstum auf 15 cm zurückzuschneiden. Das regt das Wachstum weiterer Seitentriebe an, und es produziert reichere Blütenspieße. Wisteria kann auf viele Arten gezogen werden, nicht nur als Spalier, sondern auch als Fächer, niedriger Busch oder halb freiwachsend vor Wände oder Zäune. Für die voll entwickelte Pflanze wird dieselbe Schneidetechnik angewandt, nur das anfängliche Erziehen variiert leicht. Wo es möglich ist, ist es am besten, die Hauptzweige mehr oder weniger horizontal zu ziehen, da die Pflanze so am schönsten zur Geltung kommt.

7 Dezember bis Januar. Schneiden Sie dieselben Triebe um 5–10 cm (2–3 Knospen) zurück.

Die buschigen, immergrünen Ceanothus-Sorten und -Hybriden können an Wänden gezogen werden, wo ihre reichen, blauen puderquastenartigen Blüten sich sehr schön ausnehmen. Die meisten Ceanothus blühen im Mai auf Holz des Vorjahres, aber einige wie »Gloire de Versailles« und »Torpaze« blühen sowohl auf altem wie auf neuem Holz und müssen etwas anders beschnitten werden.

Das erste Jahr

Ceanothus sollte immer im Frühjahr aus dem Topf verpflanzt werden. Der Haupttrieb wird vertikal festgebunden, wie er wächst, und die Seitentriebe werden fächerartig verteilt, so daß sie den vorhandenen Platz gleichmäßig ausfüllen. Die Pflanze wächst schnell, und es ist wichtig, im Frühjahr und Sommer die jungen Triebe regelmäßig anzubinden, damit sie in die gewünschte Richtung wachsen. Wenn man sie frei wachsen läßt, neigen sie dazu, sich von ihrer Stütze zu entfernen; wenn sie älter werden, ist es dann schwierig, sie zu handhaben. Es wachsen reichlich Wasserschosse und wenn man sie nicht ins Grundastgerüst ziehen kann, sollte man sie im Juni trimmen, um dichtes, festes Wachstum anzuregen, und um die Pflanze nahe an der Wand oder dem Zaun zu halten.

Das zweite und die folgenden Jahre

Jetzt erziehen und binden Sie das Längenwachstum, bis der vorgesehene Platz gefüllt ist. Trimmen Sie unmittelbar nach der Blüte das Wachstum des vorherigen Jahres auf 7 bis 10 cm Grundastgerüst. Es hat normalerweise im Mai geblüht. Das dichte Wachstum des Sommers blüht im folgenden Frühjahr.

Es ist wichtig, einen an der Wand gezogenen immergrünen Ceanothus regelmäßig jedes Jahr zu beschneiden, damit auf dem Stützgerüst eine dichte Matte entsteht. Bleibt er unbeschnitten, wächst er schnell von der Wand oder dem Zaun fort und wird leicht durch Wind oder Schnee beschädigt.

Ceanothus nehmen es übel, wenn man ihr altes Holz hart beschneidet, und es ist schwierig, das ordentliche Aussehen zu erzeugen, das einem bei gut geratenen Exemplaren so gefällt, wenn man sie nicht regelmäßig erzieht.

Die wenigen immergrünen Ceanothus, die auf dem Holz des laufenden Jahres blühen, werden im April beschnitten. Das anfängliche Beschneiden und Erziehen ist dasselbe. Wenn man im frühen Frühjahr schneidet, verliert man die frühen Blüten, aber die Pflanze bekommt einen dichten Wuchs und blüht im Sommer und Herbst reichlich.

Geißblatt

Das kletternde Geißblatt (Lonicera) kann aufgrund seiner Blühgewohnheit in zwei Gruppen zum Beschneiden eingeteilt werden. Die erste Gruppe, verkörpert durch Lonicera japonica hat Blütenpaare in den Blattachseln auf dem Holz des laufenden Jahres. Es muß nur zu starkes Wachstum geschnitten werden. So muß im März oder April jeden Jahres unerwünschtes Wachstum entfernt werden. Das regt frisches, junges Wachstum an, das schnell die geschorene Oberfläche bedeckt und später im Jahr blüht.

Die zweite Gruppe umfaßt das viel beliebtere Holländische Geißblatt Lonicera periclymenum »Belgica« und eine Reihe von verwandten Sorten und Hybriden, wie L. x americana, L. x. brownii, L. sempervirens, L. x tellmanniana und L. tragophylla. Diese blühen auf Seitentrieben des Vorjahres. Wenn genug Platz vorhanden ist, kann man sie durch alte Bäume und über Wände klettern lassen, ohne sie zu beschneiden, weil sich dann der Wuchs natürlich entwickelt. Sie neigen dazu, »Vogelnester« auf kahlen Stämmen zu bilden (wie einige Clematis), und wenn das unansehnlich und unerwünscht ist, sollte man sie jedes Jahr unmittelbar nach der Blüte leicht schneiden. Altes, schwaches Holz sollte entfernt werden und einige Triebe, die geblüht haben, sollten bis zu dem Punkt zurückgeschnitten werden, an dem sich kräftiger junger Wuchs entwickelt. Die jungen Triebe können ins Grundastgerüst gebunden werden, es ist aber wirkungsvoller, sie runterhängen zu lassen, so daß sie einen natürlichen Blütenvorhang bilden.

Das erste Jahr

1 April bis Mai. Binden Sie den Leittrieb vertikal fest. Spreizen Sie die Seitentriebe, und binden Sie sie fest. Schneiden Sie schlecht plazierte Triebe aus, und schneiden Sie Wasserschosse auf 5–10 cm zurück.

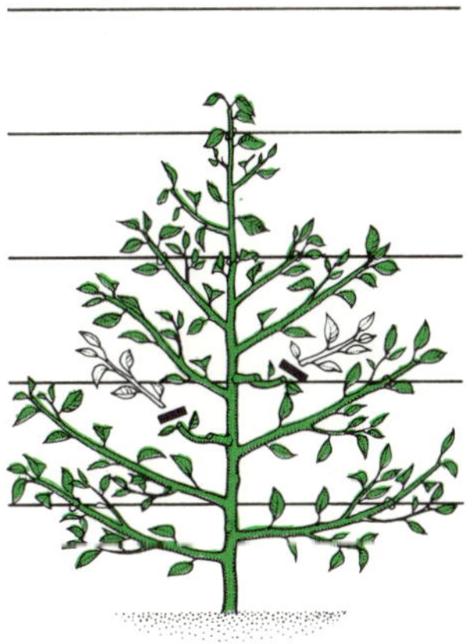

2 Juni bis Juli. Die Pflanze ist schnell in die Breite gewachsen. Binden Sie den Leittrieb und die Seitentriebe fest.
Schneiden Sie Wasserschosse auf 5–10 cm vom Stützgerüst zurück.

Das zweite Jahr

3 Juni. Auf den Seitentrieben des letzten Jahres haben sich einige Blüten gebildet. Schneiden Sie Wasserschosse auf 5–10 cm vom Astgerüst zurück.

4 Juli bis September. Binden Sie den Leittrieb und die Hauptseitentriebe, wie sie sich entwickeln, fest.

Das dritte und die folgenden Jahre

5 Juni. Schneiden Sie alle Wasserschosse, die geblüht haben, auf 10–15 cm vom Astgerüst zurück. Binden Sie die Erweiterungstriebe, wie sie sich entwickeln, fest.

Die meisten Sorten der Japanischen Quitte können ausgezeichnet an Wänden oder Zäunen gezogen werden. Sie blühen selbst in Nord- und Ostlagen, wo sie für die ersten Frühjahrsfarben sorgen.

Das erste Jahr

Chaenomeles kann als Spalier oder Fächer gezogen werden, aber ein weniger strenges System als das für Wisteria beschriebene, paßt besser zu ihrem Habitus.

Das Grundastgerüst entsteht, indem man einen Leittrieb wachsen läßt und alle Seitentriebe mehr oder weniger horizontal gegen die Wand oder den Zaun zieht. Wenn die junge Pflanze mehrere Triebe an der Basis hat, können diese gleichmäßig gegen das Stützgerüst gezogen werden, denn man kann mehr als einen Haupttrieb haben, wenn man nicht eine exakte Spalierform wünscht.

Die meisten Chaenomeles haben reichlich Seiten- und Nebentriebe, ohne daß die Haupttriebe zurückgenommen werden müssen. Sie werden so gezogen, daß sie das Grundastgerüst vervollständigen. Im ersten und zweiten Jahr entstehen wenig Blüten.

Schneiden Sie alle nach außen zeigenden Triebe, alle Wasserschosse und Nebentriebe, die nicht für das Grundastgerüst benötigt werden, auf vier bis sechs Blätter von der Basis zurück, nachdem sie ihr anfängliches Sommerwachstum beendet haben.

An diesen zurückgeschnittenen Trieben entstehen gewöhnlich weitere Nebentriebe, und die sollten im Spätsommer auf zwei bis drei Blätter zurückgeschnitten werden, so daß sich kurze, dicke Fruchttriebe bilden.

Das zweite und die folgenden Jahre

Nach der Blüte im Frühjahr setzt kräftiges Längenwachstum ein. Wenn Sie keine Triebe brauchen, um Lücken im Grundastgerüst zu füllen, schneiden Sie zwischen Juni und Juli alle neuen Triebe auf vier bis sechs Blätter von der Basis zurück. Schneiden Sie auch alle weiteren Triebe, die an diesen im Sommer beschnittenen Zweigen wachsen, im Frühherbst auf zwei bis drei Blätter zurück. Dieser Sommerschnitt erzeugt Blütenspieße, die im folgenden Frühjahr mit Blüten bedeckt sind. Mit der Zeit werden diese Blütenspieße vielleicht zu reichlich, und manche müssen jeden Winter ausgelichtet werden, um eine ausgewogene Pflanze zu behalten. Dieses Auslichten im Winter kann jährlich bei voll entwickelten Pflanzen vorgenommen werden. Man schneidet dann alle Sommertriebe, die ursprünglich auf fünf Blätter zurückgeschnitten wurden, auf zwei Knospen zurück. Das macht die Pflanze ordentlicher, aber Exemplare, die nur im Sommer beschnitten wurden und nur gelegentlich im Winter, blühen gleich gut.

Pyracantha

Pyracantha (Feuerdorn) ist ideal zum Bedekken von Wänden und kann leicht in fast jede Form gezogen werden, z. B. um Hausfenster und -türen. Man kann ihn auch zu einem Spalier oder Fächer ziehen, und er ist besonders für Nord- und Ostlagen geeignet.

Das erste Jahr

Wenn eine in Form gezogene Pflanze gewünscht wird, so ist die Erziehung ähnlich wie beim Spalierapfel. Meistens ist es einfacher, das weniger strenge System anzuwenden, das für Chaenomeles beschrieben wurde. Die Zweige des Grundastgerüstes müssen gut verteilt sein und zu starkes Seitentrieb- und Wasserschoß-Wachstum muß im Juli oder Anfang August zurückgeschnitten werden, damit sich Blütenspieße bilden und die Pflanze nahe an der Wand oder dem Zaun wächst.

Voll entwickelte Pflanzen

Die weißen Blütentrauben, aus denen rote oder gelbe Beeren entstehen, wachsen in den Blattachseln kurzer Spieße auf Trieben des Vorjahres. Nach der Blüte Ende Juni oder im Juli erscheinen Triebe, die die jungen Beeren verdecken. Auf voll entwickelten Pflanzen müssen diese beschnitten werden, damit die Früchte gesehen werden können. Schneiden Sie die jungen Triebe auf 4 cm vom Grundastgerüst zurück, sobald die Beeren Ende Juli Anfang August reifen. Häufig entsteht dann eine zweite Generation von Trieben, die Sie im September beschneiden können. Dieser Schnitt gibt den Früchten Raum, so daß sie gut reifen und gesehen werden, er erzeugt auch die Blütenspieße des folgenden Jahres.

Das erste Jahr

1 Oktober bis März. Ziehen Sie den Leittrieb vertikal. Biegen Sie die Seitentriebe mehr oder weniger horizontal. Schneiden Sie alle ungeschickt plazierten Triebe, die man nicht erziehen kann, aus.

2 Ende Juni bis Juli. Schneiden Sie den Leittrieb, die seitlichen Erweiterungstriebe und die neuen Basistriebe so, daß das Hauptastgerüst gebildet wird. Schneiden Sie Wasserschosse und sich kreuzende Triebe auf etwa fünf Blätter zurück.

Das zweite und die folgenden Jahre

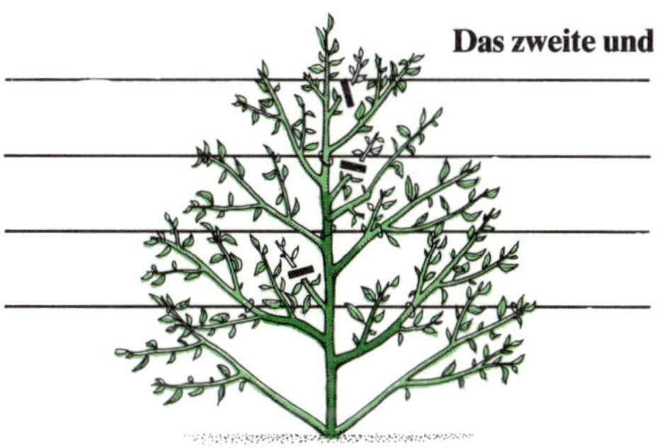

3 August bis September. Ziehen Sie spätes Wachstum an den gewünschten Platz. Schneiden Sie alle Wasserschosse oder überzähligen Seitentriebe auf zwei, drei Blätter zurück.

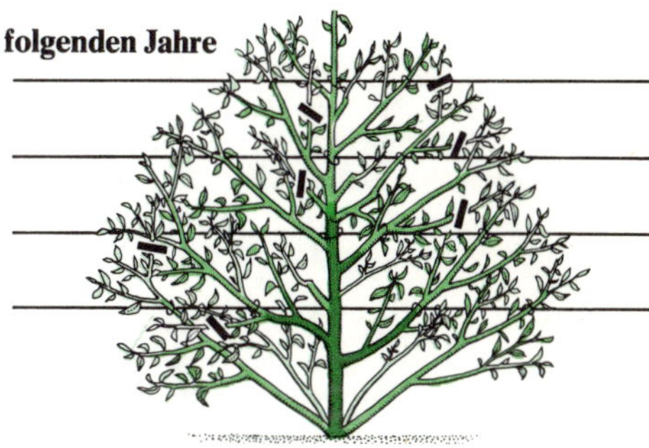

4 Juni bis Juli. Ziehen Sie den Leittrieb, die seitlichen Erweiterungstriebe und die neuen Basistriebe so, daß das Hauptastgerüst gebildet wird. Schneiden Sie Wasserschosse und sich kreuzende Triebe auf vier bis sechs Blätter zurück.

Die voll entwickelte Pflanze

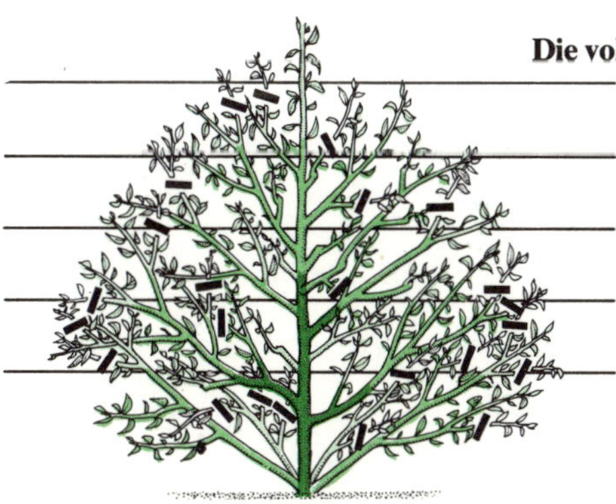

5 August bis September. Schneiden Sie das Wachstum des Sommers (Seitentriebe zweiter Ordnung) auf zwei bis drei Blätter von ihrer Basis zurück.

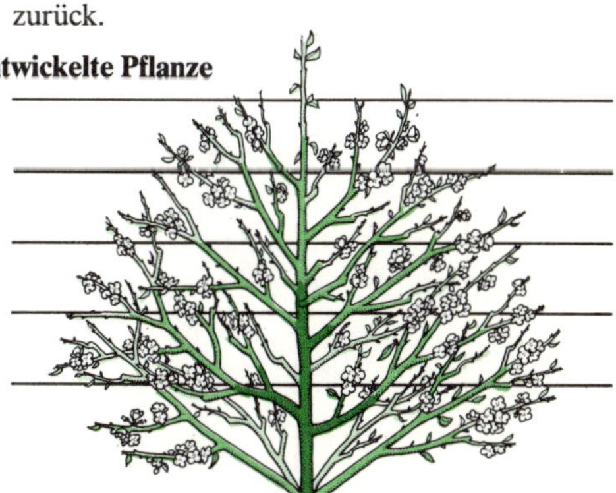

6 März bis April. Wenn der für die Pflanze vorgesehene Platz ausgefüllt ist, nehmen Sie den Leittrieb und die Hauptseitentriebe zurück.

Die Leute, die Weingegenden kennen, wissen, daß Trauben auf Weinstöcken unterschiedlichster Form wachsen. Das reicht von kurz geschnittenen Stump zu freiwachsenden Kletterpflanzen. Ein weiterer Kontrast sind die traditionell unter Glas wachsenden Weinstöcke. Aber wie auch immer ein Weinstock erzogen ist, man kann deutlich erkennen, daß die Trauben an den Seitentrieben des laufenden Jahres wachsen.
Es ist wichtig, das zu wissen, damit man dem Weinstock nicht zu viele Seitentriebe läßt, die zu viele Trauben kleiner und unergiebiger Beeren bilden. Der Weinstock muß schnell und frei wachsen, damit die Beeren vor Einbruch des Winters reifen.
Das Schneiden ist deshalb von großer Wichtigkeit, denn es ist das Mittel durch das der Gärtner oder Weinbauer die Anzahl der rivalisierenden Triebe gering halten kann, um die Kraft des Weinstocks in die gewünschte Richtung zu lenken. Das Zurückschneiden ist eine ständige und dankbare Aufgabe. Dankbar in dem Sinne, daß man die Ergebnisse so schnell sehen kann. Ständig, weil man sie nicht nur in der Ruhezeit der Pflanze ausführen muß, sondern auch während ihres aktiven Wachstums.
Die meisten Gärtner halten das Beschneiden für das unterschiedslose Entfernen großer Triebe, das Beschneiden der Weinstöcke ist aber subtiler. Oft ist es notwendig, Triebknospen abzuzwicken oder unerwünschte Triebe zu entfernen, so lange sie noch winzig sind, oder überzählige Trauben im Embryo-Zustand zu entfernen, oder einzelne Beeren an den Trauben zu entfernen, damit die Tafeltrauben groß und prächtig werden.
All dies gehört zum Schneiden, durch das der Gärtner seine kräftigen Pflanzen unter Kontrolle hält.
Die folgenden Seiten beschreiben detailliert das Beschneiden von Weinstöcken unter Glas und im Freien. Es gibt einige allgemeine Punkte, die man sich merken sollte.

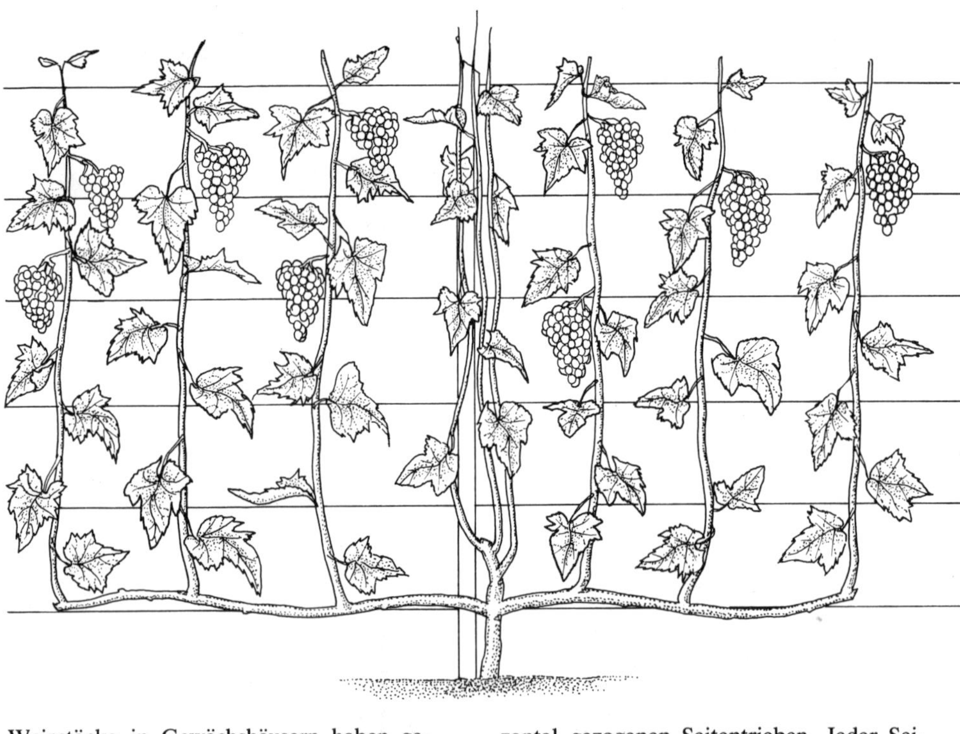

Weinstöcke in Gewächshäusern haben gewöhnlich einzelne vertikale Ruten mit horizontal gezogenen Seitentrieben. Jeder Seitentrieb trägt eine gute Traube.

Die Frucht

Weintrauben wachsen auf neuen Seitentrieben. Das Ziel des Beschneidens ist, die Zahl der Seitentriebe und der Trauben zu verringern. Eine Traube pro Seitentrieb ist gewöhnlich ausreichend.

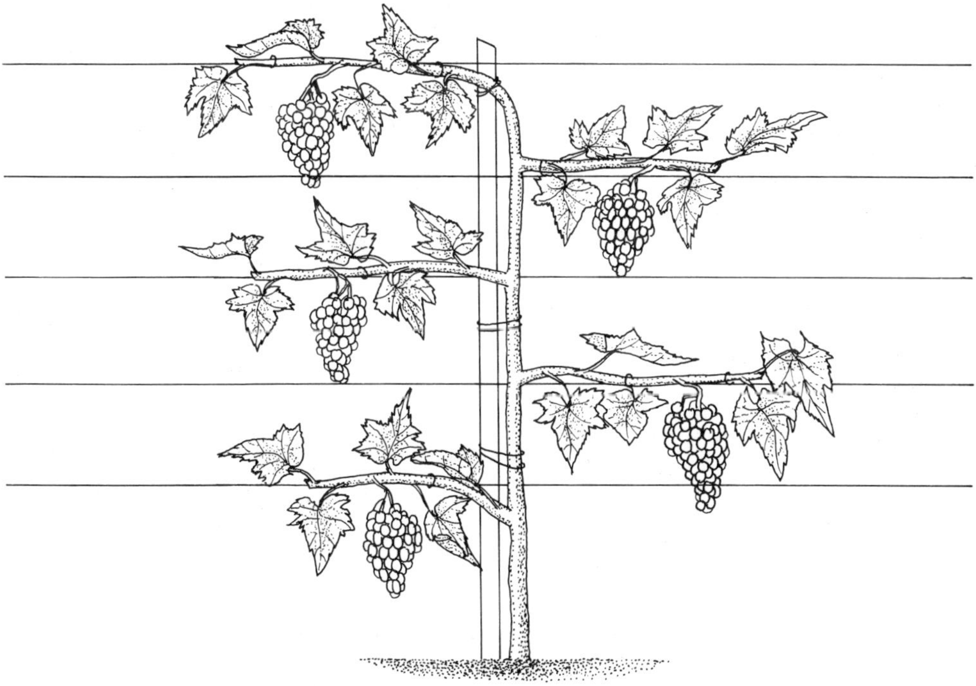

Weinstöcke im Freiland haben gewöhnlich horizontale Ruten mit vertikal gezogenen Seitentrieben. Es ist wichtig, jedes Jahr Ersatzruten zu ziehen.

Weinstöcke im Gewächshaus

Man kann das Beschneiden von Weinstöcken in Gewächshäusern nicht von den anderen Faktoren trennen, die auch zu einer erfolgreichen Kultivation gehören. Dazu gehören die Vorbereitung des Beetes, in das man den Stock pflanzen will, die Auswahl und Anzahl von Sorten, der Pflanzabstand und die wichtige Frage der Wärme. Sie überschreiten aber das Anliegen dieses Buches, das sich nur mit dem Erziehen und Schneiden befaßt.

Es ist selten, daß ein ganzes Gewächshaus mit Weinstöcken gefüllt ist. Wir unterstellen hier, daß ein Weinstock in einem gemischten Gewächshaus wächst, das genügend geheizt ist, um Frost abzuhalten. Dadurch entsteht eine Wachstumsperiode, die lang genug ist, um Sorten wie »Black Hamburgh« reifen zu lassen. Die Situation ist aber nicht geeignet für Muskateller-Trauben.

Das erste Jahr

Der junge Weinstock sollte während der Ruhezeit, die von November bis Februar dauert, aus einem Container gepflanzt werden. Er kann als einjährige oder als zweijährige Pflanze gepflanzt werden. Die letztere hat der Baumschulgärtner nach dem ersten Jahr hart beschnitten und in einen größeren Container umgepflanzt.

Die Rute sollte beim Pflanzen bis auf zwei Knospen vom Boden zurückgeschnitten werden. Der häufigste Fehler, der gemacht wird ist, den Weinstock zu früh auf einem schwachen Stamm Frucht tragen zu lassen. Das harte Zurückschneiden soll das verhindern.

Nach dem anfänglichen Beschneiden werden sich zwei oder mehrere weitere Triebe entwikkeln. Man sollte nur einen, den stärksten, stehen lassen. Nehmen Sie die übrigen zurück, wenn sie etwa 10 cm lang sind, indem Sie den Vegetationspunkt abzwicken und alle folgenden Seitentriebe zweiter Ordnung, sobald sie erscheinen, auf ein Blatt zurückschneiden. Das Zurückhalten der Blätter an den zurückgenommenen Seitentrieben stärkt den Stamm, ohne dem ausgewählten Haupttrieb Kraft zu entziehen.

Am Ende der ersten Wachstumsperiode beginnt für den Weinstock eine notwendige Periode der Ruhe. Die Blätter fallen ab, und die Pflanze ruht oder scheint zu ruhen. Tatsächlich finden in ihrem Inneren wichtige chemische und biologische Veränderungen statt. Ihretwegen sollte früh im Dezember, sobald die Blätter gefallen sind, geschnitten werden.

Wieviel geschnitten wird, hängt von der Länge und Dicke des Stammes ab. Je länger und dicker er ist, umso weniger hart wird beschnitten. Als allgemeine Richtlinie kann man nehmen, daß der junge Weinstock am Ende des zweiten Jahres seines Wachsens um zwei Drittel zurückgeschnitten werden soll.

Das zweite Jahr

Im folgenden Frühjahr und Sommer bildet die oberste Knospe den neuen Längentrieb, während die übrigen Knospen Seitentriebe bilden. Diese Seitentriebe sollten ausgelichtet werden, wenn es nötig erscheint, indem man unerwünschte Triebe entfernt, wenn sie etwa 2,5 cm lang sind. Das Ziel ist, die Seitentriebe mit einem Abstand von etwa 15 cm wachsen zu lassen. Dabei ist darauf zu achten, daß sie eher wechselseitig als gegenstehend wachsen.

Etwa zwei der verbleibenden Seitentriebe kann man Frucht tragen lassen, vorausgesetzt, daß der Weinstock kräftig wächst. Der fruchttragende Seitentrieb sollte zurückgenommen werden, indem man ihn auf zwei Blätter unterhalb der Embryotraube abknipst. Nicht fruchttragende Seitentriebe sollten zurückgenommen werden, wenn sie eine Länge von etwa 60 cm erreicht haben.

Kürzen Sie im folgenden Dezember den Leittrieb auf die Hälfte, und schneiden Sie jeden Seitentrieb auf etwa 2,5 cm zurück, wobei möglichst zwei Knospen stehenbleiben sollen.

Das zweite Jahr

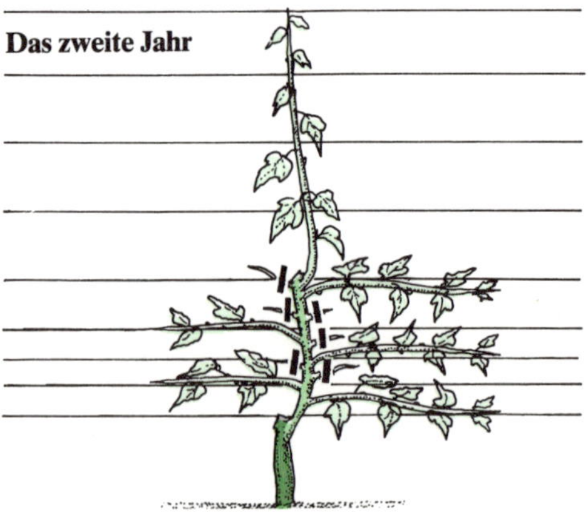

4 März bis April. Die oberste Knospe bildet den neuen vertikalen Leittrieb. Lichten Sie, wenn nötig, die Seitentriebe aus, indem Sie sie abzwicken, wenn sie 2,5 cm lang sind. Das Ziel ist, wechselseitig stehende Seitentriebe zu haben.

Das erste Jahr

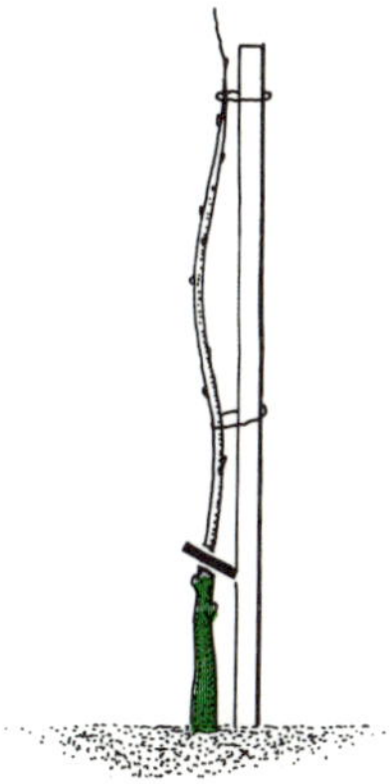

1 November bis Februar. Eine einjährige Rute beim Pflanzen. Schneiden Sie sie bis auf zwei Knospen vom Boden zurück.

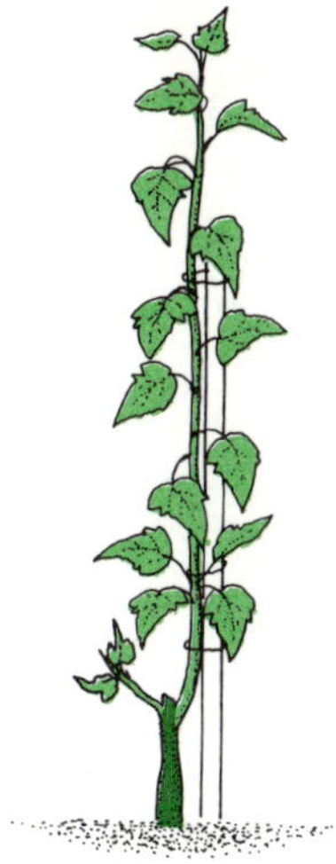

2 April bis September. Zwei oder drei neue Triebe entwickeln sich. Lassen Sie den stärksten unbeschnitten. Zwicken Sie bei den anderen den Vegetationspunkt ab, wenn sie etwa 10 cm lang sind.

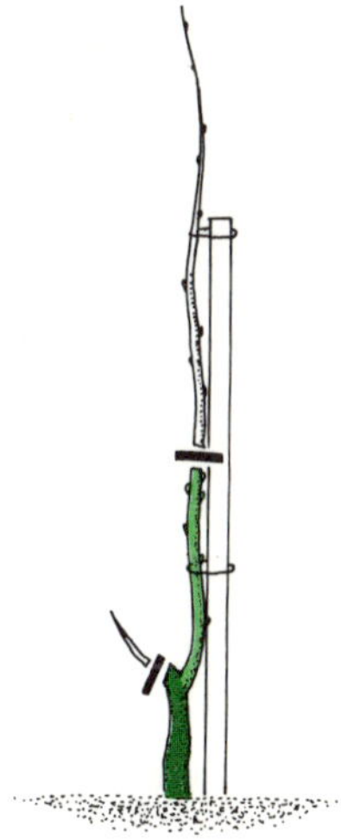

3 Dezember. Schneiden Sie, sofort nachdem die Blätter gefallen sind, den Weinstock um zwei Drittel zurück.

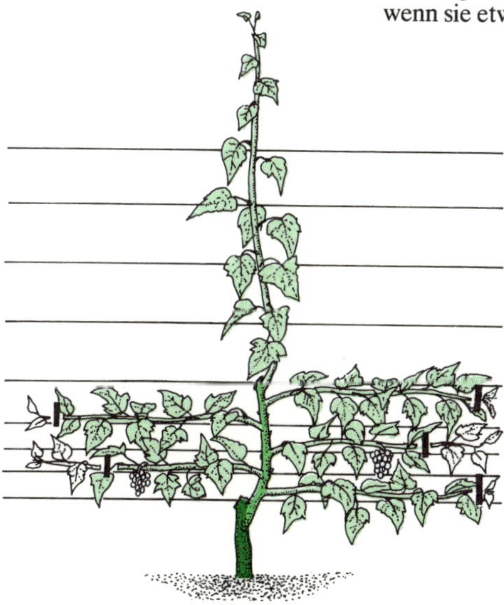

5 Mai bis September. Wenn der Weinstock kräftig wächst, dürfen zwei Seitentriebe Frucht tragen. Zwicken Sie diese Seitentriebe zwei Blätter weiter als die Embryotraube ab. Nehmen Sie die nicht Frucht tragenden Seitentriebe zurück, wenn sie 60 cm lang sind.

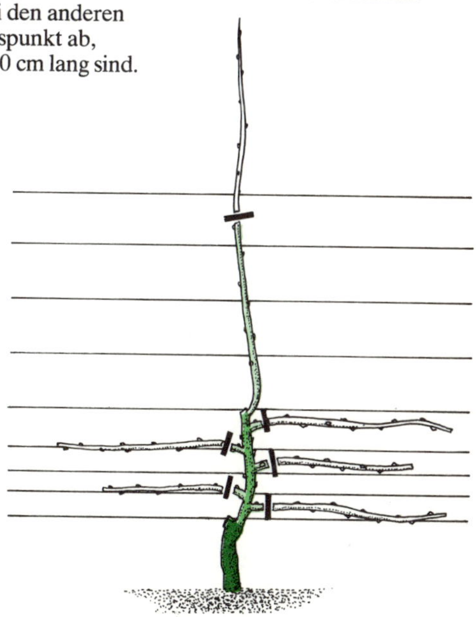

6 Dezember. Kürzen Sie den Leittrieb um etwa die Hälfte. Schneiden Sie jeden Seitentrieb bis auf zwei Knospen auf 2,5 cm zurück.

Das dritte und die folgenden Jahre

Jetzt wird das Schneiden unkompliziert. Der Stamm darf in Etappen wachsen, bis er die Grenze erreicht hat, die die Höhe des Gewächshauses setzt. Nehmen Sie die Seitentriebe auf zwei Blätter unterhalb des Traubenbüschels zurück, und zwicken Sie alle Seitentriebe zweiter Ordnung auf ein Blatt ab. Nachdem die Früchte geerntet sind, sollten Sie der Ordnung halber die Seitentriebe um etwa die Hälfte zurückschneiden, das ist aber nur eine Vorarbeit zum Winterschnitt, bei dem jeder Seitentrieb auf 2,5 cm zurückgeschnitten wird. Dadurch bekommt der Weinstock ein ordentliches, aber etwas vergewaltigtes Aussehen: eine einzelne kahle Rute, eng umgeben von kurzen Zweigstummeln, denen man ihre Fruchtbarkeit schon ansieht. Regulieren Sie in jedem Frühling und Sommer sorgfältig alle neuen Seitentriebe, damit sich von jedem Zweigstummel nur einer entwickelt. Befestigen Sie jeden fruchttragenden Seitentrieb an einem Draht, um ihn nach und nach in die Horizontale zu ziehen.

Man muß darauf achten, daß ein Weinstock nicht zu viele Trauben trägt. Als allgemeine Regel kann gelten, daß nur zwölf Blütenstände (»Gescheine«) stehen bleiben sollten. Eine andere Faustregel ist, ein Geschein für je 30 cm tragende Länge stehen zu lassen.

Das dritte und die folgenden Jahre

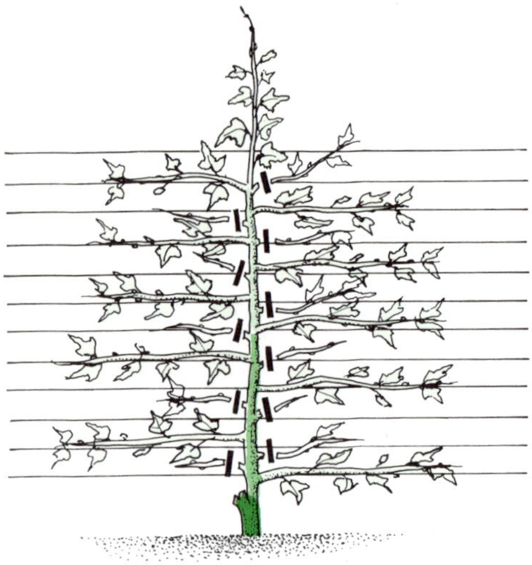

7 April bis Juli. Im Frühjahr und Sommer müssen die Seitentriebe ausgelichtet und auf Abstände von etwa 15 cm gebracht werden. Von jedem Spieß soll nur ein Seitentrieb wachsen. Befestigen Sie jeden Frucht tragenden Seitentrieb an einem Draht, und biegen Sie ihn nach und nach in die Horizontale.

9 September. Wenn die Trauben gepflückt sind, schneiden Sie die Seitentriebe um etwa die Hälfte zurück.

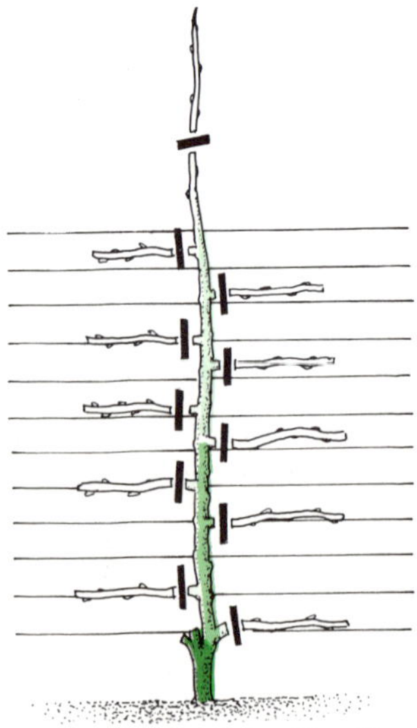

10 Dezember. Schneiden Sie den Leittrieb um die Hälfte und die Seitentriebe auf 2,5 cm oder zwei Knospen zurück.

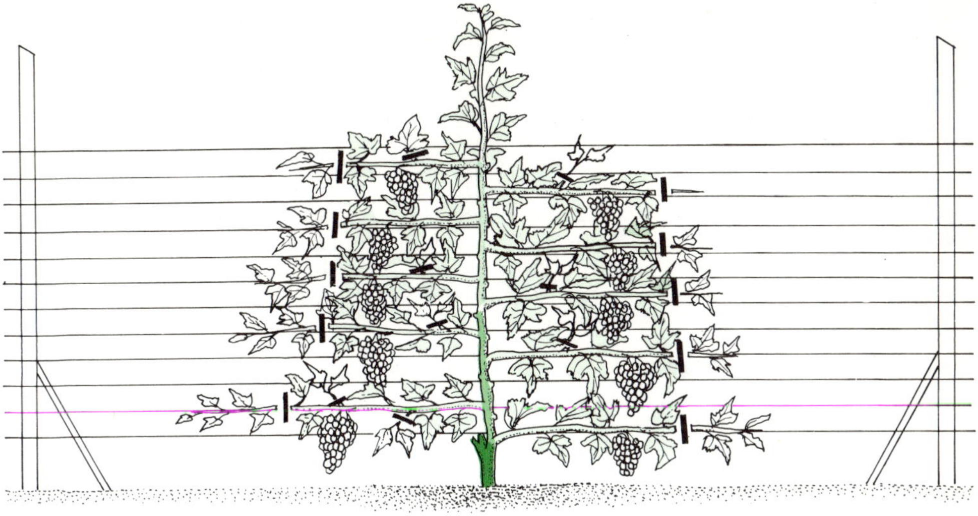

8 August. Nehmen Sie jeden Frucht tragenden Seitentrieb bis auf zwei Blätter von den Trauben zurück. Zwicken Sie alle Seitentriebe zweiter Ordnung bis auf ein Blatt ab.

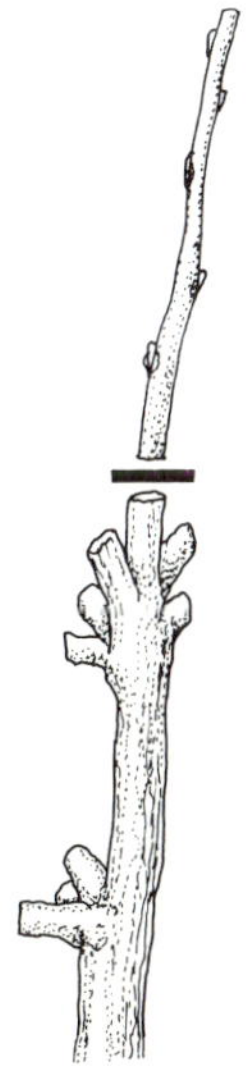

11 Nehmen Sie den Leittrieb im Sommer zurück, und schneiden Sie ihn im Winter auf 2,5 cm zurück.

Das Ausdünnen der Traube

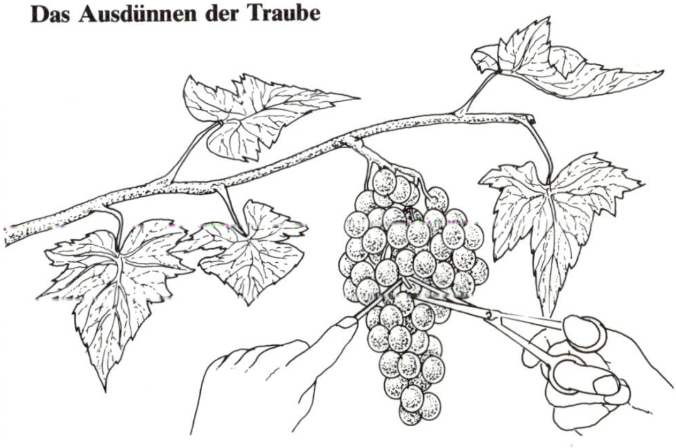

Wenn die Trauben sich runden, dünnen Sie sie mit einer langschenkeligen Schere aus. Lassen Sie an den Schultern der Traube viele Beeren, entfernen Sie aber die meisten innen wachsenden Beeren. Versuchen Sie, eine ausgewogene Form zu erhalten. Dieser Vorgang muß vielleicht wiederholt werden.

Manchmal werden Tafeltraubensorten an günstigen Stellen im Freiland angepflanzt. Sie werden in einzelnen oder mehrfachen Ruten auf ähnliche Art wie die Treibhausweinstöcke gegen eine Wand gezogen. Die meisten Freilandtrauben sind jedoch für die Weinproduktion bestimmt, als Tafeltrauben sind sie nur gelegentlich geeignet. In den vergangenen Jahren hat sich der Weinbau wiederbelebt, und auch die Kunst des häuslichen Weinkelterns wird wieder geübt.
Man sollte aber keine Wunschträume von großen Weinfässern haben. Man darf nicht vergessen, daß Wein nur in sehr warmen Sommern reif wird.
Da die Wachstumsperiode ziemlich kurz ist, müssen die Sorten rasch reifen. Um diesen Prozeß zu unterstützen, muß hart beschnitten werden. Die Anzahl der fruchttragenden Seitentriebe muß beschränkt werden, und es muß dafür gesorgt werden, daß sie voll der Sonne ausgesetzt sind.
Es sind mehrere Systeme ausprobiert worden, die diese Ziele verfolgten, das Beste ist aber das, welches als Guyot-System bekannt wurde. Es gibt zwei Varianten. Die eine beruht auf einer einzigen tragenden Rute, sie wird für die schwächeren Sorten angewandt. Die andere, als das doppelte Guyot-System bekannt, wird allgemeiner angewendet. Man kann leicht von einem System zum anderen überwechseln, je nachdem wie die Weinstöcke auf eine bestimmte Kombination von Boden, Lage und Schnitt reagieren.

Das doppelte Guyot-System
Ein Gestell aus Pfosten und Draht oder etwas ähnliches, ist als Stütze nötig, damit die horizontal tragenden Ruten und vertikalen Seitentriebe ordentlich erzogen werden. Das Ziel ist, jährlich zwei starke neue Haupttriebe zu haben, die im folgenden Winter erzogen werden. Einer nach links und einer nach rechts – 45 cm über dem Boden, an einem Draht entlang.
Während des folgenden Frühjahrs und Sommers wachsen aus diesen horizontalen Armen starke vertikale Seitentriebe, die die Früchte tragen. Befestigen Sie die Seitentriebe an weiteren drei Drähten, die mit etwa 30 cm Abstand oberhalb des Bodendrahtes gezogen werden. Manchmal nimmt man doppelte Drähte, so daß die Triebe schnell dazwischengeklemmt werden können und nicht einzeln angebunden werden müssen.
Zusätzlich zu den fruchttragenden Seitentrieben, sollten drei andere starke Triebe von der Mitte hoch genommen werden. Das sind die wichtigen jährlichen Ersatztriebe, die tragenden Ruten des nächsten Jahres. Zwei von ihnen werden am Ende der ersten Wachstumsperiode horizontal gezogen, wenn ihre Vorgänger völlig ausgeschnitten worden sind.
Man braucht nur zwei als tragende Ruten, und zwar die, die am günstigsten für horizontales Erziehen wachsen. Der dritte, am zentralsten gelegene Trieb, wird hart zurückgeschnitten, um neue Ersatzruten zu bilden.
Wenn das einfache Guyot-System angewandt wird, wird nur ein horizontaler Ersatztrieb jährlich gezogen.

Das erste Jahr
Pflanzen Sie zwischen November und Februar einen kräftigen einjährigen Weinstock mit schöner Wurzel aus dem Container, und schneiden Sie ihn hart zurück auf etwa 15 cm vom Boden. Achten Sie darauf, daß zwei gute Knospen stehen bleiben.
Erlauben Sie im Sommer nur einem Trieb, sich zu entwickeln, und erziehen Sie ihn zu einer vertikalen 180 cm hohen Rute. Zwicken Sie jeden Seitentrieb auf 2,5 cm zurück, sobald er erscheint. Ein Jahr nach dem Pflanzen sollten Sie stolzer Besitzer einer einzigen Rute von etwa 180 cm Länge sein. Schneiden Sie sie auf 60 cm vom Boden zurück. Achten Sie darauf, daß drei gute Knospen an der Spitze stehenbleiben. Es ist ideal, wenn die unteren beiden gegenstehend und auf der Linie des Stützdrahtes sind. Wenn das Wachstum im ersten Sommer schwach war, gekennzeichnet durch einen dünnen Trieb von etwa 120 cm Länge, dann ist es besser, den ganzen Vorgang zu wiederholen, indem Sie auf 15 cm zurückschneiden und das Fruchttragen um ein Jahr verschieben.

Das zweite Jahr
Die oberen drei Knospen werden im Sommer kräftig nach oben wachsen und müssen vertikal erzogen werden. Zwicken Sie alle anderen Seitentriebe auf 2,5 cm zurück, sobald sie erscheinen.
Schneiden Sie im November den Trieb von der obersten Knospe hart zurück, so daß drei gute Knospen stehen bleiben. Ziehen Sie die bleibenden zwei Triebe sanft in die Horizontale, indem Sie sie an den untersten Draht binden, einen Trieb nach links, einen Trieb nach rechts. Beschneiden Sie die Spitze der beiden, so daß etwa 90 cm kräftiger Trieb stehenbleiben. Zusammen ergibt das dann eine 180 cm lange Rute.

Das erste Jahr

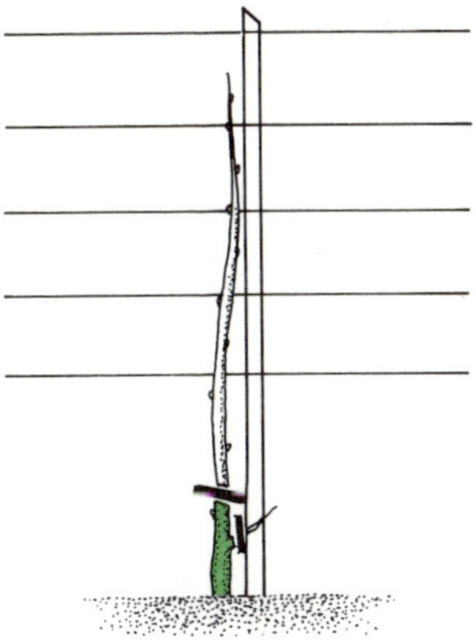

1 November bis Februar Pflanzen Sie einen einjährigen Weinstock. Schneiden Sie ihn auf etwa 15 cm vom Boden zurück. Lassen Sie zwei kräftige Knospen stehen.

2 April bis August. Nur ein Trieb darf stehenbleiben. Ziehen Sie ihn an einen vertikalen 180 cm hohen Pfosten. Zwicken Sie alle anderen Triebe auf 2,5 cm zurück.

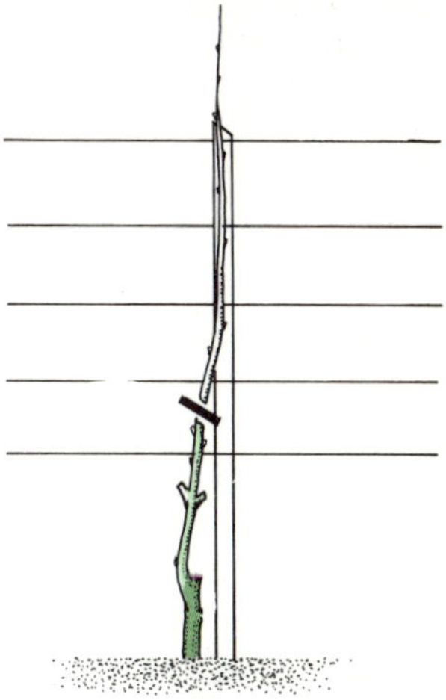

3 November. Schneiden Sie die mittlere Rute auf 60 cm vom Boden zurück. Lassen Sie drei kräftige Knospen stehen. Die unteren beiden sollten einander gegenüber stehen und auf einer Linie mit dem Stützdraht.

Das zweite Jahr

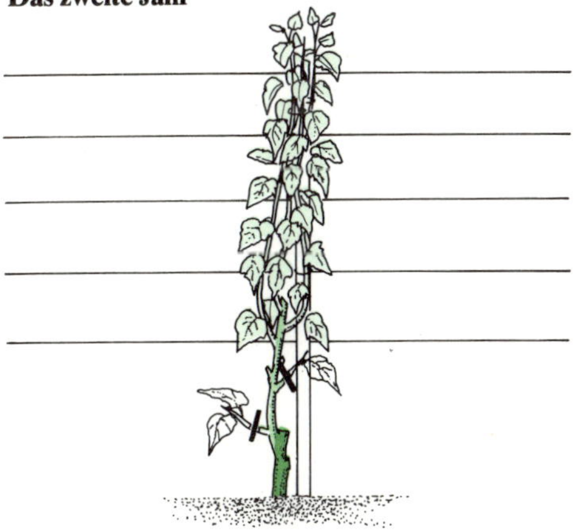

4 April bis August. Ziehen Sie die drei Triebe vertikal. Zwicken Sie alle entstehenden Seitentriebe auf 2,5 cm zurück.

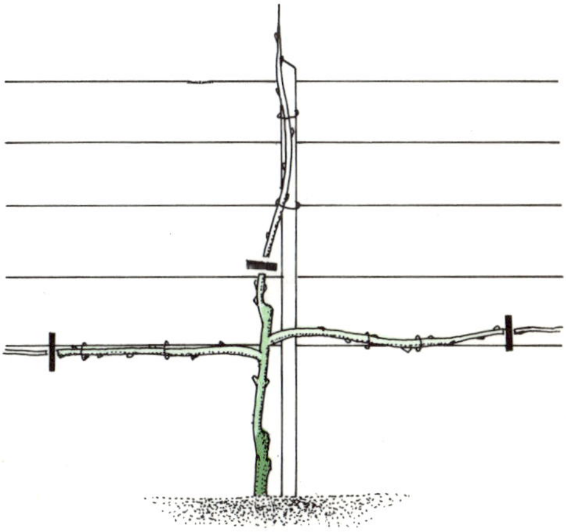

5 November. Schneiden Sie den Trieb aus der obersten Knospe bis auf drei kräftige Knospen zurück. Biegen Sie die beiden anderen Triebe runter, und binden Sie sie an den Draht. Schneiden Sie beide auf 90 cm zurück.

Das dritte und die folgenden Jahre
Während des Sommers wachsen von den horizontalen Ruten Fruchttriebe. Wenn es zu viele sind, sollten Sie rechtzeitig so ausgedünnt werden, daß die verbleibenden einen Abstand von etwa 15 bis 20 cm zueinander haben. Die, die die stärksten Gescheine tragen, sind die glücklichen Überlebenden. Nehmen Sie jeden Fruchttrieb zurück, der oberhalb des obersten Drahtes wächst, lassen Sie jedoch mindestens zwei Blätter über dem Geschein stehen.

Das dritte und die folgenden Jahre

6 April bis August. Ziehen Sie drei Triebe aus der Mitte vertikal. Zwicken Sie alle Seitentriebe, die an ihnen wachsen, sofort auf 2,5 cm zurück. Die Frucht tragenden Seitentriebe wachsen von den horizontalen Ruten nach oben. Wenn nötig, lichten Sie sie auf 15–20 cm Abstände aus. Nehmen Sie jeden Frucht tragenden Seitentrieb oberhalb des obersten Drahtes zurück. Lassen Sie mindestens zwei Blätter stehen.

Schneiden Sie im November die zwei tragenden Ruten und ihre Seitentriebe bis zur Basis zurück. Die drei mittleren Triebe werden wie vorher behandelt. Der obere Trieb wird auf drei gute Knospen zurückgeschnitten.
Es ist nicht so schlimm, wenn es unmöglich erscheint, ordentliche horizontale Arme zu erziehen. Die Natur widersteht manchmal unseren Ordnungsvorstellungen. Vermeiden Sie nur möglichst zu ausgeprägte Kurven, da sonst Seitentriebe von unterschiedlicher Länge entstehen.

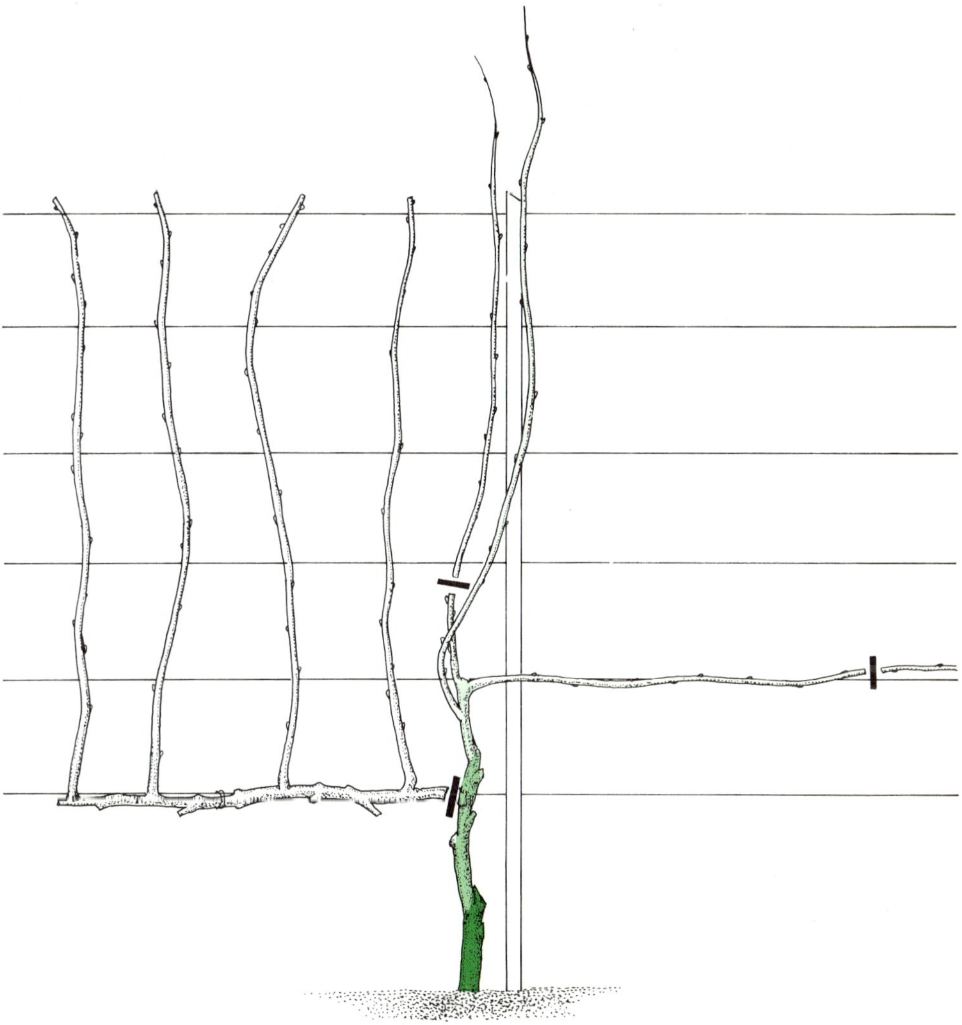

7 November. Schneiden Sie die beiden tragenden Ruten bis zu ihrer Basis zurück. Schneiden Sie den Trieb aus der obersten Knospe auf drei kräftige Knospen zurück. Biegen Sie die beiden anderen Triebe horizontal runter, und binden Sie sie, einen nach links, den anderen nach rechts, an dem Draht fest. Schneiden Sie sie auf je 90 cm oder kürzer, wenn sie schwach sind, zurück.

Das Schneiden von Obstbäumen gilt unnötigerweise als großes Geheimnis. Das kommt teilweise daher, daß der Obstanbau ein antikes Handwerk und deshalb ein Bestandteil der Folklore ist. Das Schneiden wird jedenfalls häufig übertrieben. Wenn man unsicher ist, läßt man den Baum am besten unbeschnitten. Jeder Schnitt muß einem Zweck dienen.
Die Formen, die man den Bäumen geben kann, werden auf S. 54 beschrieben. Das Erziehen zum Schnurbaum (Cordon) und Spalierbaum wird auf den folgenden Seiten erläutert. Fachausdrücke sind unvermeidlich und ihre Definition ist für den Gärtner nützlich.
Der Edeltrieb ist die gewünschte Obstsorte, die auf dem Wurzelstock (Unterlage) eines anderen Baumes aufgepfropft wird. Der Punkt, wo die beiden zusammentreffen, ist die Veredelungsstelle.

Ein Zweig ist ein Glied, das aus dem Baumstamm wächst. Zweige erster Ordnung entstehen zuerst und Zweige zweiter Ordnung wachsen aus den Zweigen erster Ordnung. Ein Leittrieb ist ein Trieb, der ausgewählt wurde, um den Zweig zu verlängern.
Fruchtspieße sind sehr kurze Seitentriebe, die in einer Blütenknospe enden. Sie können von alleine entstehen oder durch Beschneiden der Seitentriebe angeregt werden.
Blütenknospen sind geschlossene Blüten. Man nennt sie auch oft Fruchtknospen, aber das kann zu optimistisch sein. Knospen, aus denen ein Trieb wächst, sind Triebknospen.
Wildtriebe sind Triebe, die unter der Erde oder unter der Veredelungsstelle hervorwachsen.

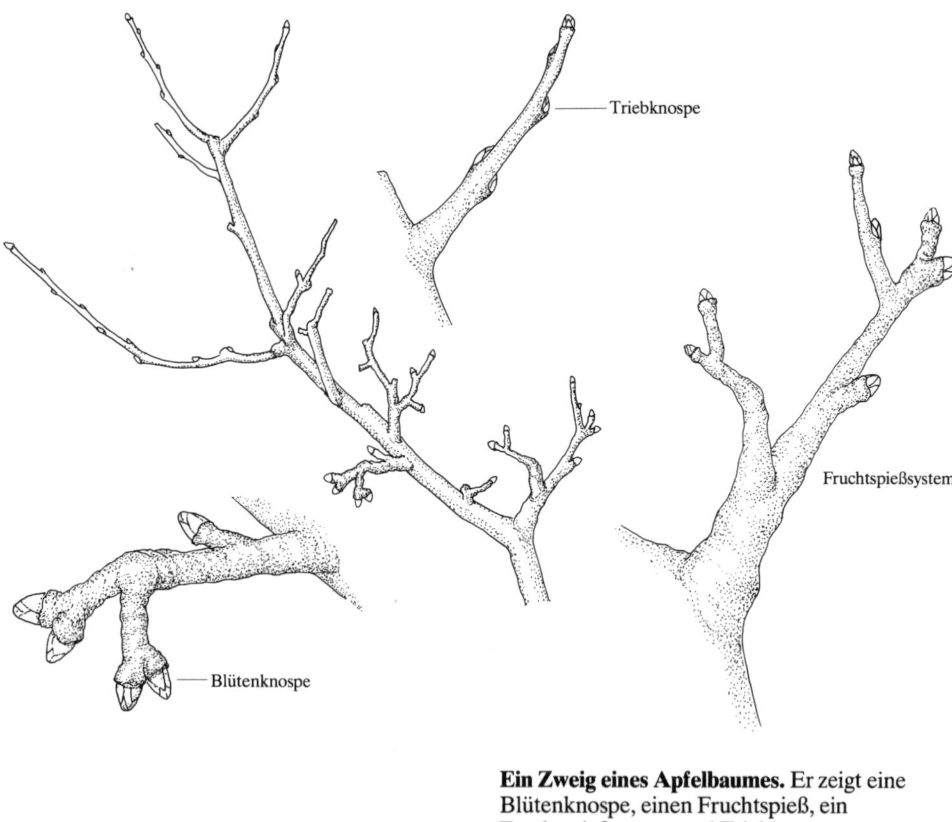

Ein Zweig eines Apfelbaumes. Er zeigt eine Blütenknospe, einen Fruchtspieß, ein Fruchtspießsystem und Triebknospen.

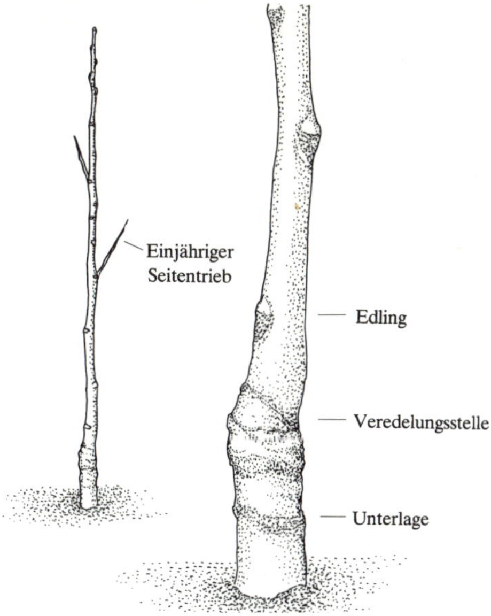

Ein einjähriger Apfelbaum. Oberhalb der Veredelungsstelle ist die Edelsorte und unterhalb der Veredelungsstelle ist die Unterlage. Seitentriebe eines einjährigen Baumes heißen vorzeitige Triebe.

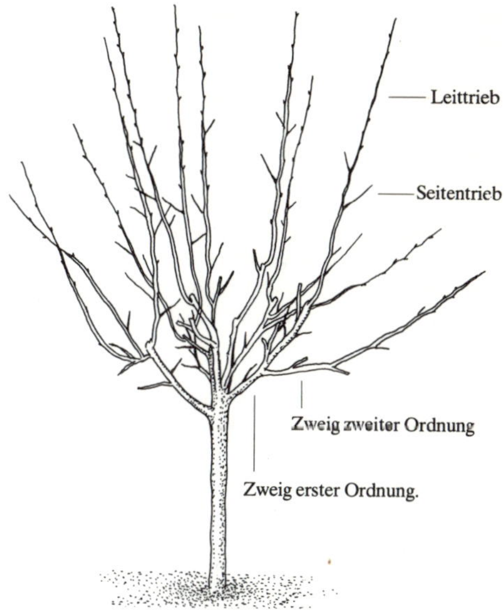

Ein dreijähriger Apfelbaum als Busch mit offener Kronenmitte. Er zeigt einen Zweig erster Ordnung, einen Zweig zweiter Ordnung, einen Leittrieb und einen Seitentrieb.

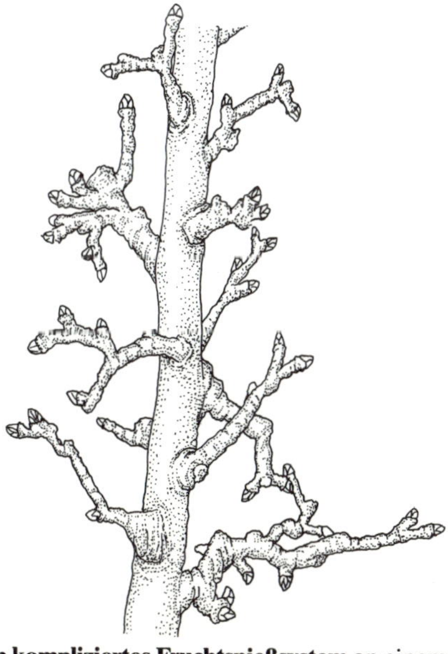

Ein kompliziertes Fruchtspießsystem an einem drei- oder vierjährigen Zweig.

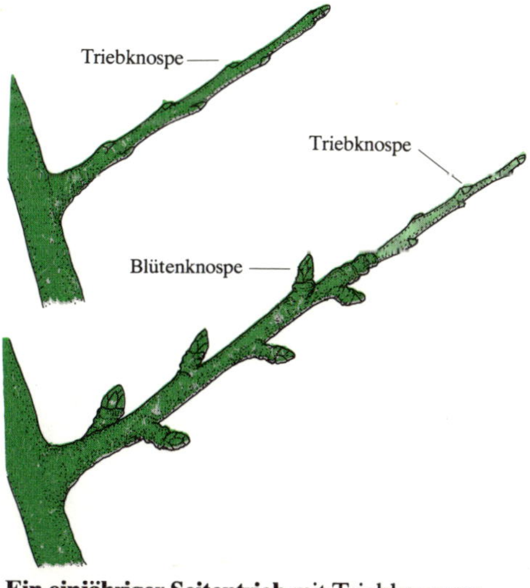

Ein einjähriger Seitentrieb mit Triebknospen und ein zweijähriger Trieb mit Triebknospen und Blütenknospen an dem zweijährigen Holz.

Apfel- und Birnbäume passen fast in jeden Garten. Die Kraft des Baumes hängt nicht nur vom Boden und Klima ab, sondern auch vom Beschneiden, vom Düngen und von der gewählten Unterlage.
Die Unterlage ist besonders wichtig. Die East Malling Klon-Wurzelstöcke sind ausgewählt worden, weil sie eine breite Skala von Stärke und Größe der Bäume ermöglichen. Es gibt in der Malling-Serie viele verschiedene Apfelunterlagen. Die empfehlenswertesten für Amateurgärtner sind in der Reihenfolge der Kräftigkeit M9, M26, MM106 und MM111. In Kürze wird eine Unterlage als M27 erhältlich sein, die einen noch kleineren Baum als M9 produziert.
Bei Birnen kann man als Unterlage zwischen Quitte A oder Quitte C wählen.
Die Auswahl der Unterlage hat zwar nicht direkt etwas mit dem Beschneiden zu tun, sie ist jedoch überaus wichtig.
Wenn man die sehr kräftigen Unterlagen meidet, bekommt man einen relativ kleinen Baum im Garten. Wenn man die richtige Wahl getroffen hat, darf man nicht alle Arbeit vernichten, indem man die Veredelungsstelle beim Pflanzen eingräbt. Das ist sehr wichtig, denn wenn die Veredelungsstelle unter der Erde liegt, kann Wurzelbildung erfolgen und ein großer, wilder, unfruchtbarer Baum entsteht.

Apfel- und Birnbäume können im Garten mit begrenztem Platz in folgenden Formen gezogen werden: Als Zwergbusch, größerer Busch, Spindel, Zwerg-Pyramide und Spalierbaum.
Die Zwergbusch-Apfelbäume werden gewöhnlich auf M9- oder M26-Unterlagen gezogen. Der größere Busch wächst bereitwillig auf Unterlagen wie MM106 für Äpfel und Quitte A für Birnen. Diese zwei Buschformen sind im Aufbau völlig gleich, der Unterschied liegt nur in der Größe.
Ein Schnurbaum hat gewöhnlich einen Stamm, aber Obst-Schnurbäume können einfach oder mehrfach sein, können vertikal oder in einem Winkel gezogen werden. Ihr Hauptmerkmal ist der Fruchtholzschnitt. Wegen ihres kompakten Wuchses können Schnurbäume eng zusammengepflanzt werden. Der Spalierbaum kann mit einer Reihe von horizontalen Schnurbäumen auf einem Stamm verglichen werden.
Die Zwerg-Pyramide kann am besten als frei wachsender vertikaler Schnurbaum beschrieben werden. Sie ist leichter zu ziehen, als der eng beschnittene Schnurbaum.

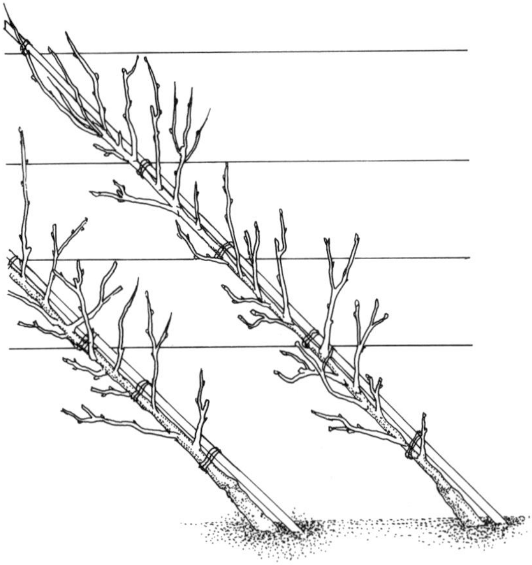

Schräge einfache Cordons, die in einem Winkel von etwa 45 Grad gezogen sind, indem man sie an Rohren befestigt, die wiederum festgebunden wurden.

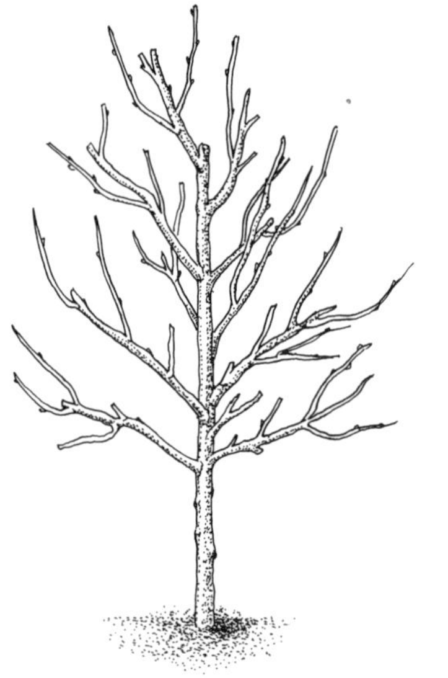

Eine Zwerg-Pyramide mit einem zentralen Leittrieb und frei wachsenden Seitenzweigen.

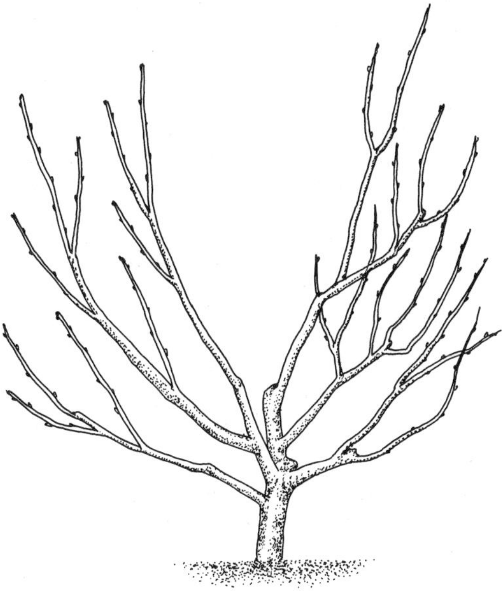

Ein Busch mit offener Kronenmitte mit einem 60 cm hohen Hauptstamm und strahlenförmig angeordneten Hauptzweigen. Die Form wird manchmal mit einem umgekehrten offenen Schirm verglichen.

Ein Buschbaum mit einem zentralen Leittrieb. Der Hauptstamm setzt sich vertikal fort, so daß auf einer größeren Länge Zweige wachsen.

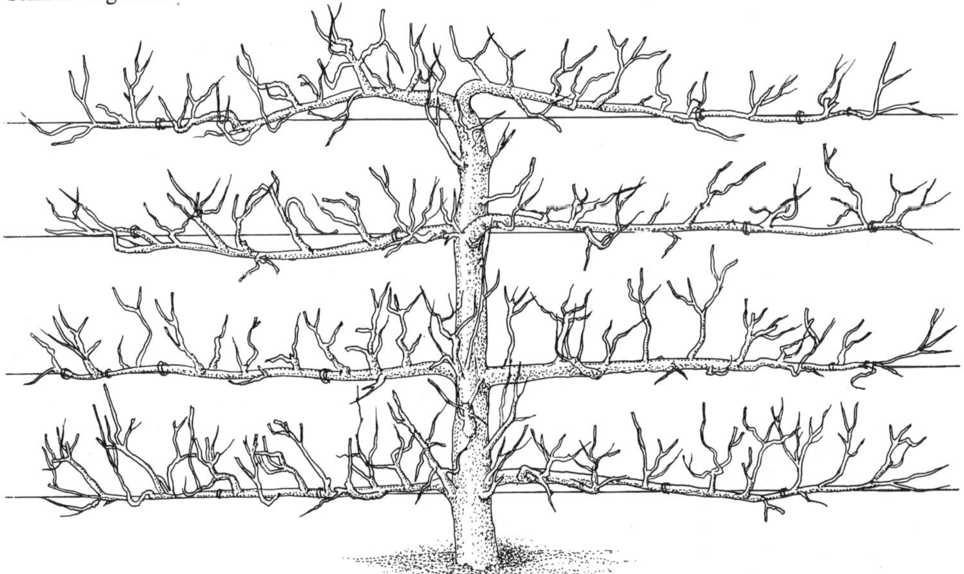

Ein Spalierbaum mit vier Reihen horizontaler, Frucht tragender Arme.

Fruchtholzschnitt

Etwa im fünften Jahr nach dem Pflanzen wachsen Apfel- und Birnbäume zwar noch, aber das Wachsen sollte sich verlangsamen, da das Fruchten Kraft beansprucht.

Die folgenden Seiten befassen sich hauptsächlich mit der Bildung des Grundastgerüstes. Dafür müssen die Leittriebe hart geschnitten werden, um starke, gut plazierte Zweige zu bekommen, die die schwere Ernte tragen können. Wenn das Grundastgerüst entwickelt ist, sollte der Gärtner hauptsächlich daran interessiert sein, die Zweige mit Fruchtspießen und blühenden Seitentrieben zu versehen.

Fruchtspieße bilden sich entweder von alleine oder sie werden durch Schneiden zwischen November und Februar oder im Sommer angeregt. Ein Seitentrieb, der im Winter auf vier Knospen zurückgeschnitten wurde, wird aus den obersten Knospen einen oder zwei Triebe entwickeln, die unteren Triebknospen verwandeln sich aber meistens während des Sommers in Blütenknospen. Diese sind, verglichen mit Triebknospen, rund und dick. Wenn sich die Blütenknospen klar gebildet haben, schneiden Sie die ganze Einheit bis zur obersten Blütenknospe zurück. Damit ist die Grundlage für ein Fruchtspießsystem nahe am Zweig gelegt.

Jede Blütenknospe wird, wenn alles gut geht, mindestens einen Apfel oder eine Birne aus den vier oder fünf Blüten bilden, die in der Knospe enthalten sind. Hinter der Frucht wird sich eine neue Blütenknospe bilden, vorausgesetzt der Baum wird gut gedüngt. Mit anderen Worten: Fruchtspießsysteme erneuern sich selber. Nach einigen Jahren kann ein Fruchtspießsystem zu überfüllt und kompliziert werden. Dann müssen die Fruchtspieße ausgelichtet werden, indem man die schwächeren Fruchtspieße und die an der Unterseite der Zweige entfernt. Manchmal werden Apfel- und Birnensorten unterteilt in Gruppen, die kurze Fruchtspieße, lange Fruchtspieße haben oder eine Spitze tragen. Dies ist eine unnötige Komplikation. Alle Sorten werden auf die vorgeschlagenen Methoden reagieren.

Das Auslichten von Fruchtspießen

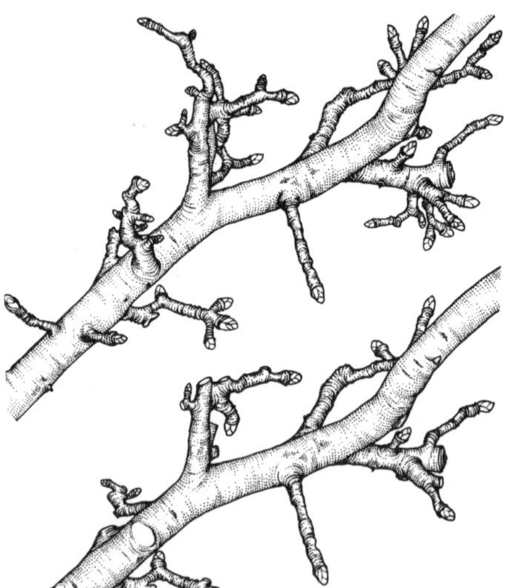

Wenn der Baum älter wird, sind die Fruchtspießsysteme oft überfüllt und sollten ausgelichtet werden. Entfernen Sie auch Fruchtspieße an der Unterseite der Zweige.

Erneuerungsschnitt

Die meisten Obstplantagen, die von ihrem Ertrag leben müssen und deshalb von reichen Ernten abhängen, verwenden ein System, das ein Kompromiß zwischen der älteren Methode des Fruchtholzschnittes und einer neuen Methode, dem Erneuerungsschnitt ist. Es basiert auf der bekannten Tendenz von Apfel- und Birnensorten, auf unbeschnittenen zweijährigen Seitentrieben Blütenknospen zu entwickeln.

Lassen Sie starke Seitentriebe an den äußeren Teilen des Baumes unbeschnitten. Während der folgenden Wachstumsperiode erweitert sich die Endknospe jedes unbeschnittenen Seitentriebes und produziert einen neuen Trieb, während die meisten Knospen des unbeschnittenen Teils sich in Blütenknospen verwandeln. Schneiden Sie im Winter die Seitentriebe bis zu der obersten Blütenknospe zurück. Im folgenden Sommer trägt der zurückgeschnittene Seitentrieb Früchte. Der fruchttragende Seitentrieb kann entweder als verlängertes Fruchtspieß-System behalten werden oder auf 2,5 cm von seiner Basis zurückgeschnitten werden.

Jedes harte Zurückschneiden regt die Bildung eines neuen Seitentriebes an – daher die Bezeichnung »Erneuerungsschnitt« –, und der ganze produktive Kreislauf beginnt wieder. Am besten ist es, den Fruchtholzschnitt und den Erneuerungsschnitt miteinander zu kombinieren.

Das erste Jahr

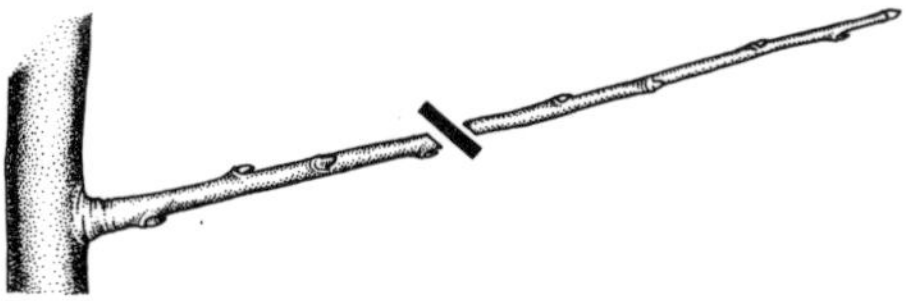

1 November bis Februar. Schneiden Sie einen einjährigen Seitentrieb auf vier Knospen zurück.

Das zweite Jahr

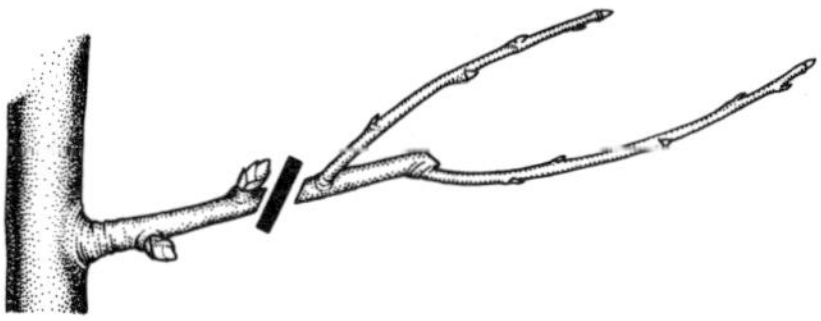

2 November bis Februar. Schneiden Sie den Seitentrieb bis zu einer Blütenknospe zurück.

Das dritte Jahr

3 Juli bis September. Die Frucht wächst an dem zurückgeschnittenen Seitentrieb.

Das vierte Jahr

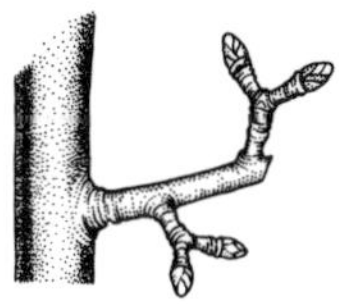

4 November bis Februar. Ein Fruchtspießsystem beginnt sich zu bilden.

Das erste Jahr

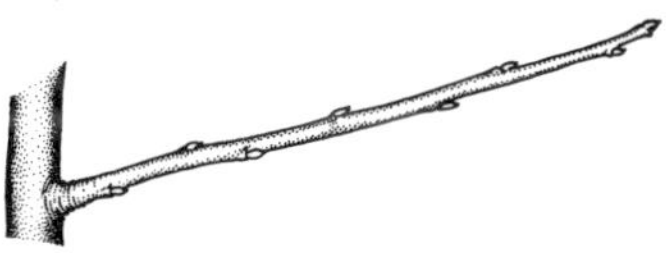

1 November bis Februar. Wählen Sie einen kräftigen, gut placierten Seitentrieb, und lassen Sie ihn unbeschnitten.

Das zweite Jahr

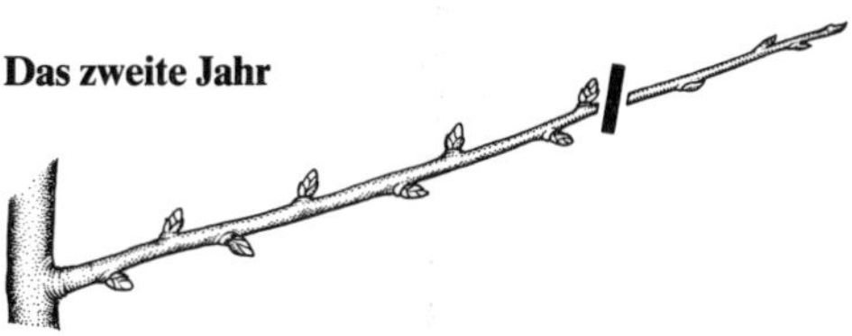

2 November bis Februar. Der Trieb ist in die Länge gewachsen. Am Holz des letzten Jahres haben sich Blütenknospen gebildet. Schneiden Sie bis zur Stelle, wo sich altes und neues Holz treffen, zurück.

3 August bis Oktober. Die Frucht wächst an dem zurückgeschnittenen Seitentrieb.

Das dritte Jahr

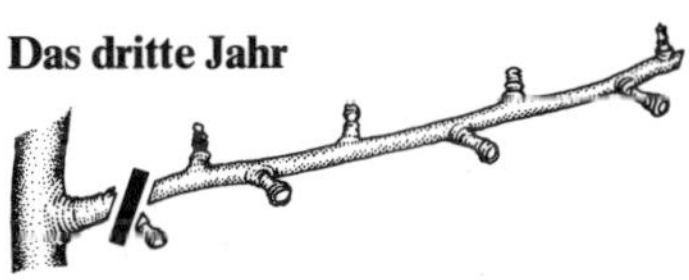

4 November bis Februar. Schneiden Sie den Fruchttrieb auf 2,5 cm zurück.

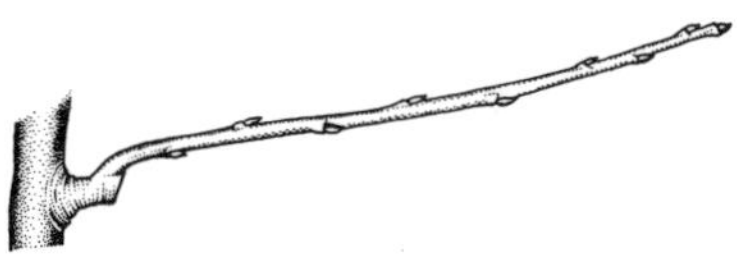

5 Oktober. Am Ende der Wachstumsperiode hat sich an dem 2,5 cm langen Stumpf ein neuer Seitentrieb gebildet. Dieser bleibt unbeschnitten, damit der Erneuerungskreislauf wieder beginnt.

Die buschige Baumform wird bei Äpfeln, Birnen, Pflaumen, Pfirsichen und Sauerkirschen gezogen. Es gibt leichte Variationen, aber im Prinzip sind sie gleich. Das Erziehen kann bis zu fünf Jahren dauern. Fruchtknospen entstehen häufig im dritten oder vierten Jahr, aber meistens dauert es noch ein weiteres Jahr, bevor eine nennenswerte Ernte erzielt wird.

Das erste Jahr
Die Arbeit an der Krone beginnt beim einjährigen Baum. Er sollte in der Ruhezeit zwischen November und Februar gepflanzt werden. Achten Sie darauf, daß die Veredelungsstelle nicht eingegraben wird. Kürzen Sie den einjährigen Baum beim Pflanzen auf etwa 70 cm. Schneiden Sie ihn gerade oberhalb einer Knospe. Dieser Schnitt regt die Bildung von Zweigen erster Ordnung an.
Wählen Sie am Ende der Wachstumsperiode vier starke Leittriebe aus, um Zweige erster Ordnung zu bilden. Achten Sie darauf, daß Sie welche wählen, die einen weiten Winkel zum Stamm bilden. Der weite Winkel verbürgt Kraft, ein zu kleiner Winkel kann das Abbrechen der Zweige zur Folge haben. Schneiden Sie die stärkeren Leittriebe um die Hälfte zurück und die weniger starken um zwei Drittel. Jeder Schnitt sollte oberhalb einer nach außen zeigenden Knospe erfolgen, so daß das Wachstum des nächsten Jahres von der obersten Knospe in die gewünschte Richtung geht.

Das zweite Jahr
Während des zweiten Sommers wachsen nach dem harten Schnitt starke Zweige. Der Baum wird größer, und Zweige zweiter Ordnung werden so gezogen, daß sie die großen Zwischenräume füllen.
Wählen Sie am Ende der zweiten Wachstumsperiode etwa vier weitere weit stehende Zweige. Das Grundastgerüst besteht jetzt aus etwa acht Zweigen. Kürzen Sie diese um ein Halb bis zwei Drittel je nach Stärke. Schneiden Sie an einer nach außen zeigenden Knospe zurück. Schneiden Sie Seitentriebe, die nicht zu Zweigen zweiter Ordnung werden sollen, auf etwa vier Knospen zurück, um Fruchtspieße anzuregen. Wenn der Baum sehr kräftig wächst, können einige außen wachsende Seitentriebe unbeschnitten bleiben, damit sie Blütenknospen bilden.

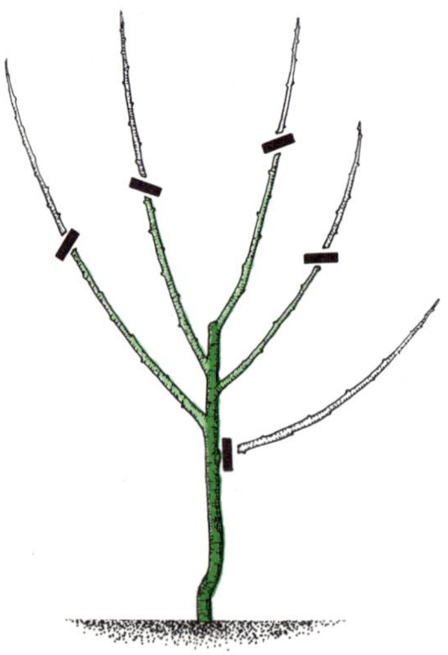

3 November bis Februar. Wählen Sie vier der Zweige erster Ordnung, die in einem weiten Winkel zum Stamm stehen. Schneiden Sie die kräftigen um die Hälfte und weniger kräftige um zwei Drittel zurück. Schneiden Sie bei nach außen zeigenden Knospen. Entfernen Sie unerwünschte Zweige.

Das zweite Jahr

4 Oktober. Am Ende der Wachstumsperiode haben sich starke Zweige zweiter Ordnung gebildet.

Das erste Jahr

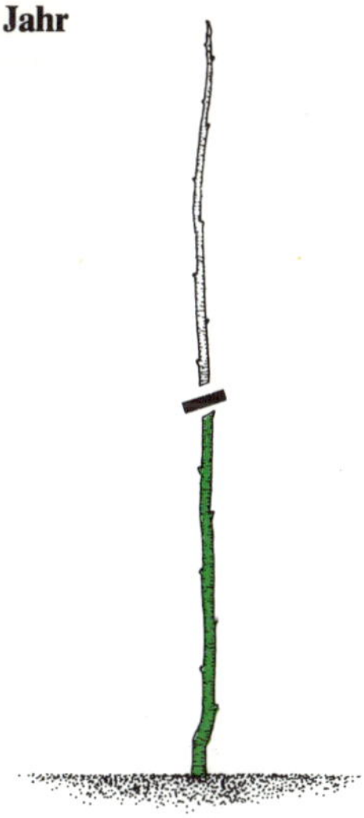

1 November bis Februar. Ein einjähriger Baum beim Pflanzen. Schneiden Sie ihn genau oberhalb einer Knospe auf 65 cm zurück.

2 Oktober. Am Ende der Wachstumsperiode hat der Baum auf das Beschneiden reagiert und kräftige Zweige erster Ordnung gebildet.

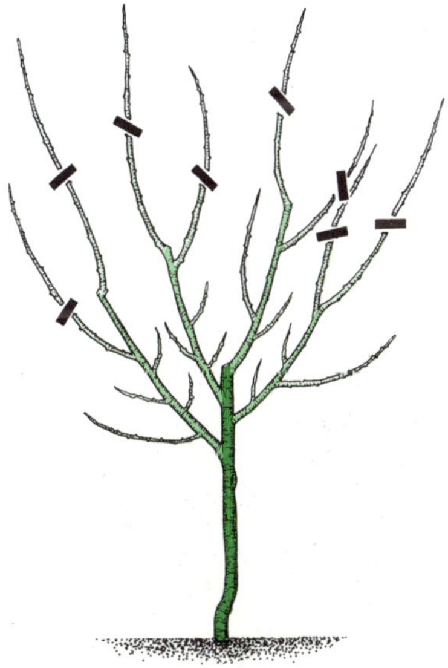

5 November bis Februar. Wählen Sie weitere vier gut plazierte neue Triebe, um bleibende Äste zu bilden. Schneiden Sie alle Leittriebe zurück. Kürzen Sie die kräftigen um die Hälfte und die weniger kräftigen um zwei Drittel. Schneiden Sie bei nach außen zeigenden Knospen.

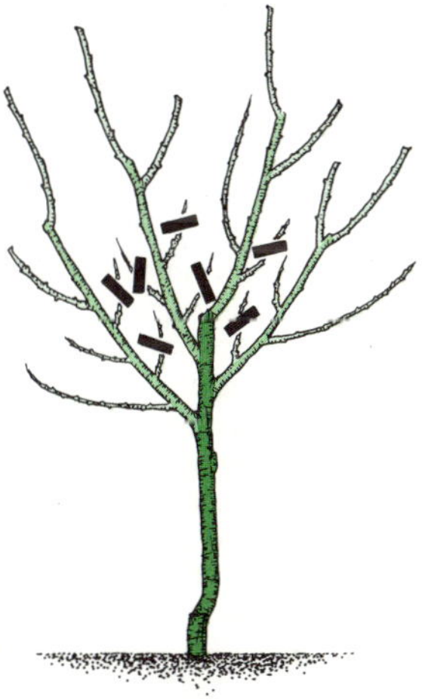

6 Gleichzeitig schneiden Sie alle innen wachsenden Seitentriebe, die nicht als Zweige zweiter Ordnung gebraucht werden, auf vier Knospen zurück, um Fruchtspieße anzuregen. Lassen Sie einige Seitentriebe an der Außenseite des Busches unbeschnitten. Entfernen Sie unerwünschte Zweige.

Das dritte Jahr

Gut plazierte Leittriebe wurden so gezogen, daß sie das Grundastgerüst bilden. Schneiden Sie zwischen November und Februar die stärkeren Leittriebe auf die Hälfte des einjährigen Längenwachstums zurück. Schwächere Leittriebe sollten an nach außen zeigenden Knospen um zwei Drittel zurückgeschnitten werden. Der Baum sollte nun an den Fruchtspießen und den unbeschnittenen Seitentrieben Blüten tragen. Seitentriebe mit Triebknospen sollten bis zu den Blütenknospen zurückgeschnitten werden. Lassen Sie einjährige Seitentriebe unbeschnitten, wenn sie an der Außenseite des Busches stehen. Jetzt hat der Baum zwei Aufgaben: Sich zu vergrößern und in das Stadium des Fruchttragens einzutreten.

Das vierte und die folgenden Jahre

Das eigentliche Problem ist, die Leittriebe nach dem vierten Jahr zu beschneiden. Das Beschneiden der Leittriebe ist ein destruktiver Vorgang und sollte nicht fortgesetzt werden, wenn . . .
1. der Zweig stark genug ist.
2. Der Leittrieb eher nach außen als nach innen wächst.
3. Der Zweig keine Krankheit oder Bruchstelle hat.
4. Genügend Seitentriebe entstehen.

Das nötige Grundastgerüst ist jetzt gebildet, und die Zeit des Fruchttragens beginnt. Schneiden Sie dafür die Seitentriebe der inneren Teile auf vier Knospen zurück, um Fruchttriebe anzuregen. Lassen Sie die Seitentriebe an der Außenseite des Busches unbeschnitten.

Das dritte Jahr

7 November bis Februar. Schneiden Sie die kräftigen Leittriebe um die Hälfte und die weniger kräftigen um zwei Drittel zurück. Schneiden Sie bei nach außen zeigenden Knospen.

Hochstämme

Hobbygärtner werden manchmal durch die Begriffe »Hochstamm« und »Halbstamm« verwirrt. Diese Formen unterscheiden sich von Büschen nur dadurch, daß sie längere Stämme und einen größeren Umfang haben. Ein typischer Buschbaum hat vom Boden bis zum ersten bleibenden Ast einen Stamm von 50 cm, ein Halbstamm hat einen Stamm von etwa 120 cm und ein Hochstamm einen von 180 cm. Halbstämme werden traditionell bei Pflaumen gezogen, Hochstämme bei Süßkirschen.

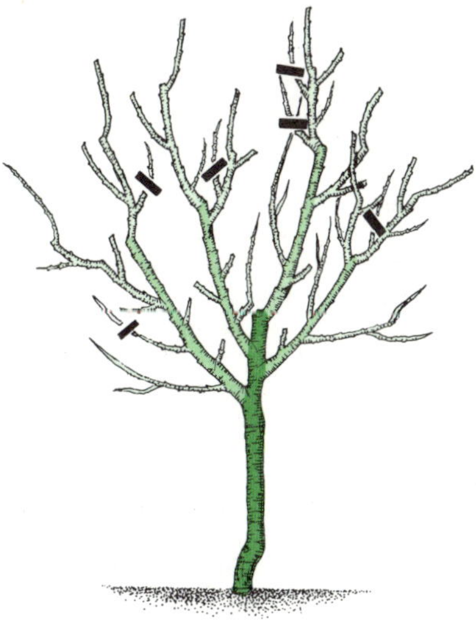

8 Gleichzeitig schneiden Sie die Seitentriebe innen auf vier Knospen zurück. Lassen Sie die Seitentriebe an der Außenseite des Busches unbeschnitten.

Das vierte und die folgenden Jahre

9 November bis Februar. Das Grundastgerüst ist nun gebildet und die Leittriebe müssen nicht mehr beschnitten werden, außer wenn das Wachstum schwach ist. Schneiden Sie die Seitentriebe innen auf 10 cm zurück.

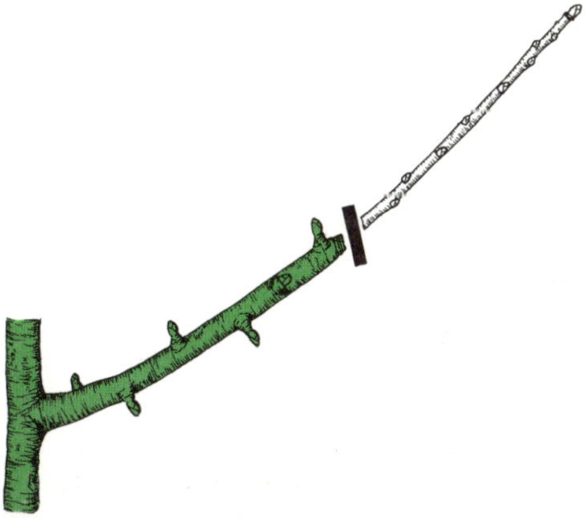

10 Gleichzeitig schneiden Sie die Einheit bis zur obersten Blütenknospe zurück, wenn sich auf gut plazierten unbeschnittenen Seitentrieben große Blütenknospen gebildet haben.

Der große Vorteil von Schnurbäumen ist, daß sie eng zusammengepflanzt werden können, und daß man sie so gedrungen und niedrig ziehen kann, daß sie leicht zu behandeln sind. Das gibt dem Gärtner die Möglichkeit, eine große Auswahl von Sorten zu pflanzen. Das Ziehen von Schnurbäumen verläuft jedoch nicht immer erfolgreich, und der Fehler liegt oft in mangelnder Kenntnis von Erziehung und Schneiden. Jeder Versuch, gegen die Natur zu arbeiten, bedeutet eine ständige Herausforderung, und der korrekte Schnurbaum ist eine der unnatürlichsten Formen, die man ersonnen hat. Man muß das Wachstum kontrollieren und die Bäume in Reichweite halten, deshalb werden Cordons gewöhnlich in einem Winkel von 45 Grad gepflanzt. Es zwingt aber nichts den Gärtner, seine Cordons in einem Winkel zu pflanzen, oder sie auf einen einzigen Stamm zu beschränken. Sie können vertikal gezogen werden oder als doppelte oder dreifache Cordons. Äpfel und Birnen werden jedoch gewöhnlich als schräger, einzelner Cordon gezogen.

Um den Cordon zu stützen, braucht man einen Pfosten und Draht. Bambus oder ein ähnliches Rohr wird in dem gewünschten Winkel am Draht befestigt, und der Baum wird an das Rohr gebunden. Pflanzen Sie einen unbeschnittenen einjährigen Apfel- oder Birnbaum. Es ist nicht gut, ältere Bäume zu pflanzen, und es muß auf jeden Fall vermieden werden, daß der Baum in der Baumschule schon beschnitten wird. Seitenschößlinge wären eindeutig ein Vorteil, vorausgesetzt, daß der Baum wirklich einjährig ist.

Das erste Jahr

Pflanzen Sie den ungeschnittenen einjährigen Apfel- oder Birnbaum möglichst im November und binden Sie ihn an das Rohr. Schneiden Sie nicht den Leittrieb, aber schneiden Sie alle Seitentriebe auf vier Knospen zurück. Wenn der Leittrieb beschnitten wird, wird das Wachstum kräftiger Seitentriebe unmittelbar nach dem Schnitt angeregt, und zu starkes und unregelmäßiges Wachstum sollte bei Cordons vermieden werden. Außerdem könnte auch die gewünschte Richtung des zentralen Stammes durch Schneiden verändert werden, und als Folge des kräfti-

Das erste Jahr

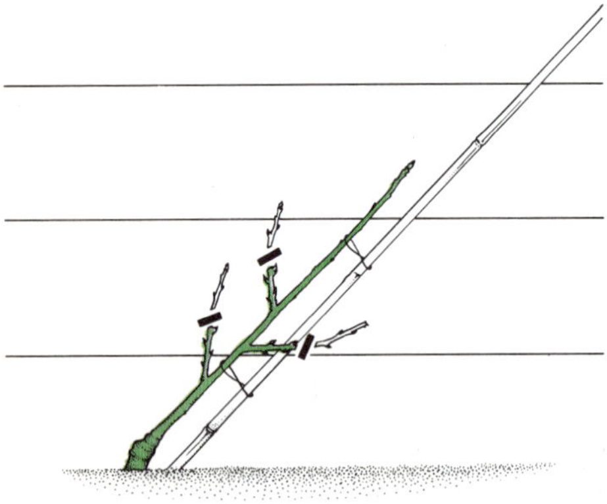

1 November bis Februar. Pflanzen Sie den einjährigen Baum, mit der Veredelungsstelle oberhalb des Bodens, in einem Winkel von 45 Grad gegen ein Rohr, das am Stützdraht befestigt ist. Beschneiden Sie den Leittrieb nicht. Schneiden Sie alle einjährigen Seitentriebe auf vier Knospen zurück.

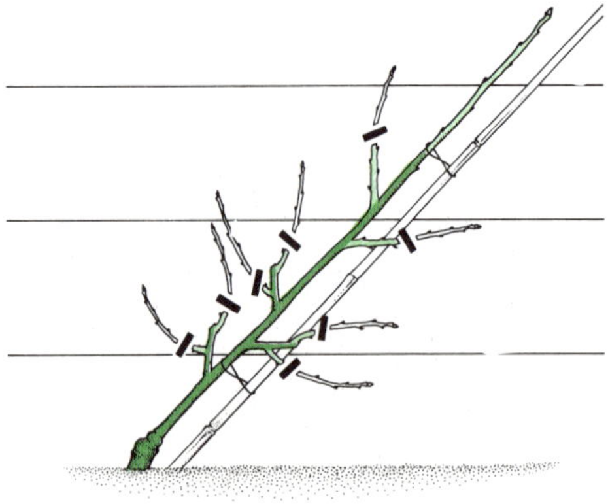

2 November. Beschneiden Sie am Ende der ersten Wachstumsperiode den Leittrieb nicht. Schneiden Sie alle Seitentriebe auf vier Knospen zurück und alle Seitentriebe zweiter Ordnung auf 2,5 cm oder eine bis zwei Knospen.

gen Wachstums des neuen Längentriebes, der aus der obersten Knospe wächst, kann der Stamm auf einem längeren Stück kahl bleiben.
Während des ersten Sommers wird nicht geschnitten. Am Ende des Jahres verwandeln sich die Triebknospen auch oft in Blütenknospen. Manche Knospen können sich zu Seitentrieben entwickeln, vieles hängt von der Wahl der Unterlage ab. Malling 9 z. B. neigt dazu, Blütenknospen zu bilden, während die kräftigeren Unterlagen eher Seitentriebe bilden. Beschneiden Sie den Leittrieb nicht, kürzen Sie aber alle Seitentriebe auf vier Knospen und alle Seitentriebe zweiter Ordnung auf 2,5 cm oder ein bis zwei Knospen.

Das zweite und die folgenden Jahre
Es ist nicht ungewöhnlich, wenn ein Schnurbaum im zweiten Jahr einige Äpfel trägt. Man sollte aber nicht auf Kosten des langfristigen Wohlergehens des Baumes ernten. Wenn die Bäume nicht gut wachsen, sollte man frühe Ernten vermeiden. Verfrühte Blüten werden am besten sofort entfernt.
Entfernen Sie nach dem zweiten Jahr keine Blüten mehr, sonst werden Sie keine Früchte bekommen. Beim Wachsen muß der Baum am Rohr befestigt werden, um im gewünschten Winkel von 45 Grad zu stehen.

Sommerschnitt
Beginnen Sie mit dem Sommerschnitt der Seitentriebe. Die Vorteile des Sommerschnitts sind, daß das Entstehen von Blütenknospen nahe am Hauptstamm angeregt und zu starkes Wachstum verhindert wird. Außerdem werden die Früchte größer, bekommen mehr Farbe und sind haltbarer.
Die Technik ist einfach. Ab Mitte Juli werden die nicht für weitere Ausdehnung gebrauchten Seitentriebe auf drei gute Blätter gekürzt; das Büschel an ihrer Basis wird nicht beachtet. Seitentriebe zweiter Ordnung sollten härter, auf 2,5 cm zurückgeschnitten werden.

Das zweite und die folgenden Jahre

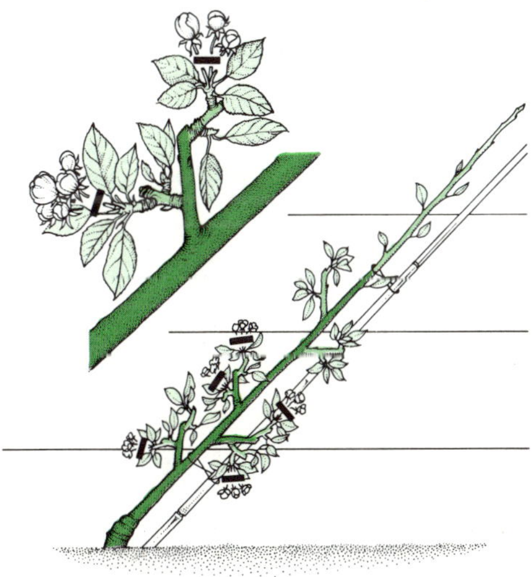

3 Frühjahr. Entfernen Sie im zweiten Jahr verfrühte Blüten. Lassen Sie die Blattrosette an der Basis unbeschädigt.

4 Mitte Juli bis September. Schneiden Sie die Seitentriebe auf drei gute Blätter von der Basis zurück. Beachten Sie das Büschel an ihrer Basis nicht. Schneiden Sie die Seitentriebe zweiter Ordnung auf 2,5 cm oder eine bis zwei Knospen zurück.

Am Ende des Jahres sollten Blütenknospen dichter sein, und wenn der Baum gut wächst, kann man ihn jetzt Früchte tragen lassen. Der Leittrieb wird nicht beschnitten, aber Seitentriebe, die im Sommer nicht geschnitten wurden, sollten auf vier Knospen zurückgeschnitten werden. Seitentriebe, die in einem früheren Jahr beschnitten wurden, sollten jetzt an ihrer Basis sichtbare Blütenknospen haben. Wenn das so ist, dann schneiden Sie die ganze Einheit bis zur obersten Blütenknospe zurück. Das fördert die Bildung von Fruchtspießen (s. S. 110). Manchmal bilden sich im Jahr, nachdem der Seitentrieb auf vier Knospen zurückgeschnitten wurde, keine guten Blütenknospen. Wenn das so ist, schneiden Sie die folgenden Triebe zweiter Ordnung auf 2,5 cm zurück. Es dauert dann ein weiteres Jahr, bevor gute Blütenknospen entstehen. Von nun an wird diese Schnittechnik jedes Jahr ausgeführt.

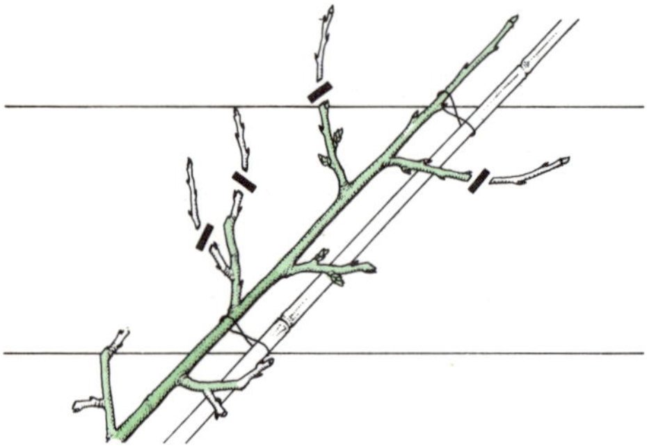

5 November bis Februar. Beschneiden Sie den Leittrieb nicht. Wenn die Seitentriebe im Sommer, wie empfohlen, beschnitten wurden, brauchen Sie nicht mehr beschnitten zu werden. Wenn kein Sommerschnitt erfolgte, schneiden Sie sie jetzt auf vier Knospen und die Seitentriebe zweiter Ordnung auf 2,5 cm zurück.

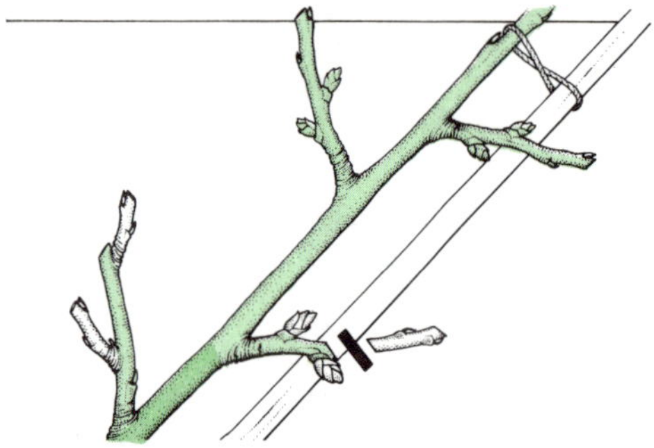

6 Gleichzeitig schneiden Sie die im Sommer beschnittener Seitentriebe und Seitentriebe zweiter Ordnung bis zur obersten Blütenknospe zurück, um die Bildung von Fruchtspießen anzuregen.
Wenn sich keine Blütenknospen gebildet haben, schneiden Sie die Seitentriebe zweiter Ordnung auf 2,5 cm vom Zweig zurück.

Mehrfache Cordons

Cordons können auch mit zwei, drei oder mehr Stämmen gebildet werden, die entweder vertikal oder in einem Winkel gezogen werden. Das Erzielen eines mehrfachen Cordons ist anfänglich ähnlich wie bei Spalierbäumen, um die ersten horizontalen Arme des Grundastgerüstes zu bilden. Danach wird jeder Stamm des mehrfachen Cordons wie ein einfacher Cordon behandelt. Vertikal gezogene Cordons sind meistens kräftiger und tragen häufig weniger Früchte als die, die schräg in einem Winkel von 45 Grad gezogen werden. Der Winkel kann verringert werden.

Der Frucht tragende Cordon

1 Mai. Wenn der Leittrieb über den obersten Draht hinausgewachsen ist (etwa 210 cm), dann schneiden Sie das einjährige Längenwachstum bis zu seinem Ausgangspunkt zurück.

2 Mitte Juli. Schneiden Sie starke Seitentriebe bis auf drei gute Blätter von der Basis zurück. (Beachten Sie das Büschel an der Basis nicht.) Schneiden Sie Seitentriebe zweiter Ordnung auf 2.5 cm zurück. Schneiden Sie den Leittrieb auf 2.5 cm zurück, wenn er im vorherigen Mai beschnitten wurde.

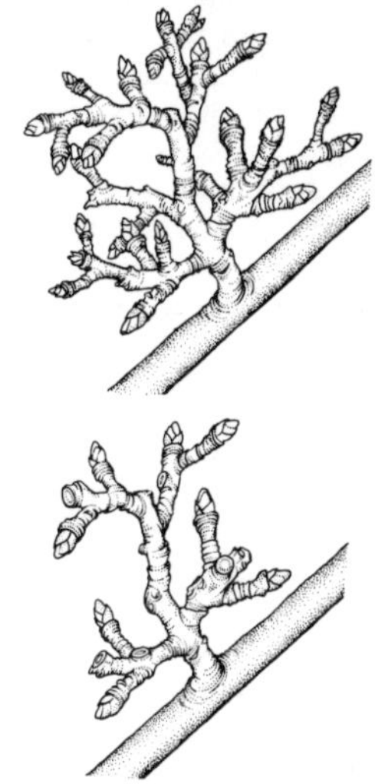

3 November bis Februar. Wenn der Baum älter wird, sollten Sie jeden Winter alle überfüllten Fruchtspießsysteme auslichten, indem Sie alle Knospen entfernen, die schwach sind und sich überschneiden.

Zu kräftige Cordons

Wenn der voll entwickelte Cordon weiterhin zu kräftig wächst, dann kann man den Winkel des Stammes weiter verringern und so die tragenden Teile dem Boden näher bringen. Das Losbinden und wieder Festbinden ist eine zeitraubende Arbeit, aber sie lohnt sich. Ein neues Rohr sollte in einem Winkel von 30 bis 35 Grad an die Drähte gebunden werden. Der ganze Cordon sollte dann losgebunden und an dem neuen Rohr wieder festgebunden werden. Achten Sie darauf, daß eine gerade Linie entsteht. Beugen Sie den Cordon sehr vorsichtig, damit er nicht bricht. Durch die Verringerung des Winkels, wird der Saftfluß verlangsamt und das Längenwachstum eingegrenzt, während die Fruchtknospenproduktion angeregt wird. Wenn der voll entwickelte Baum immer noch zu kräftig wächst, zögern Sie nicht, einen Rindenring anzulegen. (s. S. 130)

Genau genommen ist ein Spalierbaum ein Baum, der an einem Lattengerüst oder Zaun gezogen wird, aber es ist allgemein üblich, einen Baum, der hauptsächlich aus einem Stamm besteht, von dem aus horizontal fruchttragende Arme in etwa 40 cm Abstand voneinander abgehen, so zu bezeichnen. Diese Baumform wird auf einer Ebene gezogen.

Spalierbäume werden häufig gepflanzt, um eine Grenze zwischen verschiedenen Gartenteilen zu bilden, oder sie begrenzen Wege oder verkleiden Wände und Zäune. Der Schutz einer Wand ist für Qualitätsbirnen äußerst vorteilhaft.

Um eine Spalierbaum zu erziehen, muß man Erfahrung haben und ein Enthusiast sein, es macht aber viel Freude, einen Spalierbaum von Anfang an aufzubauen.

Das erste Jahr

Pflanzen Sie einen einjährigen Baum ohne Seitentriebe in der Ruhezeit zwischen November und Februar. Schneiden Sie den Stamm auf ca. 40 cm vom Boden bis zu einer Endknospe zurück. Unter dieser sollen die zwei folgenden einander gegenüberstehen. Nur diese drei Knospen dürfen austreiben. Ziehen Sie im Frühjahr vorsichtig den Trieb von der oberen Knospe vertikal und von den anderen nach rechts und nach links. Im ersten Jahr ist es schwierig, horizontale Triebe zu ziehen, ohne das Wachstum zu hindern. Ziehen Sie deshalb die Triebe anfänglich in einem Winkel von 45 Grad zum Hauptstamm. Das kann man erreichen, wenn man sie an Rohre bindet, die am Spaliergerüst befestigt sind.

Im Sommer kann der Winkel verändert werden, so daß schwächere Triebe aufholen können, weil man sie etwas in Richtung auf die Vertikale angehoben hat.

Biegen Sie im November, am Ende der ersten Wachstumsperiode, die zwei Seitenzweige in die Horizontale, und binden Sie sie am Gerüst fest. Schneiden Sie den Leittrieb auf 45 cm von der Gabelung mit den Seitenzweigen zurück. Das Ziel ist, drei weitere Triebe zu bekommen. Einen um den zentralen Stamm fortzusetzen und die anderen zwei als zweites Paar Seitenarme. Kürzen Sie die zusätzlichen Seitentriebe des Hauptstammes auf drei Knospen. Schneiden Sie die zwei horizontalen Leittriebe um ein Drittel bis zu nach unten zeigenden Knospen zurück. Wenn das Wachstum besonders befriedigend war, können die Leittriebe unbeschnitten bleiben.

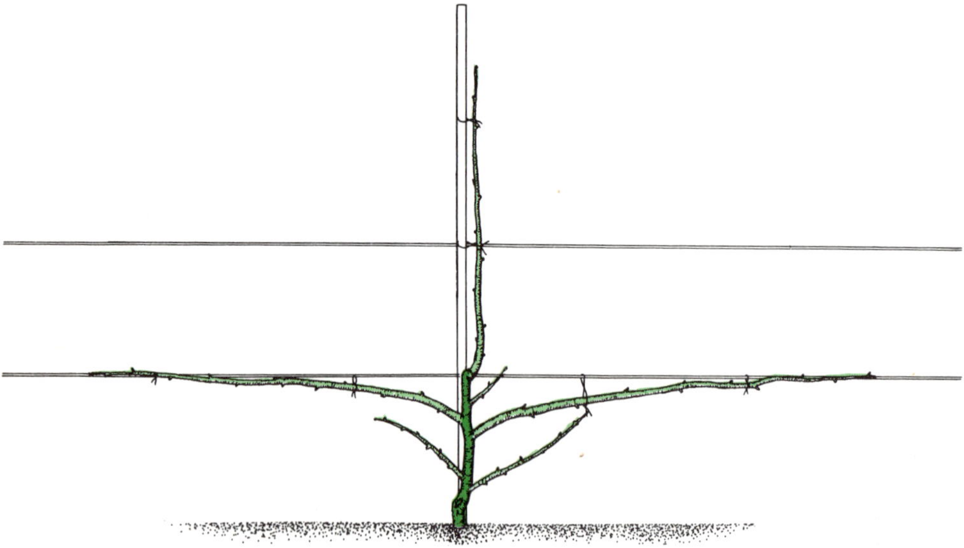

3 November. Biegen Sie die zwei Seitenzweige am Ende der Wachstumsperiode horizontal, und binden Sie sie sorgfältig an den Stützdraht.

Das erste Jahr

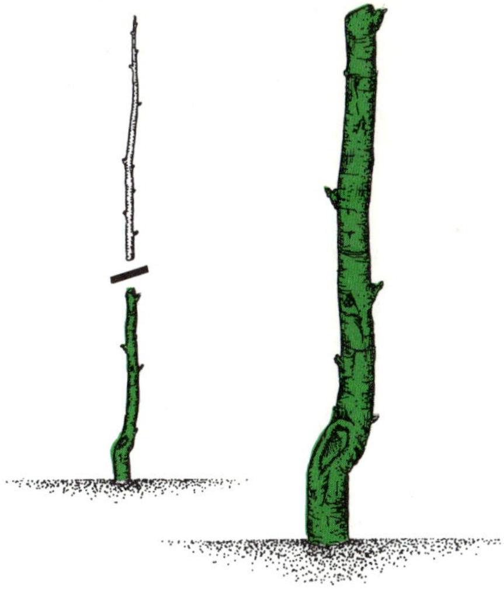

1 November bis Februar. Pflanzen Sie einen einjährigen Baum ohne Seitentriebe. Schneiden Sie den Stamm auf etwa 40 cm vom Boden zurück. Suchen Sie einen kurzen, kahlen Stamm aus, und wählen Sie oberhalb von ihm drei gute Knospen. Die beiden unteren müssen in entgegengesetzte Richtung zeigen.

2 Juni bis September. Ziehen Sie den Trieb aus der obersten Knospe vertikal. Ziehen Sie die Triebe von den beiden unteren Knospen in einen Winkel von 45 Grad zum Stamm. Binden Sie sie an Rohre, die an den Stützdrähten befestigt sind.

4 Gleichzeitig schneiden Sie den zentralen Leittrieb auf 45 cm von dem unteren Armpaar zurück. Lassen Sie drei Knospen stehen, aus denen sich der zentrale Leittrieb und zwei neue horizontale Arme bilden. Schneiden Sie weitere Seitentriebe am Hauptstamm auf drei Knospen zurück. Schneiden Sie die horizontalen Leittriebe bei nach unten zeigenden Knospen um ein Drittel zurück.

Das zweite und die folgenden Jahre
Die nächsten Jahre sind eine Wiederholung des ersten. Ständig müssen neue Paare horizontaler Arme gezogen werden.
Biegen Sie die Seitenzweige im November in die Horizontale und binden Sie sie fest. Schneiden Sie den mittleren Leittrieb auf etwa 45 cm vom letzten Paar Seitenzweige zurück. Schneiden Sie unerwünschte Seitentriebe des Stammes auf drei Knospen zurück. Die horizontalen Leittriebe müssen um ein Drittel bis zu nach unten zeigenden Knospen zurückgeschnitten werden.
Schneiden Sie konkurrierende Triebe vom Hauptstamm während des Sommers auf drei Blätter zurück. Häufig wachsen aus den horizontalen Armen vertikale Triebe. Schneiden Sie diese Seitentriebe im Sommer auf drei Blätter oberhalb ihrer Basis zurück. Erziehen Sie und beschneiden Sie im November die horizontalen und die vertikalen Leittriebe auf dieselbe Art wie vorher. Dieses Programm von Winter- und Sommerschnitt sollte fortgesetzt werden, bis die gewünschte Anzahl von Seitenarmen da ist.
Die Anzahl der Armreihen, die man schließlich hat, hängt vom Boden, der Lage und von der eigenen Kraft der Pflanze ab. Meistens sind es aber vier oder fünf. Schließlich füllen der Stamm und die horizontalen Arme den zur Verfügung stehenden Platz. Schneiden Sie von nun an die neuen Endtriebe jeden Mai bis zu ihrem Ausgangspunkt und beschneiden Sie im Sommer das nachfolgende Wachstum.

Die Zeit des Fruchttragens
Die Früchte wachsen an Fruchtspießen an den horizontalen Armen. Die Fruchtspieße entstehen durch den Sommerschnitt der Seitentriebe und durch das Zurückschneiden des Neuzuwachses bis zu dem großen Blütenknospen (s. S. 110). Alle zu kräftigen Triebe werden am besten völlig entfernt. Wenn man sie stehen läßt, werden sie unfruchtbar, dominierend und konkurrierend und verringern das Fruchtpotential des Baumes. Nach einigen Jahren kann das Fruchtspieß-System zu kompliziert werden, dann kann man es vereinfachen, indem man die Gruppen schwacher Knospen und die Knospen im Schatten oder an der Unterseite der Hauptzweige entfernt.

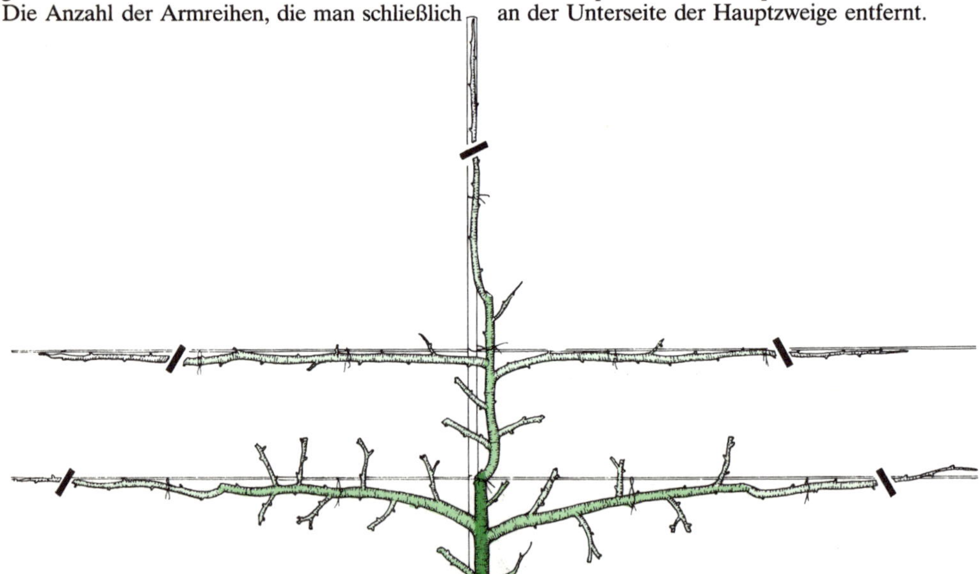

6 November. Schneiden Sie den zentralen Leittrieb auf 45 cm vom letzten Armpaar zurück. Lassen Sie drei Knospen stehen, aus denen sich der zentrale Leittrieb und zwei neue horizontale Arme bilden. Schneiden Sie weitere Seitentriebe am Hauptstamm auf drei Knospen zurück. Schneiden Sie die horizontalen Leittriebe bei nach unten zeigenden Knospen um ein Drittel zurück.

Das zweite und die folgenden Jahre

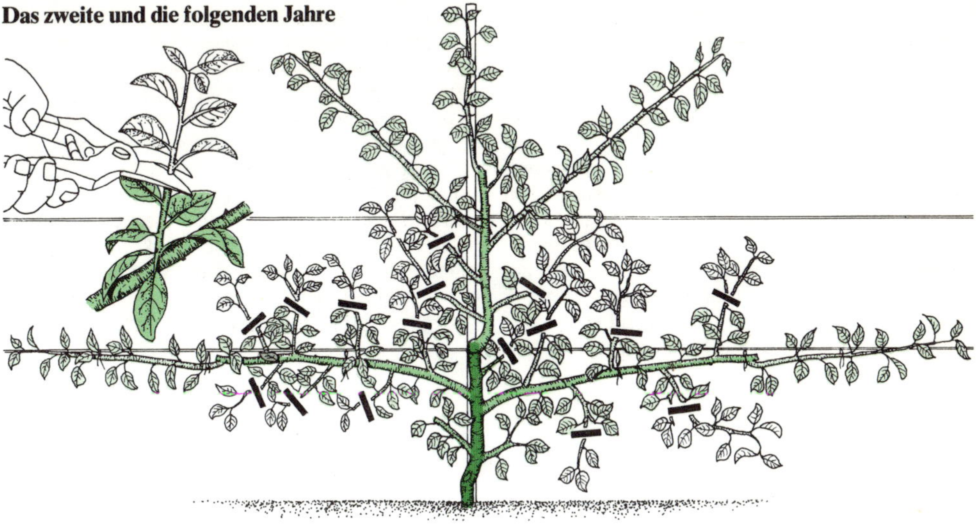

5 Juli bis September. Ziehen Sie die zweite Reihe genau wie vorher (s. Bild 2). Schneiden Sie rivalisierende Triebe am Hauptstamm auf drei Blätter zurück. Schneiden Sie Seitentriebe der horizontalen Arme auf drei Blätter oberhalb der Basisbüschel zurück.

Der voll entwickelte Baum

7 Mai. Wenn die gewünschte Anzahl von Armreihen gewachsen ist, und der Baum den zur Verfügung stehenden Platz ausfüllt, dann schneiden Sie die neuen Endtriebe des vertikalen und der horizontalen Arme bis zu ihrem Ausgangspunkt zurück. Beschneiden Sie sie von jetzt an jeden Sommer wie Seitentriebe.

Die Zwerg-Pyramide wurde von kommerziellen Obstanbauern als einfachere Methode, Äpfel und Birnen in größerer Menge zu erzeugen, entwickelt. Birnen, besonders wenn sie auf Quitten-Unterlagen wachsen, reagieren sehr gut auf diese Erziehungsmethode, und in den letzten Jahren ist diese Technik auch für Pflaumen übernommen worden (s. S. 136). Bei Äpfeln und Birnen ist das Ziel, einen Baum mit einem Hauptleittrieb von ca. 210 cm und einem Gesamtdurchmesser von etwa 90 cm zu erzielen, der sich zur Spitze hin pyramidenförmig verjüngt.

Es ist notwendig, einen so dicht gepflanzten und kompakten Baum unter Kontrolle zu halten. Diese Kontrolle besteht aus einer Kombination von Sommerschnitt, frühem Fruchttragen, der totalen Entfernung aller kräftigen aufrechten Triebe und der Wahl einer Unterlage, die das Gleichgewicht zwischen stetiger Fruchtbarkeit und der notwendigen Erneuerung tragenden Holzes halten kann. M9 und M26-Unterlagen sind für Äpfel in den meisten Gärten geeignet, und entweder Quitte A oder Quitte C, letztere wenn sie allgemein erhältlich ist, können für Birnen genommen werden. Eine verwandte Form, der Spindelbusch, ist entwickelt worden, hat aber die Zwerg-Pyramide noch nicht verdrängt.

Das erste Jahr

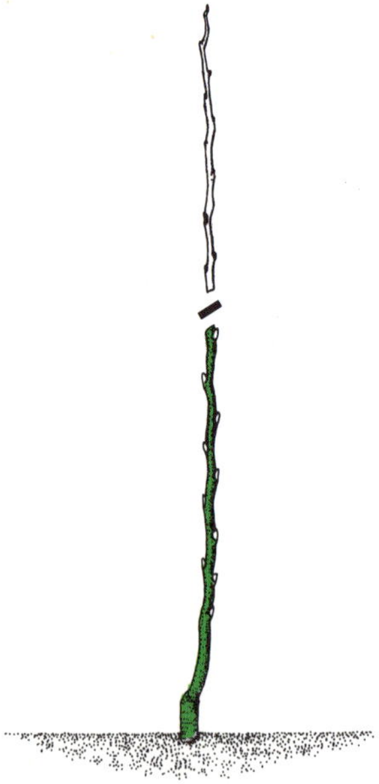

1 November bis Februar. Schneiden Sie beim Pflanzen den einjährigen Baum bis zu einer Knospe etwa 50 cm oberhalb vom Boden zurück.

2 Juli bis August. Vier oder fünf kräftige Triebe haben sich entwickelt. Es muß nicht beschnitten werden.

Das erste Jahr

Man beginnt mit einem einjährigen Baum, der beim Pflanzen, während der Ruhezeit zwischen November und Februar, auf etwa 50 cm zurückgeschnitten wird. Schneiden Sie bis zu einer Knospe auf der dem Pfropfreis gegenüberliegenden Seite. Das Ergebnis dieses Schnitts sind vier oder fünf starke Triebe. Der oberste Trieb wächst vertikal. Im Sommer muß nicht beschnitten werden.

Schneiden Sie am Ende des ersten Jahres den zentralen Leittrieb so, daß etwa 25 cm neues Wachstum stehen bleiben. Schneiden Sie bis zu einer Knospe, die in die entgegengesetzte Richtung zeigt wie die beim letzten Schnitt. Das soll bewirken, daß die aufeinander folgenden Wachstumsstadien des Stammes so gerade wie möglich in einer leichten Zickzacklinie verlaufen. Es würde einfacher sein, den Leittrieb nicht zu beschneiden, da der Stamm unbehandelt gerader wachsen würde, der Schnitt ist aber nötig für das jährliche Wachstum von Seitenzweigen während der Entwicklungsphase. Diese Seitenzweige, vielleicht vier gleichmäßig um den Baum herum verteilt, werden auf 20 cm des einjährigen Wuchses zurückgeschnitten. Jeder wird zu einer nach unten oder nach außen zeigenden Knospe zurückgeschnitten, damit die Zweige horizontal wachsen.

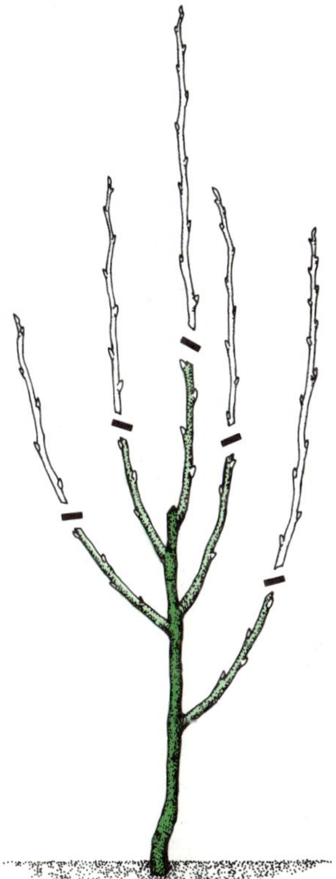

3 November bis Februar. Schneiden Sie den zentralen Leittrieb bis auf 25 cm neues Wachstum zurück. Schneiden Sie bis zu einer Knospe, die in die entgegengesetzte Richtung zeigt, wie die beim letzten Schnitt. Schneiden Sie die Seitenzweige bis auf 20 cm des einjährigen Wachstums bei einer nach unten zeigenden Knospe zurück.

Das zweite Jahr

4 Juli bis August. Schneiden Sie Seitentriebe, die Sie nicht für das Grundastgerüst benötigen, auf drei Blätter oder 8–10 cm und Seitentriebe zweiter Ordnung auf ein Blatt oberhalb des Basisbüschels zurück. Lassen Sie die Leittriebe unbeschnitten.

Das zweite Jahr

Beginnen Sie im zweiten Jahr mit dem Sommerschnitt. Schneiden Sie jeden Seitentrieb, der nicht für das Grundastgerüst benötigt wird, auf drei Blätter und die Seitentriebe zweiter Ordnung auf ein Blatt über dem Basisbüschel zurück. Diese Arbeit kann bei Birnen im frühen Juli und bei Äpfeln etwa zwei Wochen später vorgenommen werden und während des ganzen Sommers wiederholt werden, wenn die Triebe eine Länge von ca. 25 cm erreicht haben. Schneiden Sie den zentralen Leittrieb im Winter soweit zurück, daß etwa 25 cm des neuen Wachstums stehen bleiben.

Das dritte und die folgenden Jahre

Im dritten und den folgenden Jahren wird nach demselben Muster beschnitten. Kürzen Sie den zentralen Leittrieb, jeden Winter, um neues Wachstum anzuregen. Sorgen Sie dafür, daß das Längenwachstum vertikal erfolgt, indem Sie immer bis zu einer Knospe schneiden, die auf der gegenüberliegenden Seite wächst wie die des Vorjahres.

Wenn der Baum die gewünschte Höhe hat, schneiden Sie jeden Mai den Leittrieb um den Zuwachs zurück. Leitzweige sollten wie Seitentriebe zurückgeschnitten werden, wenn sie eine Gesamtlänge von 45 cm erreicht haben.

Das dritte und die folgenden Jahre

5 November bis Februar. Schneiden Sie den zentralen Leittrieb auf etwa 25 cm neuen Wachstums zurück. Schneiden Sie bis zu einer Knospe, die in die entgegengesetzte Richtung zeigt, wie die beim letzten Schnitt, damit der zentrale Stamm gerade wächst. Schneiden Sie neue Seitenzweige auf 20 cm zurück.

6 Juli bis August. Schneiden Sie während des Sommers die Seitentriebe auf drei Blätter oder 8–10 cm und die Seitentriebe zweiter Ordnung auf ein Blatt oberhalb des Basisbüschels zurück. Lassen Sie den Leittrieb unbeschnitten.

Beschneiden Sie die Seitentriebe und die Seitentriebe zweiter Ordnung während des ganzen Sommers. Entfernen Sie aufrechte, kräftige Triebe völlig. Gelegentlich ist es nötig, Zweige bis zu einer nach unten zeigenden Knospe zurückzuschneiden, um den horizontalen Wuchs der Fruchtarme zu erhalten. Das wird am besten im Winter gemacht. Zur selben Zeit können die Fruchtspieße ausgelichtet werden. Achten Sie darauf, daß die Spitze des Baumes nicht zu mächtig wird. Die Pyramidenform muß erhalten bleiben.

7 November bis Februar. Schneiden Sie den zentralen Leittrieb auf etwa 25 cm neuen Wachstums zurück. Entfernen Sie zu kräftige Triebe völlig. Kürzen Sie die Zweige bei nach unten zeigenden Knospen, um den horizontalen Wuchs der Frucht tragenden Arme zu erhalten.

Der voll entwickelte Baum

Wenn der Baum die gewünschte Höhe von etwa 210 cm hat, sollte weiteres Längenwachstum zurückgenommen werden, indem man jeden Mai den Leittrieb um das neue Wachstum kürzt. Lichten Sie, wenn nötig, die Fruchtspieße aus (s. S. 110). Pflegen Sie den Stamm, und erhalten Sie die Pyramidenform, indem Sie eng beschneiden und alle aufrechten und zu kräftigen Triebe entfernen.

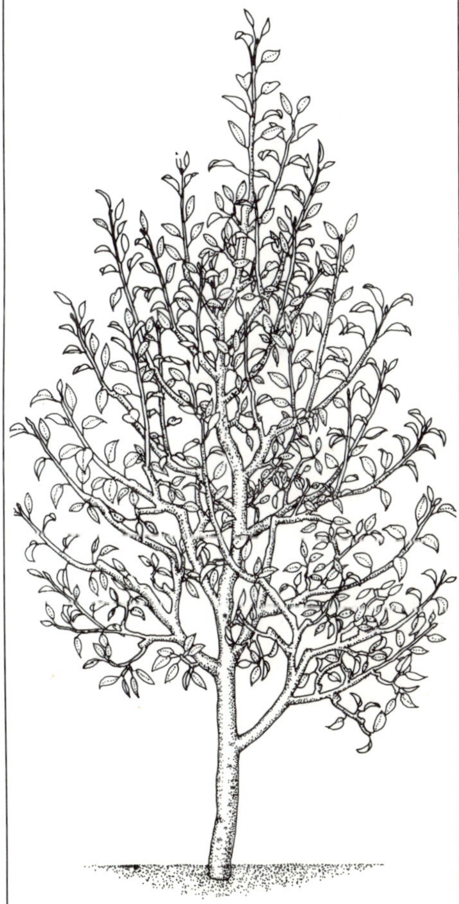

Gelegentlich hat der Gärtner es mit Bäumen zu tun, die vernachlässigt wurden und deshalb unfruchtbar sind. Oft ist das Problem hohes Alter. Apfel- und Birnbäume können sehr alt werden, aber häufig sind sie dann in schlechtem Zustand. Als allgemeine Regel, von der es natürlich Ausnahmen gibt, kann gelten, daß Bäume, die älter als 30 Jahre sind, herausgenommen werden sollten.
Häufig liegt das Problem aber sowohl bei alten als bei jungen Bäumen in Krankheiten. Einige Krankheiten wie Schorf und Mehltau können geheilt werden, und Blattläuse, Raupen, Milben und ähnliche Schädlinge können mit modernen Chemikalien bekämpft werden. Aber Krankheiten wie die Bleiglanz-Krankheit und Obstbaumkrebs sind aus praktischen Gründen oft unheilbar, und befallene Bäume sollten herausgenommen und verbrannt werden. Meistens gibt es zwei Gründe für Krankheiten: mangelndes Beschneiden und mangelndes Düngen.
Unbeschnittene Bäume haben häufig viele Blüten, aber die Früchte sind klein und anfällig für Krankheiten und Schädlinge. Aber selbst fachmännisches Beschneiden kann ausgehungerte und von Schädlingen befallene Bäume nicht wieder gesund und fruchtbar machen.
Zuerst muß gedüngt werden. Gleichzeitig müssen Gräser und andere konkurrierende Pflanzen beseitigt werden. Man muß die Bäume mit reichlich organischem Material und mineralischen Nährstoffen versorgen, also Kompost oder Mist mit flüssigem Volldünger.
Man muß auch an die Unterlage denken. Manchmal ist um die Basis der Pflanze Erde aufgehäuft, die die Veredelungsstelle begräbt. Das Ergebnis sind Ableger. Das ist besonders ärgerlich bei Birnen auf Quitten-Unterlagen. Wenn man bei einer genauen Untersuchung nichts mehr von der Veredelungsstelle über dem Boden sehen kann, und der Baum von unfruchtbarer Stärke ist, dann ist ein Rindenring notwendig (s. S. 65). Häufig findet man jedoch einen gegenteiligen Zustand: Die Bäume sind unentwickelt und haben keine Kraft. Man muß sie düngen, das Gras um sie herum entfernen und sie, wenn nötig, durch einen Pfosten abstützen, um zu verhindern, daß die Wurzel sich bei starkem Wind lockert.

Der zu kräftige Baum

Das Beschneiden ist ein Hauptbestandteil der Erneuerung. Man sollte jedoch bedenken, daß paradoxerweise ein Baum auch vernachlässigt sein kann durch ein Zuviel an Schneiden. Ein so mißhandelter Baum ist aus dem Gleichgewicht geraten und leidet unter zu starkem Wachstum. Das Gegenmittel ist, alle sich kreuzenden, abgebrochenen, kranken und zu üppigen Zweige auszulichten und nur die gesunden und gut plazierten Zweige stehen zu lassen. Die unbeschnittenen Zweige bilden die Blütenknospen und beginnen nach zwei oder drei Jahren Früchte zu tragen. Die Zweige sollten sauber entfernt werden und große Wunden mit einem Wundverschlußmittel überstrichen werden, um Infektionen zu verhindern und die natürliche Heilung zu beschleunigen. Eine Erneuerung dieser Art sollte am besten über ein Jahr verteilt werden, damit Schocks vermieden werden. Winterschnitt stimuliert das Wachstum, aber Sommerschnitt kontrolliert es. Wenn ein Baum zu hoch ist, ist es eine Hilfe, wenn man von Juli an unerwünschte Seitentriebe kürzt.
Ein anderer Weg, zu groß gewordene Bäume zu behandeln, ist, sich die Tatsache zunutze zu machen, daß horizontal wachsende Triebe fruchtbar sind und vertikal wachsende eher unfruchtbar. Darum sollte man Zweige mit horizontaler Neigung ermutigen. Binden Sie junge, aufrechte Triebe runter oder schlingen Sie einen über den anderen, so daß Bogen entstehen. Dieses System ist empfehlenswerter als rigoroses Zurückschneiden, da das nur das Problem fortsetzt.

Der unentwickelte Baum

Das andere Extrem, der unentwickelte Baum, wird am besten geheilt, wenn man ihn abstützt und alle Pflanzen um ihn herum entfernt, die ihm Wasser und Nahrung entziehen. Meistens gibt es wenig neues Holz zu beschneiden, aber das Auslichten der Fruchtspieße und das harte Beschneiden des einjährigen Holzes, verbunden mit der notwendigen Bodenpflege, regt das Wachstum an.
Oft ist es wünschenswert, ein oder zwei Jahre nur eine kleine Menge Obst reifen zu lassen oder sogar alle Früchte zu entfernen, um dem Baum die Anstrengung der Fortpflanzung zu ersparen. Obst von einem wirklich ausgehungerten und vernachlässigten Baum taugt sowieso nichts. Wenn das Gleichgewicht zwischen Trieb- und Blütenknospen wieder hergestellt ist, dann sollte man es durch vernünftiges Beschneiden, richtige Bodenpflege und Kontrolle von Schädlingen und Krankheiten erhalten.

Ein Baum zum Verbrennen. Alter, Vernachlässigung und unzulängliches Beschneiden haben unfruchtbare vertikale Triebe zur Folge.

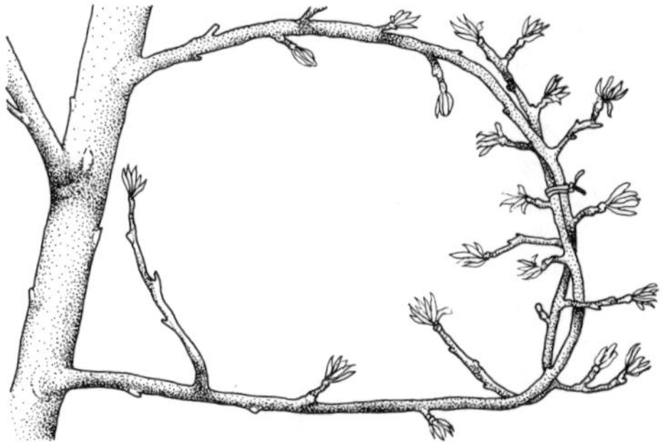

Kräftige Birnen-Seitentriebe blühen im zweiten Jahr, nachdem sie runtergebogen wurden.

Der zu kräftige Baum

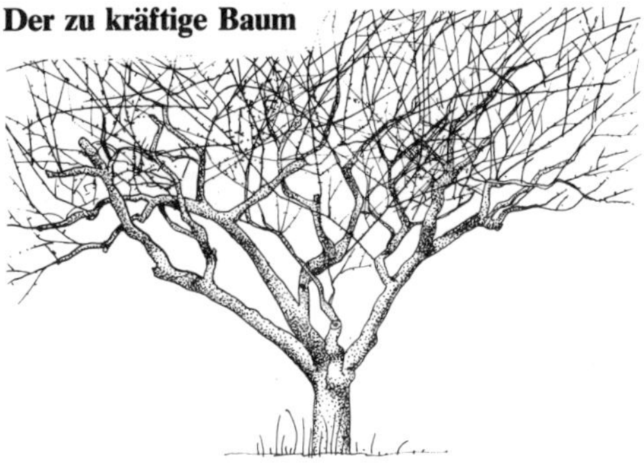

wurde nicht gepflegt und ist deshalb zu dicht und unfruchtbar.
Die sich kreuzenden Zweige müssen in zwei

Wintern entfernt und fruchtbares horizontales Wachstum muß angeregt werden.

Der unentwickelte Baum

ist wegen schlechter Ernährung und ihn bedrängender Unkräuter schlecht gewachsen. Das Unkraut wurde ohne tiefes Graben gejätet.

Der Baum ist gestützt und wird gut gemulcht. Dünger und Wasser regen das Wachstum an.

Schneiden der Wurzeln

Es ist vielleicht seltsam, über das Schneiden der Wurzeln so zu sprechen, wie über das Schneiden von Trieben, aber manchmal greifen Gärtner zu dieser uralten Technik, da sie überkräftiges Wachstum einschränkt, besonders bei Pflaumen und an der Wand gezogenen Feigen.

Wenn der zu kräftige Baum jung ist, etwa bis zu fünf Jahren, dann pflanzen Sie ihn um, indem Sie ihn ausgraben und an derselben oder einer günstigeren Stelle wieder einpflanzen. Die tieferen und ausladenderen Wurzeln werden dabei natürlich abgeschnitten.

Bei älteren Bäumen ziehen Sie am besten im Abstand von etwa 150 cm vom Stamm einen Graben um den Baum. Schneiden Sie die dicken Wurzeln durch, wenn Sie auf sie stoßen, und erhalten Sie die kleineren, flexiblen. Schütten Sie den Graben schnell wieder zu.

Rindenringe

Dasselbe Ergebnis kann bei Äpfeln und Birnen auf viel einfachere Art erzielt werden, indem man die pflanzliche Physiologie klug ausnutzt und einen Rindenring anlegt.

Wenn man im Mai einen 6 mm breiten Ring Rinde entfernt, dann wird der Abwärtsfluß von Zucker und ähnlichen Nährstoffen zeitweilig unterbrochen. Durch diese Entziehung werden die Wurzeln gehemmt, und das Wachstum verlangsamt sich. Rindenringe sollten nur bei sehr kräftigen Bäumen angelegt werden, man kann die Behandlung aber so oft wie nötig wiederholen.

Entfernen Sie die weichen äußeren Gewebe mit einem scharfen Messer. Die Wunde muß sofort durch einen doppelten Verband aus Klebestreifen oder ähnlichem geschützt werden. Dadurch kommen Luft, Schädlinge und Krankheiten nicht an die Wunde, und der notwendige Heilungsprozeß kann stattfinden. Für Ihr gutes Gewissen können Sie 2,5 cm Rinde stehen lassen, so daß der Ring nicht ganz vollkommen ist.

Es ist natürlich am einfachsten, gleich die richtige Unterlage zu wählen, aber ein sehr kräftiger, unfruchtbarer Baum kann oft durch einen Rindenring, eingeschränkte Düngung und minimales Beschneiden zum Fruchttragen gebracht werden.

Bei Pflaumen, Kirschen und anderem Steinobst sollte man keine Rindenringe anlegen. Am besten beschränkt man sie auf Äpfel und Birnen.

Sowohl das Beschneiden der Wurzel als auch Rindenringe sind das Eingeständnis, daß man versäumt hat, die richtige Unterlage zu wählen.

Das Beschneiden der Wurzeln

1 Frühjahr. Machen Sie etwa 150 cm vom Stamm entfernt einen Graben um den Baum.

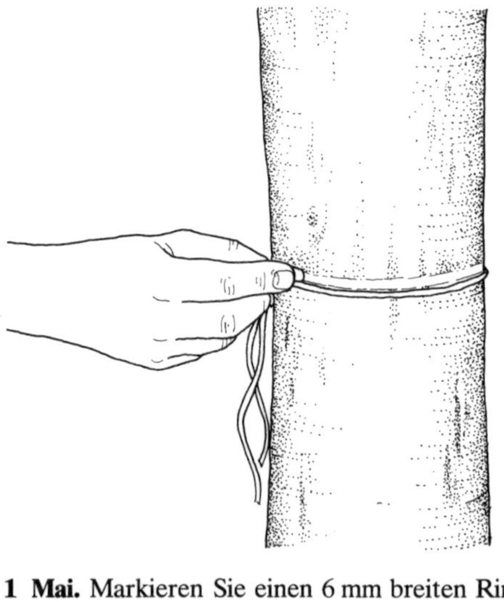

1 Mai. Markieren Sie einen 6 mm breiten Ring am Stamm des Baumes.

2 Schlagen Sie die faserigen Wurzeln zurück, damit die dicken holzigen Wurzeln frei liegen. Sägen Sie diese dickeren zurück.

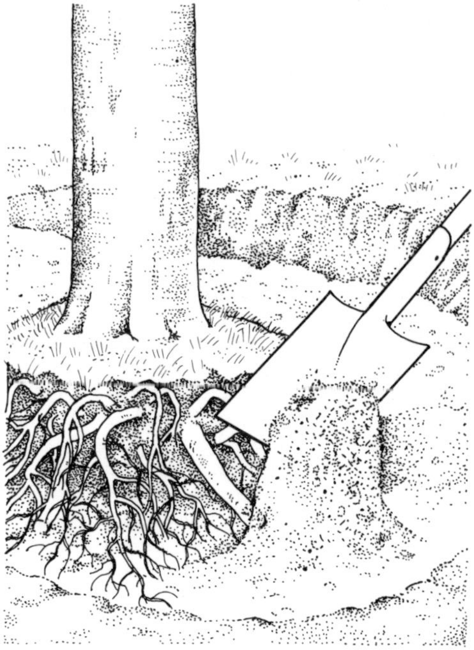

3 Erhalten Sie die dünnen Wurzeln, und breiten Sie sie wieder aus. Bedecken Sie sie mit Erde, die Sie festtreten.

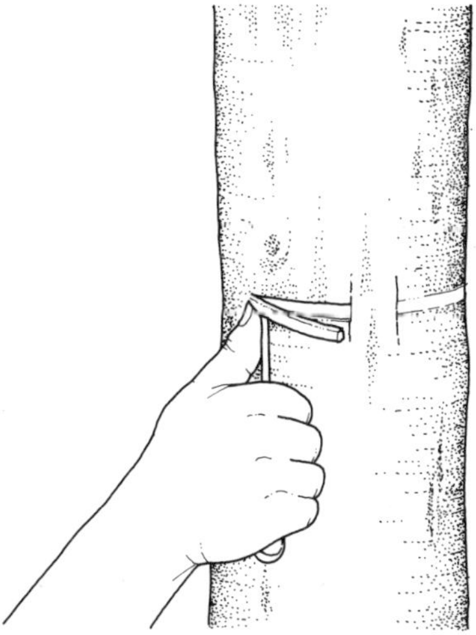

2 Entfernen Sie einen fast vollkommenen Rindenring mit einem scharfen Messer. Lassen Sie 2,5 cm Rinde stehen.

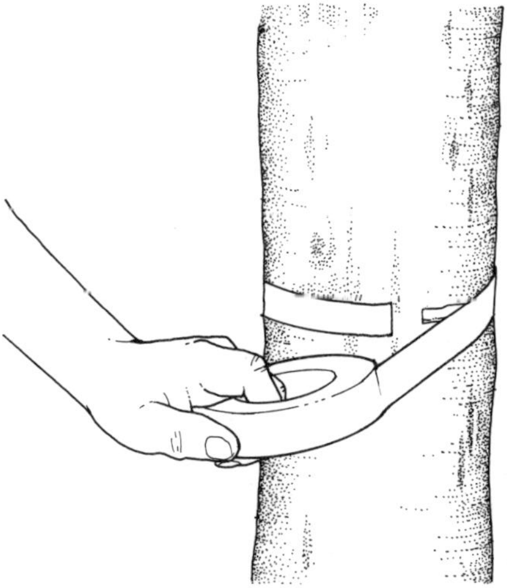

3 Bedecken Sie die Wunde sofort mit zwei einander überschneidenden Schichten Klebeband. Tragen Sie auf die Ränder des Bandes Vaseline auf, damit keine Luft an die Wunde dringt.

Das Beschneiden von Hafer-Pflaumen kann schnell erklärt werden. Sie müssen wie Pflaumen beschnitten werden, nur weniger hart. Hafer-Pflaumen gedeihen bei milder Vernachlässigung, die den verfeinerten Pflaumen nicht bekommen würde.

Pflaumen sind in Gärten so wenig erfolgreich, weil sie so früh blühen, daß sie leicht Frostschäden bekommen, weil es augenblicklich einen Mangel an passenden Unterlagen gibt und weil sie anfällig gegen Vogelschaden und die Bleiglanz-Krankheit sind. Die Probleme hängen direkt mit dem Erziehen und dem Beschneiden zusammen. Denn gäbe es z. B. passende Unterlagen, so könnte man kleinere Bäume ziehen, die gegen späten Frost geschützt werden könnten.

Pflaumenbäume sind häufig große Bäume, die man schlecht handhaben kann. Neuere Versuche haben eine Unterlage hervorgebracht, auf der Pflaumenbäume einigermaßen untersetzt gehalten werden können. Diese Unterlage heißt St. Julien A. Die folgenden Ratschläge gehen allerdings davon aus, daß die meisten Pflaumen noch auf alten Unterlagen wachsen.

Viele Pflaumensorten haben schlanke Zweige, die leicht herabhängen. Damit die Zweige nicht auf den Boden kommen, muß man die Krone auf einem Halbstamm von etwa 120 cm Länge beginnen.

Leider ernähren sich besonders Dompfaffen im Winter von den Blütenknospen der Pflaumenbäume. Dadurch wird die Ernte merklich schlechter, und es entsteht kahles Holz, das den Gärtner verwundert.

Es ist nicht das Anliegen dieses Buches, die Vermeidung von Schäden zu behandeln, aber der Gärtner sollte wissen, warum er im Frühjahr an seinem Pflaumenbaum so viel kahles Holz und so wenige Blüten hat.

Die Bleiglanz-Krankheit ist eine tödliche Krankheit, die durch einen Pilz im Baum entsteht. Der Pilz findet durch Wunden Einlaß, der Befall erfolgt im Sommer seltener. Zwei wichtige Punkte sind klar: Vermeiden Sie Wunden und schneiden Sie im Sommer.

Bauen Sie den jungen Baum so auf, daß die Äste nicht leicht brechen. Vermeiden Sie große Wunden. Wenn doch welche entstehen, behandeln Sie sie mit einem Wundverschluß- und antiseptischen Mittel. Schneiden Sie nur noch minimal, wenn der junge Baum geformt ist, und beschränken Sie das Beschneiden fruchttragender Bäume auf Juni, Juli und August.

Das erste Jahr

Pflanzen Sie einen einjährigen Baum in der Ruhezeit von November bis Februar. Stützen Sie ihn durch einen doppelten Pfosten ab. Schneiden Sie ihn oberhalb einer Knospe auf 150 cm vom Boden zurück. Pflaumen können auch erfolgreich als zwei- oder dreijährige Bäume gepflanzt werden, die schon eine Krone haben. Solche Bäume sind aber teurer und sie werden häufiger durch das Umpflanzen in der Entwicklung unterbrochen.

Etwa vier oder fünf starke Äste erster Ordnung sollten im Sommer nach dem Pflanzen wachsen. Es ist sehr wichtig, daß diese Zweige einen großen Winkel zum Hauptstamm bilden, daß sie gleichmäßig Abstände haben und daß sie in die gewünschte Richtung wachsen. Es ist auch wichtig, diese starken, gut plazierten Zweige in das Grundastgerüst einzubauen, damit sie nicht brechen und später nicht beschnitten werden müssen.

Das zweite Jahr

Der Schnitt kann im Winter ausgeführt werden, am besten wartet man aber bis März, wenn die Wunden schneller heilen. Wählen Sie vier bleibende Zweige, und schneiden Sie jeden um die Hälfte bis zwei Drittel ihres einjährigen Wachstums zurück. Schneiden Sie an einer nach außen zeigenden Knospe. Während der Wachstumsperiode können Triebe am Stamm unterhalb des untersten bleibenden Zweiges wachsen. Diese Seitentriebe sollten auf 8 cm zurückgeschnitten werden. Sie bleiben nur vorübergehend stehen, um den Hauptstamm zu stärken. Nach der zweiten Wachstumsperiode können sie völlig entfernt werden. Die Triebe aus dem Boden, Wildtriebe, kommen von der Unterlage und sollten sofort an ihrer Basis entfernt werden.

Das erste Jahr

1 November bis Februar. Pflanzen Sie den einjährigen Baum, und stützen Sie ihn ab. Schneiden Sie ihn auf 150 cm vom Boden zurück. Kürzen Sie alle Seitentriebe auf etwa 8 cm.

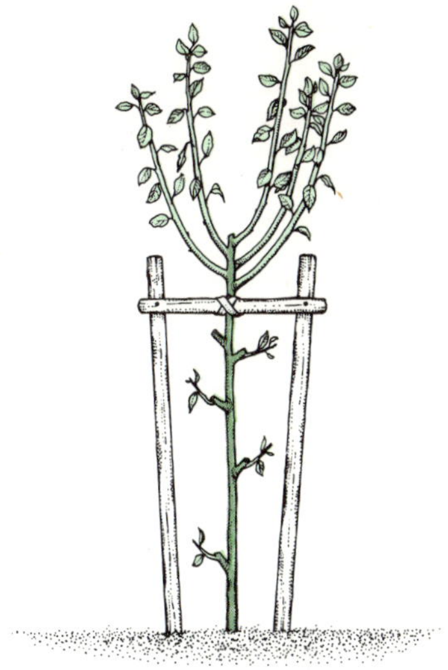

2 Juli bis August. Während des Sommers sollten sich vier oder fünf kräftige Zweige erster Ordnung entwickeln. Es muß nicht beschnitten werden.

Das zweite Jahr

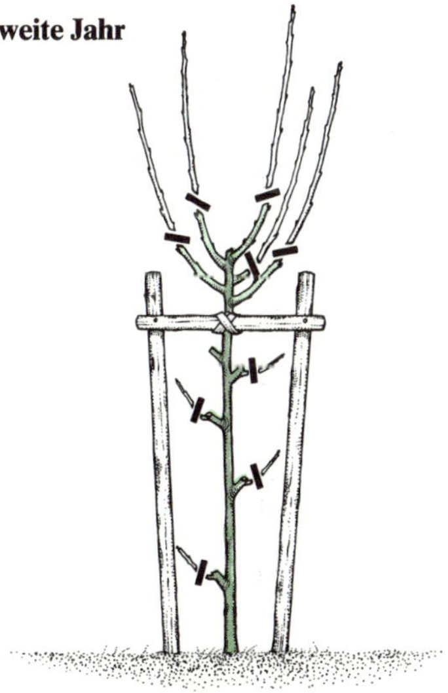

3 November bis März. Wählen Sie vier Zweige, die in einem weiten Winkel zum Stamm stehen. Schneiden Sie sie bei nach außen zeigenden Knospen um die Hälfte oder zwei Drittel zurück. Schneiden Sie die Seitentriebe auf 8 cm zurück.

4 Juli bis August. Schneiden Sie die Seitentriebe, die unterhalb des ersten bleibenden Zweiges wachsen, auf 8 cm zurück. Entfernen Sie Wildtriebe, die aus dem Boden wachsen.

Das dritte Jahr
Wiederholen Sie die Prozeduren des letzten Winters, aber lassen Sie mehr Seitentriebe zweiter Ordnung stehen, damit sie die wachsenden Zwischenräume ausfüllen. Lassen Sie bis zu acht kräftige, gut verteilte und nach außen wachsende Zweige stehen. Schneiden Sie diese um die Hälfte bis zwei Drittel ihres einjährigen Wachstums bis zu einer nach außen zeigenden Knospe zurück. Triebe an der Außenseite der Krone, die man nicht als Leittriebe benötigt, können unbeschnitten bleiben, wenn der Baum frei wächst. Diese unbeschnittenen Seitentriebe bekommen im folgenden Sommer Fruchtknospen. Seitentriebe im Inneren der Krone sollten auf 8 bis 10 cm zurückgeschnitten werden.

Der voll entwickelte Baum
Wenn der Baum gut wächst, und die Zweige kräftig und gut plaziert sind, können Sie aufhören, die Leittriebe zu beschneiden. Schwächer wachsende Bäume und weniger kräftige Sorten, wie »Victoria« sollten so behandelt werden, wie es für den vorigen Winter angegeben wurde.

Das dritte Jahr

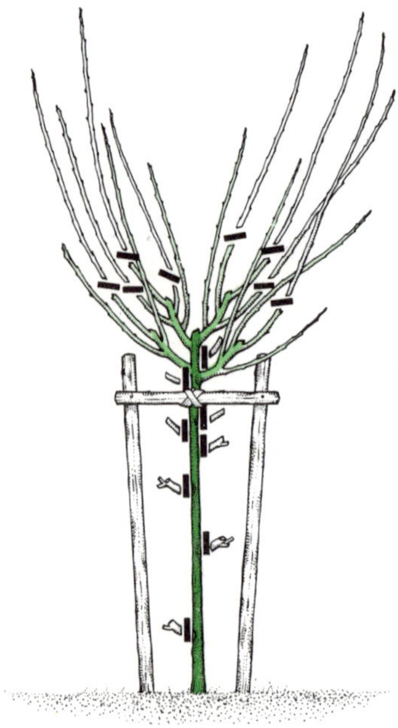

5 November bis Februar. Wählen Sie weitere vier gut plazierte Zweige für das Astgerüst. Schneiden Sie die acht Leittriebe bei nach außen zeigenden Knospen um die Hälfte bis zwei Drittel zurück. Entfernen Sie alle Seitentriebe, die vorher auf 8–10 cm zurückgeschnitten wurden.

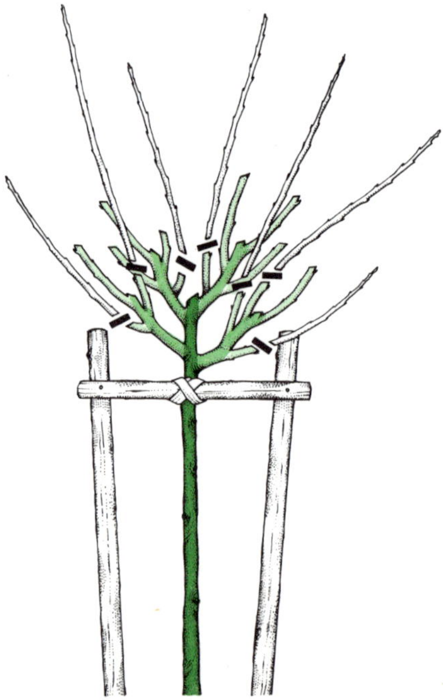

6 Gleichzeitig schneiden Sie die Seitentriebe innen im Busch auf 8–10 cm zurück. Lassen Sie die Seitentriebe, die außen wachsen, unbeschnitten.

Wenn die Entwicklung der Krone mit sorgfältigem Schnitt, guter Düngung und Schädlingsbekämpfung gut vorangeschritten ist, dann sollte das notwendige Astgerüst geformt werden, und der Baum ist bereit zum Fruchttragen. Von nun an sollte nur noch ganz wenig beschnitten werden.
Vermeiden Sie, daß Äste unter dem Gewicht der Früchte brechen, indem Sie sie zeitweilig abstützen. Jeder abgebrochene Zweig ist ein großer Verlust und erhöht das Risiko des Befalls mit der Bleiglanz-Krankheit. Wenn der Verlust eines Zweiges unvermeidlich ist, dann muß die Wunde sofort mit einem Wundverschlußmittel bestrichen werden.
Von Vögeln abgerindete kahle Stellen sollten im März entfernt werden. Schneiden Sie die an den Innenseiten wachsenden Seitentriebe im Sommer auf 8 bis 10 cm zurück, um zu verhindern, daß sie sich kreuzen. Schneiden Sie alle übergreifenden und zu kräftigen Triebe aus. Alle Wildtriebe müssen, sobald sie erscheinen, völlig entfernt werden. Prüfen Sie, sobald die Früchte geerntet sind, ob Zweige gebrochen sind.

Der voll entwickelte Baum

7 Juli bis August. Schneiden Sie die Seitentriebe innen im Busch auf 8–10 cm zurück. Schneiden Sie alle kräftigen und einander überschneidenden Triebe aus. Entfernen Sie sofort alle Wildtriebe. Weiter muß nicht beschnitten werden.

Zweige mit Vogelschäden

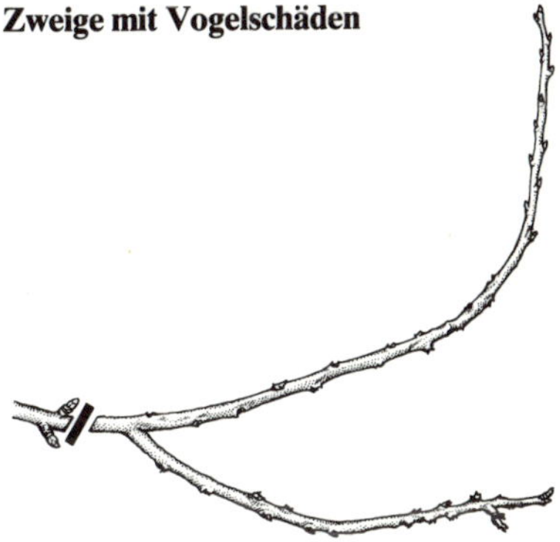

März. Schneiden Sie alle Triebe mit Vogelschäden bis zu einer gesunden Knospe zurück.

Derselbe Ast, wenn man ihn bis Juli stehenläßt. Er zeigt typischen Vogelschaden: Trieb- und Blütenknospen sind im vergangenen Winter abgefressen worden.

Pflaumen können auch als Fächerbaum gegen eine Wand gezogen werden. Aber Platz an Wänden ist rar und wertvoll, und es ist durchaus lohnend, Pflaumen als Pyramiden zu ziehen.

Das erste Jahr
Wählen Sie eine St. Julien A-Unterlage. Pflanzen Sie zwischen November und Februar einen einjährigen Baum, möglichst mit Seitentrieben, und stützen Sie ihn mit einem Pfosten ab. Warten Sie mit dem anfänglichen Beschneiden bis März. Schneiden Sie dann den einjährigen Baum bis zu einer guten Knospe etwa 150 cm über dem Boden zurück. Befreien Sie den Stamm von allen Seitentrieben bis zu 45 cm über dem Boden. Der Rest bleibt, um den Baum zu bilden, wird aber um die Hälfte seiner Länge gekürzt. Schneiden Sie im ersten Sommer, gegen Ende Juli, alle Seitentriebe, die direkt vom Stamm sprießen auf 20 cm zurück. Alle Seitentriebe an den ursprünglichen einjährigen Trieben sollten bei einer nach unten zeigenden Knospe auf 15 cm zurückgeschnitten werden. Beschneiden Sie den Leittrieb nicht.

Das zweite Jahr
Beginnen Sie das nächste Jahr, indem Sie im März den zentralen Leittrieb um zwei Drittel kürzen. Schneiden Sie an einer Knospe, die der gegenüberliegt, an der der Leittrieb seinen Ausgang nahm, damit er gerade wächst.
Schneiden Sie im Juli die Leitzweige auf 20 cm und die Seitentriebe auf 15 cm zurück. Jeweils bei einer nach unten zeigenden Knospe. Entfernen Sie alle zu kräftigen Triebe völlig. Binden Sie alle zu kräftigen Zweige nach unten. Befestigen Sie dafür kräftigen Bindfaden etwa in der Mitte des Zweiges, und binden Sie ihn dann an der Basis des Hauptstammes fest. Das Ziel ist, den Zweigen einen eher horizontalen Wuchs zu geben.

Das dritte und die folgenden Jahre
Von nun an ist das Beschneiden unkompliziert. Bauen Sie einen geraden, zentralen Leittrieb in einer leichten Zickzacklinie auf, bis er etwa 270 cm lang ist. Jetzt läßt man kein weiteres Längenwachstum mehr zu, und für den Hauptleittrieb wird der Sommerschnitt angewendet. Schneiden Sie den im Sommer beschnittenen Leittrieb jeden Mai bis zu seiner Basis zurück. Schneiden Sie die Seitentriebe im Juli auf 20 cm zurück, wenn sie sich jedoch miteinander verwirren, müssen sie entwirrt werden.

Das erste Jahr

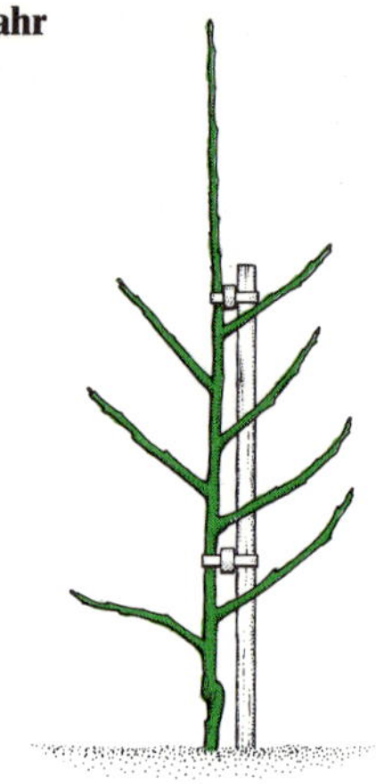

1 November bis Februar. Pflanzen Sie einen einjährigen Baum mit Seitentrieben. Befestigen Sie den Baum mit flexiblen Plastikbändern an einem hohen Pfosten.

5 Juli. Schneiden Sie die Leittriebe der Äste bei nach unten zeigenden Knospen auf 20 cm und die Seitentriebe auf 15 cm zurück. Entfernen Sie alle zu kräftigen Triebe. Binden Sie zu kräftige Zweige runter.

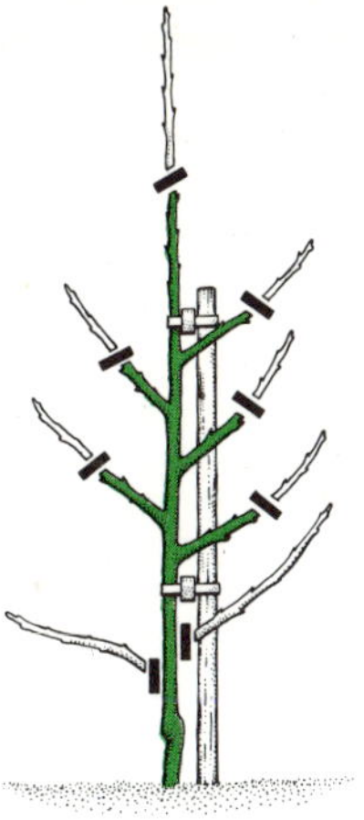

2 März. Schneiden Sie den Leittrieb auf 150 cm zurück, wenn die Knospen aufbrechen. Schneiden Sie bis zu 45 cm über dem Boden alle Seitentriebe aus, die restlichen um die Hälfte zurück.

3 Juli. Schneiden Sie Seitentriebe, die direkt vom Stamm wachsen, auf 20 cm; Seitentriebe zweiter Ordnung bei einer nach unten zeigenden Knospe auf 15 cm zurück.

Das zweite Jahr

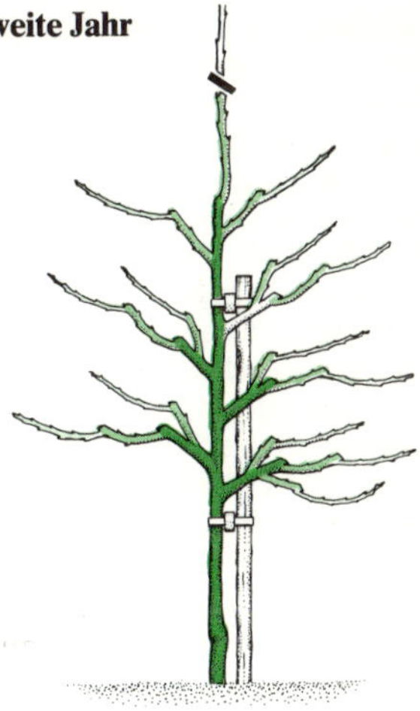

4 März. Schneiden Sie den Leittrieb um zwei Drittel zurück, wenn die Knospen aufbrechen.

Das dritte und die folgenden Jahre

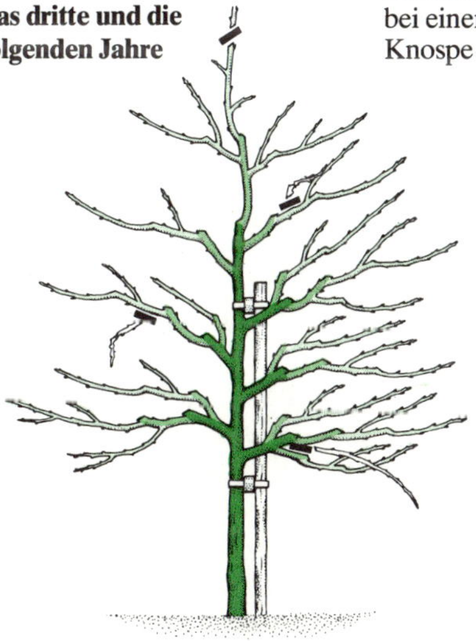

6 März. Wenn die Knospen aufbrechen, schneiden Sie den Leittrieb wie vorher, bis er zum Beispiel etwa 280 cm lang ist.
Dann kann er jeden Mai bis zur Basis zurückgeschnitten werden. Schneiden Sie alle sich kreuzenden Seitentriebe und beschädigten Triebe aus.

7 Juli. Schneiden Sie die Leittriebe der Äste auf 20 cm und die Seitentriebe auf 15 cm zurück. Schneiden Sie alle sich kreuzenden Seitentriebe aus. Schneiden Sie alle kräftigen Triebe an der Spitze des Baumes konsequent aus oder zurück.

Oft werden alte Pflaumenbäume, besonders solche auf kräftiger Unterlage, in Gärten vernachlässigt, so daß sie verwildert sind. Sie reagieren nicht immer freundlich auf hartes Beschneiden und sind gegen schlechte Wachstumsbedingungen weniger tolerant als Apfelbäume. Leider sind sie auch für die zerstörerische Bleiglanz-Krankheit anfällig, wie alle Prunus spp. einschließlich Pfirsiche und Kirschen. Jeder Baum, der mit dieser Krankheit schwer infiziert ist, sollte vernichtet werden.

Vernachlässigte Pflaumenbäume reagieren vielleicht auf regelmäßige Schädlings- und Krankheitsbekämpfung und auf gute Düngung, besonders, wenn die konkurrierenden Gräser um sie herum entfernt wurden, aber in vielen Fällen ist es am besten, den Baum auszugraben und durch eine junge Pflanze auf einer geeigneten Unterlage zu ersetzen.

Das ist jedoch ein Ratschlag, der der Perfektion des Gartens dient, und manchem Gärtner wird es widerstreben, einen alten, wenn auch vernachlässigten Freund zu vernichten, bevor er nicht zuerst eine Erneuerung ausprobiert hat.

Der Baum kann auf dieselbe Art wieder in einen halbwegs befriedigenden Zustand gebracht werden wie ein Apfelbaum. Das Schneiden wirkt in beiden Fällen gut. Der Hauptunterschied ist der Zeitpunkt des Schneidens. Pflaumen werden am besten (wie auch alle anderen Prunus) im Sommer, bevorzugt zwischen Juni und August geschnitten, wenn die Gefahr, sich mit der Bleiglanz-Krankheit zu infizieren, am geringsten ist. Das Ziel ist, daß der Baum wieder ein mehr oder weniger symmetrisches Zweigsystem bekommt. Die Diagramme wurden ohne Blätter gezeichnet, damit man die Schnittechnik besser erkennt.

Das erste Jahr

Zuerst sollten alle großen Zweige, die das Gleichgewicht stören und alle sich kreuzenden Zweige entfernt werden, damit das bleibende Grundastgerüst so gleichmäßig wie möglich verteilt ist. Stellen Sie sich in einige Entfernung vom

Das erste Jahr

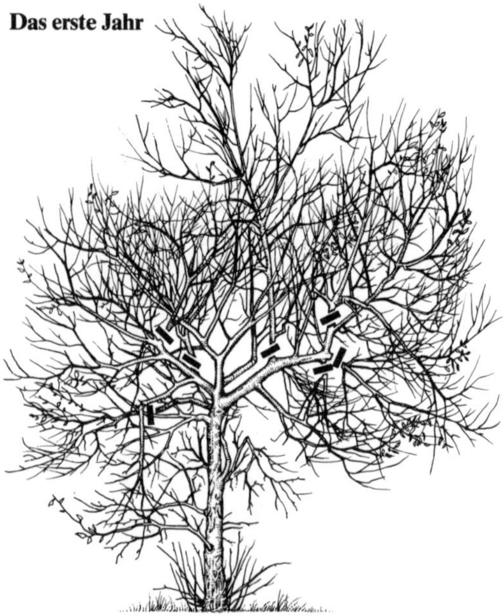

1 Juni bis August. Schneiden Sie alle großen Zweige aus, die die Symmetrie stören. Entfernen Sie alle sich kreuzenden oder ungeschickt plazierten Zweige, so daß ein einigermaßen gleichmäßiges Astgerüst übrigbleibt. Tragen Sie auf alle Schnittflächen ein Wundverschlußmittel auf.

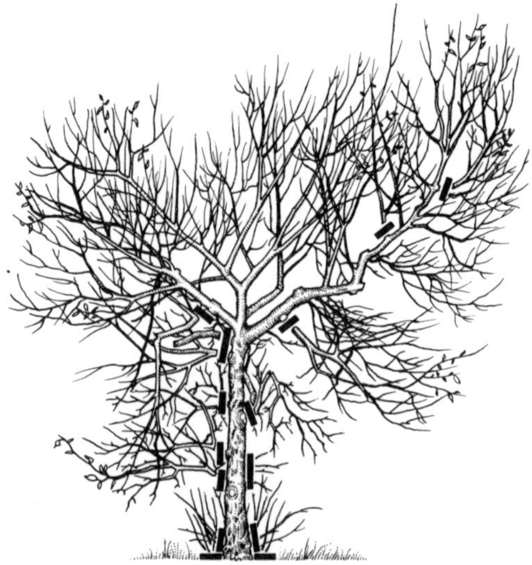

2 Gleichzeitig schneiden Sie alles noch vorhandene tote, kranke oder beschädigte Holz aus. Entfernen Sie Wildtriebe an der Basis und dünne Triebe am Hauptstamm. Tragen Sie auf alle Schnittflächen ein Wundverschlußmittel auf.

Baum, nachdem alle größeren Zweige weggeschnitten sind, und begutachten Sie die Form des Baumes. Das soll sicherstellen, daß keine für das Grundastgerüst wichtigen Zweige irrtümlich entfernt werden.
Durch diesen ersten Angriff wird meistens auch ein großer Teil dürren Astwerks entfernt. Als nächstes schneiden Sie alles tote, kranke und beschädigte Holz aus und entfernen auch die Wildtriebe an der Basis und dürre Bruchstücke, die sich häufig am Hauptstamm eines vernachlässigten Baumes befinden.
Die restliche Arbeit ist, sorgfältig alles zu dichte, dürre Holz auszulichten, so daß ein gleichmäßiges System kleiner Zweige entsteht und ältere Fruchtspieß-Systeme bestehen bleiben. Schneiden Sie, wenn nötig, überlange Zweige bis zu kräftigen Seitentrieben näher am Stamm zurück, um eine kompaktere Form zu erzielen.
Auf die Wunden sollte immer ein Wundverschlußmittel aufgetragen werden.
Nach der Erneuerung brauchen die Pflanzen eine gute Mulchdecke, müssen jährlich gedüngt und mit Schädlingsbekämpfungsmitteln behandelt werden, damit sie gesund und kräftig bleiben.

Das zweite und die folgenden Jahre
Im Jahr nach dem harten Schnitt können kräftige Triebe entstehen, besonders wenn große Zweige entfernt wurden. Manchmal braucht man diese Triebe, um Lücken im Astgerüst zu füllen. Wenn man sie nicht braucht, sollte man sie zwischen Juni und August ausschneiden, damit sie nicht die Symmetrie des Baumes stören.
Wenn ein vernachlässigter Baum wieder hergestellt ist, muß er nur noch wenig beschnitten werden. Gelegentlich müssen die Triebe etwas ausgelichtet werden, um das Gleichgewicht zwischen Fruchtspießen und neuem Holz zu erhalten.

3 Gleichzeitig lichten Sie alle Seitenzweige und kleinen Zweige aus, wo zu dichter Wuchs ist. Schaffen Sie ein gleichmäßiges Zweigsystem. Tragen Sie auf alle Schnittflächen ein Wundverschlußmittel auf. Mulchen Sie die Basis der Pflanze gut.

Das zweite und die folgenden Jahre

4 Juni bis August. Entfernen Sie alle zu kräftigen Triebe, die die Symmetrie stören könnten. Lichten Sie alle zu dicht stehenden Zweige aus. Schneiden Sie alle Wildtriebe und Wasserschosse aus. Tragen Sie ein Wundverschlußmittel auf.

Zwei Sorten Kirschen werden wegen ihrer Früchte angepflanzt, und es ist wichtig, zwischen ihnen zu unterscheiden, da sie auf verschiedene Art Frucht tragen und so unterschiedliche Schnittechniken brauchen.
Die Süßkirschen bilden große Bäume, und es dauert lange, ehe sie tragen. Sie produzieren ihre Früchte hauptsächlich auf natürlichen kurzen Fruchtspießen an zweijährigem oder älterem Holz.
Die Schattenmorellen oder Sauerkirschen (s. S. 144) beginnen schon mit drei oder vier Jahren zu blühen und bilden viel kleinere Bäume. Die Früchte wachsen auf Holz des Vorjahres, gelegentlich auf Fruchtspießen an älterem Holz. Süßkirschen können für einen kleinen oder mittelgroßen Garten nicht empfohlen werden. Ein einziges Exemplar erreicht einen Durchmesser von 12 m, und obgleich sie sehr reizvoll als Blütenbäume sind, so hat doch kaum ein Gärtner Platz für sie. Ein anderes Problem ist, daß fast alle Früchte von den Vögeln gefressen werden. Eine weitere Schwierigkeit ist, daß alle Süßkirschen nicht selbstfruchtbar sind, und wegen der notwendigen wechselseitigen Bestäubung müßte man zwei zwischenfruchtbare Sorten pflanzen. Man kann hoffen, daß in naher Zukunft eine neue Unterlage »Colt« erhältlich sein wird, die ziemlich schwachwüchsig ist. Sie wird die heute übliche kräftige Unterlage (F 12/1) ersetzen. Wegen der wechselseitigen Bestäubung müssen dann zwar auch noch zwei oder mehrere zwischenfruchtbare Sorten angepflanzt werden, aber die Pflanzen werden weniger groß sein.

Hochstamm- und Buschbäume
Die Glücklichen, deren Garten groß genug ist, um zwei oder mehr Süßkirschenbäume zu pflanzen, können sie als Hochstämmme, Halbstämme oder in Buschform ziehen. Welche Stammlänge man auch wählt, es ist in jedem Fall ratsam, Bäume zu kaufen, die ziemlich weit oben veredelt wurden, da wo die ersten Zweige wachsen. Solche Bäume werden weniger häufig vom Baumkrebs befallen.
Das Erziehen und Beschneiden von Hochstamm- oder Buschkirschen ist sehr ähnlich dem für Pflaumen (s. S. 132). Die Anordnung des Grundastgerüstes ist genau die gleiche, und nach dem vierten oder fünften Jahr müssen die Leittriebe nicht mehr beschnitten werden. Ein gut wachsender Baum hat Triebe von 60 bis 90 cm Länge, an denen sich auf natürliche Weise Fruchtspieße mit Blütenknospen bilden. Voll entwickelte Bäume müssen nur noch sehr wenig beschnitten werden. Man entfernt totes, krankes und beschädigtes Holz, zu nah beieinander oder einander kreuzende Zweige. Alle Wildtriebe müssen sorgfältig entfernt werden. Man sollte im Sommer schneiden, damit die Gefahr des Befalls mit der Bleiglanz-Krankheit geringer ist. Wunden sollten mit einem Wundverschlußmittel bestrichen werden.

Zwerg-Pyramiden und Cordons
Süßkirschen können auch als Zwerg-Pyramiden und sogar als schräge Cordons gezogen werden. Wegen der starkwüchsigen Unterlagen muß man sie dann ständig beschneiden, nach einigen Jahren geraten sie einem aber dennoch leicht aus der Kontrolle.

Die Erziehung eines Fächerbaumes
Kirschenfächer gegen eine Wand gezogen sind in jedem Durchschnittsgarten möglich. Aber auch dann benötigt man zwei zwischenfruchtbare Sorten. Für jeden Baum sollte man eine Spanne von 4,5 bis 6 m rechnen. Die Erziehung ist dieselbe wie für einen Pfirsichfächer. Wie bei den Pfirsichen sollte der Grundschnitt bei Süßkirschenfächern im frühen Frühjahr, wenn das Wachstum einsetzt, vorgenommen werden, nicht im Winter wie bei Äpfeln. Süßkirschen wachsen kräftiger als Pfirsiche, und im ersten Jahr können sich drei oder vier passende starke Triebe bilden.
In den ersten drei Jahren der Formerziehung kann hartes Schneiden notwendig sein, um ein ordentliches, gleichmäßig verteiltes Grundastgerüst zu bilden. Danach müssen die Leittriebe nur noch ganz leicht beschnitten werden, nachdem sie die obere Kante der Mauer oder des Stützgerüstes erreicht haben. Sie können entweder bis zu einem schwachen Seitentrieb zurückgeschnitten werden oder, wenn es der Platz erlaubt, horizontal an einem Draht gezogen werden.
Das horizontale Erziehen verlangsamt das Wachstum und regt die Bildung von Seitentrieben an. Später kann der Leittrieb bis zu einem dieser Seitentriebe zurückgeschnitten werden.

Das erste Jahr

1 Februar bis März. Pflanzen Sie einen einjährigen Baum. Schneiden Sie ihn oberhalb einer passenden Knospe auf 38 cm zurück.

2 Mai bis Juni. Wählen Sie zwei kräftige Triebe nahe an der Spitze, und binden Sie sie an Rohre, die in einem Winkel von 45 Grad stehen. Entfernen Sie alle anderen Triebe am Hauptstamm.

3 Juli bis September. Binden Sie die wachsenden Triebe weiterhin fest. Wenn nötig, können Sie die Triebe heben, damit sie kräftiger wachsen oder weiter runter biegen, damit sie weniger kräftig wachsen. So wird das Wachstum gleichmäßig.

Das zweite Jahr

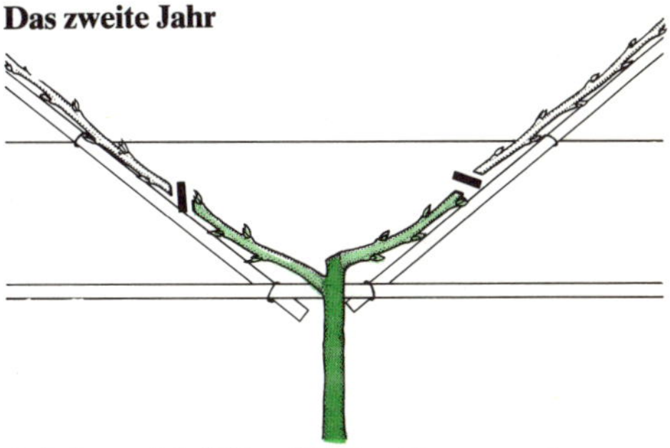

4 Februar bis März. Wählen Sie passende Knospen, bis zu denen Sie die Triebe bis auf etwa 30 cm zurückschneiden.

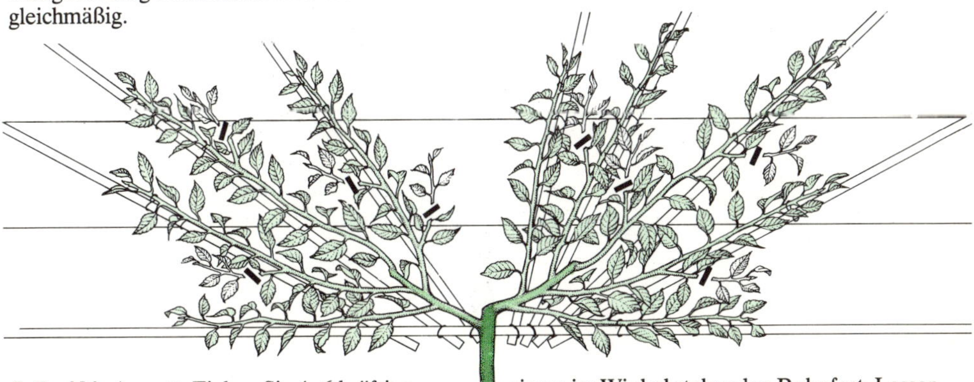

5 Juni bis August. Ziehen Sie 4–6 kräftige Triebe von den zurückgeschnittenen Leittrieben, so daß sie gleichmäßig auf beide Seiten des Fächers verteilt sind. Binden Sie jeden Trieb an einem im Winkel stehenden Rohr fest. Lassen Sie die Mitte des Fächers frei. Schneiden Sie alle Seitentriebe zweiter Ordnung auf 8–10 cm zurück.

Voll entwickelte Pflanzen

An den Rippen des Fächers bilden sich Fruchtspieße. Im Sommer sollten alle Wasserschosse und Triebe, die gegen die Wand wachsen, völlig entfernt werden. Wenn es Ihre Zeit erlaubt, können Sie sie mit der Hand abreiben, bevor sie 1 cm lang sind. Andere Seitentriebe, die man nicht für Lücken im Grundastgerüst benötigt, werden zurückgenommen, indem man die Vegetationspunkte rauszwickt. Man macht das, wenn sie vier bis sechs Blätter (etwa 15 cm) haben, damit sich Fruchtspieße bilden. Schneiden Sie im September, wenn das Wachstum sich verlangsamt, die zurückgenommenen Seitentriebe auf 8 bis 10 cm zurück. Diese Spieße bilden Knospen für die Früchte des folgenden Jahres. Totes, beschädigtes und krankes Holz sollte rigoros ausgeschnitten werden.

Bei älteren Pflanzen muß gelegentlich eine Rippe des Fächers ersetzt werden. Ein passender junger Seitentrieb sollte in die richtige Lage gebunden werden, und im Spätsommer kann der moribunde Ast sauber ausgeschnitten werden. Behandeln Sie die Wunde sofort mit einem Wundverschlußmittel.

Wenn ein Süßkirschenfächer zu kräftig wächst und spärlich Frucht trägt, kann die Wurzel beschnitten werden (s. S. 130). Als Alternative kann man auch die Zweige aus ihrem Winkel von 45 Grad fast horizontal niederbiegen. Das sollte die Bildung von Fruchtspießen bei gleichzeitiger Wachstumshemmung anregen.

Das vierte Jahr

8 Februar bis März. Die Leittriebe sollten jetzt an den Spitzen 30–45 cm auseinanderstehen. Wenn noch Zwischenräume des Fächers ausgefüllt werden müssen, dann schneiden Sie ausgewählte Leittriebe um die Hälfte zurück, um das Wachstum geeigneter Seitentriebe anzuregen. Lassen Sie die übrigen Leittriebe unbeschnitten.

Das dritte Jahr

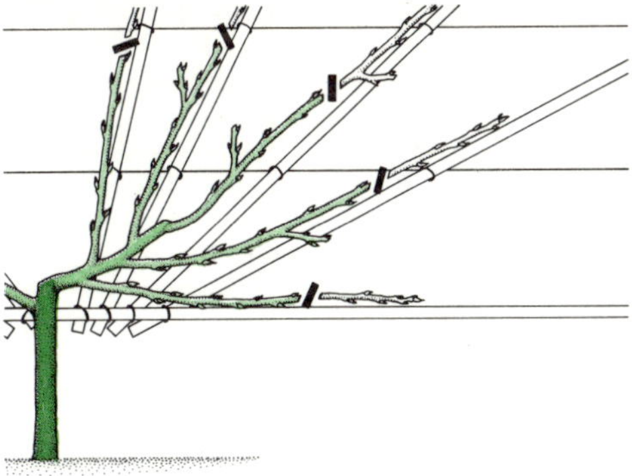

6 Februar bis März.
Schneiden Sie alle Leittriebe bei passenden Knospen auf 45–50 cm neuen Wachstums zurück.

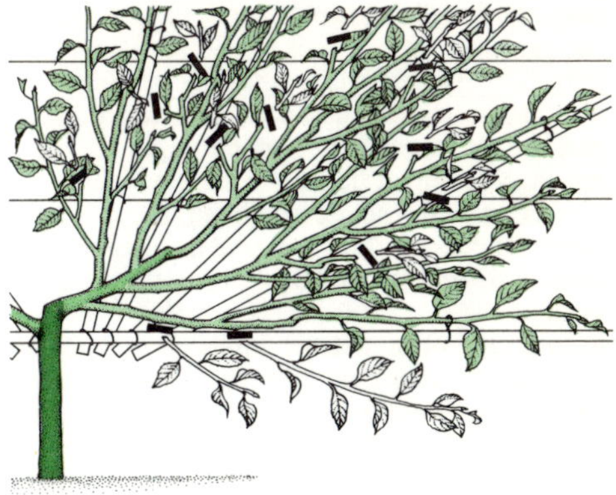

7 Juni bis September. Wählen Sie von jedem beschnittenen Leittrieb 3–6 Triebe, die Sie gleichmäßig so festbinden, daß sie nach und nach die Mitte des Fächers füllen. Schneiden Sie alle Seitentriebe zweiter Ordnung auf 8–10 cm zurück.

Die Bildung der Fruchtspieße

1 Juni bis August. Reiben oder schneiden Sie vom vierten Jahr an alle Wasserschosse und nach innen wachsenden Triebe aus. Nehmen Sie alle anderen Seitentriebe zweiter Ordnung auf 15 cm oder 4–6 Blätter zurück, um mit der Bildung des Fruchtspießsystems zu beginnen.

2 September. Schneiden Sie alle Seitentriebe, die im Sommer auf 15 cm zurückgeschnitten wurden, auf 8–10 cm zurück, damit sich Fruchtspieße bilden. Diese werden im folgenden Jahr Blüten tragen. Entfernen Sie alle sich kreuzenden Triebe, alles tote, beschädigte und kranke Holz.

Schattenmorellen oder Sauerkirschen werden für einen anderen Zweck als Süßkirschen gezogen. Süßkirschen werden als Dessertobst verwendet, während man aus Sauerkirschen hauptsächlich Marmeladen, Kompotte und Kuchen macht. Wenn man sie jedoch ganz ausreifen läßt, sind sie auch roh sehr erfrischend. Sie sind weniger kräftig als Süßkirschen und die meisten Sorten sind selbstfruchtbar, so daß ein Baum genügt.

Schattenmorellen befruchten auch einige Süßkirschen, so daß eine einzelne Süßkirsche wie »Bigarreau Napoleon« nahe bei einer Schattenmorelle wachsen kann und beide tragen Frucht. Ein anderer Vorzug ist, daß sie an einer Nordwand wachsen und reichlich Frucht tragen können. Die Vögel mögen Schattenmorellen allerdings ebenso gerne wie Süßkirschen, man muß sie deshalb schützen.

Die Blüten und Früchte wachsen auf Trieben des Vorjahres, und deshalb basiert das Beschneiden auf der Notwendigkeit, regelmäßig ausreichend junge Triebe zu haben, die die Fruchtspieße ersetzen. Schattenmorellen können als Fächer oder Büsche gezogen werden.

Die Erziehung zum Fächer

Die Grundanordnung ist die gleiche wie bei einem Pfirsichfächer (s. S. 148 und 149). Schneiden Sie die Leittriebe in den ersten paar Jahren der Formerziehung hart zurück, so daß eine Krone entsteht, die viele nahe beieinander stehende Rippen hat. Das Beschneiden des voll entwickelten Fächers ist wieder ähnlich wie beim Pfirsich. In beiden Fällen benötigt man regelmäßig junge Ersatztriebe, die im folgenden Jahr Frucht tragen. Man sollte sie einbinden, so lange sie nur wenige Zentimeter lang und flexibel sind, weil sie später leicht brechen.

Unglücklicherweise wachsen einige Sauerkirschen recht schwach, und die Fruchtseitentriebe produzieren keine Seitentriebe zweiter Ordnung, die als Ersatztriebe dienen könnten. Wenn diese Fruchtseitentriebe unbeschnitten bleiben und sich keine Seitentriebe zweiter Ordnung bilden, werden sie immer länger, haben eine kahle Basis und tragen nur noch an der Spitze Blüten und Früchte auf dem einjährigen Holz.

Das dritte Jahr

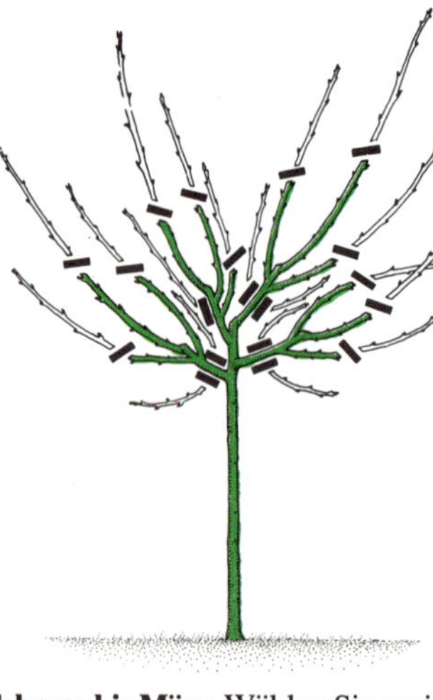

4 Februar bis März. Wählen Sie an jedem Zweig erster Ordnung 3–4 gut verteilte neue Triebe. Schneiden Sie alle Leittriebe bei nach außen zeigenden Knospen zurück. Die kräftigen um etwa die Hälfte und alle anderen um etwa zwei Drittel.

5 November. Em Ende der Wachstumsperiode ist das Grundastgerüst gebildet und Seitentriebe haben sich entwickelt. Es muß nicht geschnitten werden.

Um einen gut ausgestatteten Fächer mit jungem Holz zu bekommen, ist es nötig, einige der längeren, älteren Triebe jedes Jahr zwischen März und April auf 8 bis 10 cm von ihrer Basis zurückzuschneiden.

Das regt die Triebknospen an der Basis an, kräftige junge Triebe zu produzieren, die im folgenden Jahr Frucht tragen. Wenn die beschnittenen Stummel kein frisches Wachstum produzieren und absterben, sollten sie völlig ausgeschnitten werden. Die Wunden müssen mit einem Wundverschlußmittel behandelt werden.

Büsche

Das anfängliche Erziehen eines Schattenmorellenbusches ist ähnlich wie das für Pflaumen in Buschform mit offener Kronenmitte (s. S. 133). Der Busch wird meistens auf einem Stamm von etwa 75 cm Länge gezogen und die Leittriebe werden die ersten vier bis sechs Jahre im frühen Frühjahr zurückgeschnitten, damit sich das Grundastgerüst bildet. Voll entwickelte Büsche tragen auf jungem Holz des Vorjahres Frucht. Das Beschneiden beschränkt sich darauf, einen Teil der älteren Triebe zurückzuschneiden bis zu einjährigen Seitentrieben oder bis zu ganz neuen Trieben, die sich gerade zwischen März und April bilden. Dadurch wird das Holz ständig ersetzt. Das Ausrichten älterer Triebe reicht einige Jahre lang, es ist jedoch nicht immer möglich, junge, kräftige Triebe zu erzeugen, ohne in altes, kahles Holz zurückzuschneiden.

Pflanzen, die 10 Jahre und älter sind, brauchen dann evtl. über drei Jahre einen drastischen Erneuerungsschnitt.

Schneiden Sie die Hauptzweige auf etwa 90 cm zurück, so daß kräftige junge Ersatztriebe wachsen.

Die Ernte wird jedenfalls so lange vermindert sein, bis die Ersatztriebe lang genug sind und tragen. Die Erneuerung sollte im Hochsommer stattfinden, damit die Pflanze nicht mit der Bleiglanz-Krankheit infiziert wird. Alle Wunden müssen sofort mit einem Wundverschlußmittel bestrichen werden.

Das vierte Jahr

6 März. Schneiden Sie, wenn die Knospen aufbrechen, einige der älteren Triebe bis zu einjährigen Seitentrieben oder jungen Trieben, die sich gerade bilden, zurück. Beschneiden Sie die Leittriebe nicht.

Das fünfte und die folgenden Jahre

7 März. Schneiden Sie, wenn die Knospen aufbrechen, einige der älteren Triebe bis zu einährigen Seitentrieben oder jungen Trieben, die sich gerade bilden, zurück, damit am ganzen Busch ein Gleichgewicht jungen Holzes besteht.

Buschpfirsiche haben sich auf Obstplantagen nicht bewährt. Der Obstbauer ist von regelmäßigen und reichen Ernten abhängig, während der Amateurgärtner eine schlechte Ernte philosophisch hinnehmen und sich mit besseren Jahren trösten kann. Und in günstigen Jahren können Buschpfirsiche sehr reiche Ernten bringen.

Das erste Jahr

Kürzen Sie den einjährigen Baum beim Pflanzen zwischen November und Februar auf etwa 60 cm. Alle starken Seitentriebe können verwendet werden, um die ersten Zweige zu bilden. Wählen Sie vier oder fünf gut plazierte Seitentriebe, die einen weiten Winkel zum Stamm bilden, und kürzen Sie jeden auf etwa 10 cm. Am Ende der ersten Wachstumsperiode sollte das Grundastgerüst gebildet sein. Kürzen Sie die Leittriebe um die Hälfte. Schneiden Sie Leittriebe immer an nach außen zeigenden Knospen. Lassen Sie alle gut plazierten Seitentriebe unbeschnitten. Entfernen Sie einander kreuzende Zweige.

Das zweite und die folgenden Jahre

Das Beschneiden der Leittriebe sollte vier oder

Das erste Jahr

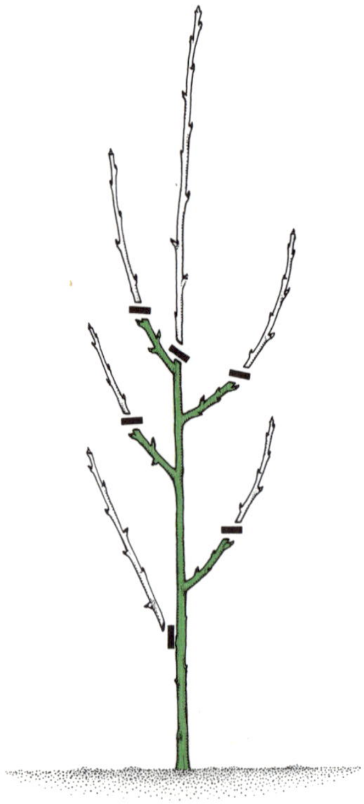

1 November bis Februar. Pflanzen Sie einen einjährigen Baum mit Seitentrieben. Schneiden Sie den Leittrieb bis zu einem passenden Seitenast etwa 60 cm über dem Boden zurück. Entfernen Sie alle Seitentriebe, tiefer als 25 cm vom Boden, und kürzen Sie die restlichen bei einer nach außen zeigenden Knospe auf 10 cm.

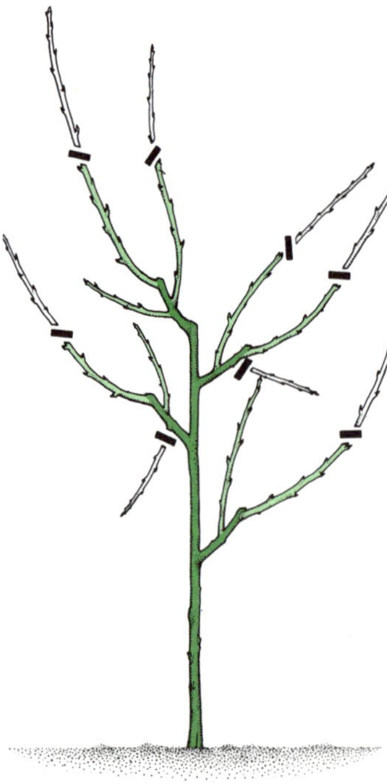

2 November bis Februar. Kürzen Sie am Ende der Wachstumsperiode die Leittriebe der Äste bei einer nach außen zeigenden Knospe um die Hälfte. Lassen Sie alle gut plazierten und gesunden Seitentriebe unbeschnitten. Entfernen Sie alle sich kreuzenden Zweige.

fünf Jahre fortgesetzt werden, dann sollte man dazu übergehen, jährlich nur zwei Zweige an einem passend plazierten Seitentrieb oder einer Triebknospe zurückzuschneiden bis in das zwei- oder dreijährige Holz.
Die restlichen Leittriebe sollten unbeschnitten bleiben, bis sie zu nahe zur Erde runterhängen. Dann sollten sie entweder bis zu einem geeigneten Seitentrieb zurückgeschnitten oder völlig entfernt werden. Der Zweck dieser Schnittmethode ist, daß der Busch in der Mitte nicht kahl wird, was zur Folge hätte, daß nur an der Peripherie Früchte entstehen würden. Entfernen Sie alles blütenlose Holz im April, und schneiden Sie alle verwirrten und sich kreuzenden Seitentriebe aus. Das Ziel beim Schneiden eines voll entwikkelten Pfirsichbusches ist, daß sich ständig gut plazierte neue Triebe bilden, die unbeschnitten bleiben, und die die Ernte des folgenden Jahres tragen.
Das Entfernen junger Triebe, das bei an der Wand gezogenen Pfirsichen üblich ist, wird für gewöhnlich nicht praktiziert. Wenn Ihnen jedoch Ihr gesunder Menschenverstand gelegentlich empfiehlt, unwillkommene Triebe abzuzwicken, dann sollten Sie ihm folgen.

Das zweite und die folgenden Jahre

3 November bis Februar. Beschneiden Sie weiterhin die Leittriebe der Zweige bei nach außen zeigenden Knospen um die Hälfte. Entfernen Sie alles tote, kranke und beschädigte Holz.
Entfernen Sie alle zu dicht stehenden oder sich kreuzenden Triebe und alle Seitentriebe, die unterhalb des untersten Zweiges wachsen.

Der Frucht tragende Baum

November bis Februar. Reduzieren Sie das Beschneiden auf ein Minimum. Entfernen Sie beschädigte, kranke und tote Triebe. Schneiden Sie einen oder zwei Äste bis in zwei oder drei Jahre altes Holz zurück, um neues Wachstum anzuregen.

Pfirsiche und Nektarinen sind winterfest, sie blühen jedoch so früh, daß sie besonders häufig Frostschäden erleiden. Um sie zu schützen, werden Pfirsiche und Nektarinen meistens an einer Wand oder einem Zaun oder in einem geschützten Teil des Gartens gezogen. Die beliebtesten Formen sind Fächer- und Buschbäume.
Es ist zwar üblich, einen Fächerbaum gegen eine Wand zu ziehen, man kann ihn jedoch auch gegen ein Gerüst aus Pfosten und Draht ziehen, wobei Rohre zur Unterstützung am Draht befestigt werden. Die Drähte müssen straff gespannt sein und einen Abstand von etwa 15 cm haben.

Das erste Jahr
Pflanzen Sie während der Ruhezeit zwischen November und Februar einen einjährigen Baum, und schneiden Sie ihn auf 40 cm oberhalb der Veredelungsstelle zurück. Der Schnitt muß oberhalb einer Trieb- oder einer dreifachen Knospe gemacht werden. Die Triebknospen sind dünn und spitz, und die Blütenknospen sind dick und rund. Eine dreifache Knospe ist zusammengesetzt aus zwei Blütenknospen und einer Triebknospe.
Während des ersten Sommers entwickeln sich Triebe aus den Triebknospen. Wählen Sie drei starke Triebe aus. Der oberste soll vertikal wachsen und an jeder Seite des Stammes ein weiterer, der sich seitlich entwickelt. Diese beiden Triebe sollten nahe beieinander stehen. Entfernen Sie alle anderen Knospen oder Triebe völlig. Wenn die beiden Seitentriebe in die Länge wachsen, befestigen Sie sie in einem Winkel von etwa 45 Grad an den Rohren. Wenn diese beiden Triebe völlig etabliert und etwa 45 cm lang sind, entfernen Sie den zentralen Trieb vollkommen. Versorgen Sie die Wunde mit einem Wundverschlußmittel.
Lösen Sie am Ende des ersten Jahres die Seitenzweige und kürzen Sie sie um die Hälfte. Bringen Sie die Rohre weiter zur Horizontalen. Binden Sie die Triebe wieder an ihnen fest. Entfernen Sie alle anderen Triebe.

Das zweite Jahr
Durch das Beschneiden der Leittriebe entstehen an jedem Arm Knospen. Wählen Sie im Sommer an jedem Zweig vier gesunde Triebe aus. Einen je an der Spitze, der den Hauptarm verlängert, je zwei andere, die gleichmäßigen Abstand haben, an der Oberseite und je einen an der Unterseite, so daß der Baum acht Zweige bekommt. Ziehen Sie jeden neuen vorsichtig zu einem Rohr hin, indem Sie die Flügel des Fächers verlängern, die Mitte jedoch offen lassen. Entfernen Sie alle anderen Triebe, sobald Sie sich entwickeln. Am Ende der zweiten Wachstumsperiode muß nicht beschnitten werden.

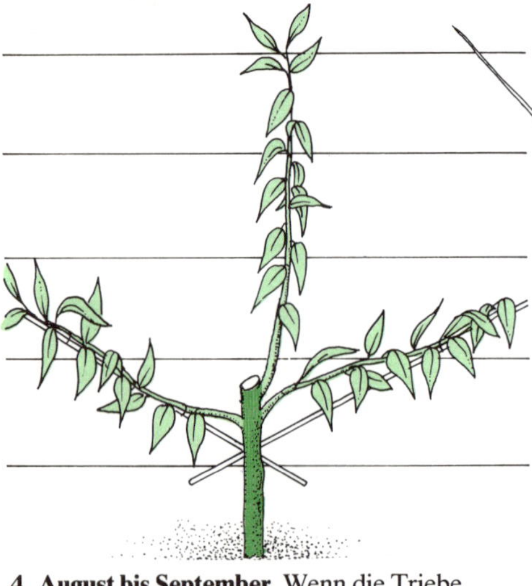

4 August bis September. Wenn die Triebe etabliert sind, entfernen Sie den mittleren Trieb völlig. Tragen Sie ein Wundverschlußmittel auf.

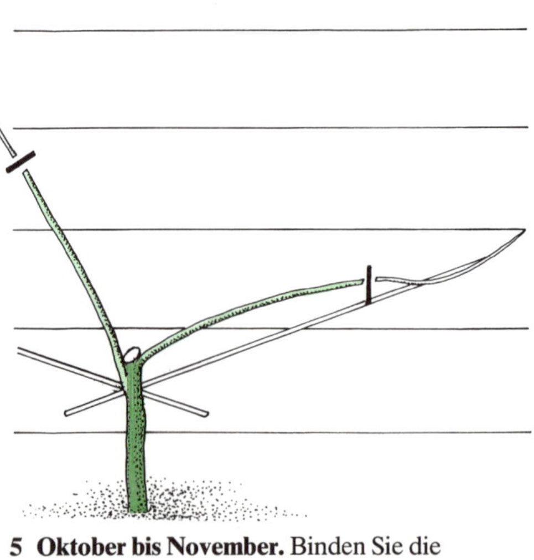

5 Oktober bis November. Binden Sie die Zweige los, und kürzen Sie sie um die Hälfte. Bringen Sie die Rohre fast in die Horizontale, und binden Sie die Zweige wieder fest. Entfernen Sie alle anderen Triebe.

Das erste Jahr

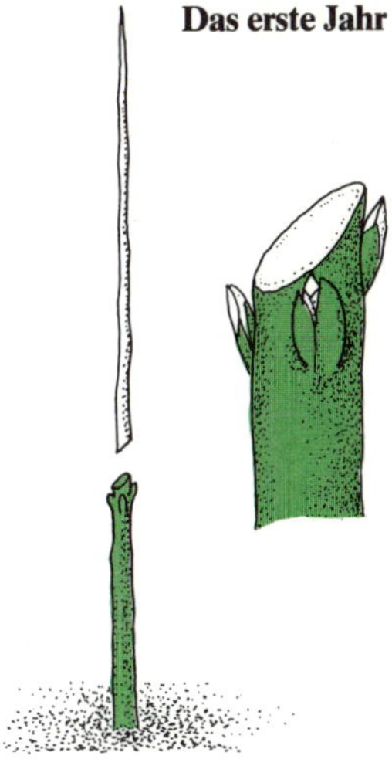

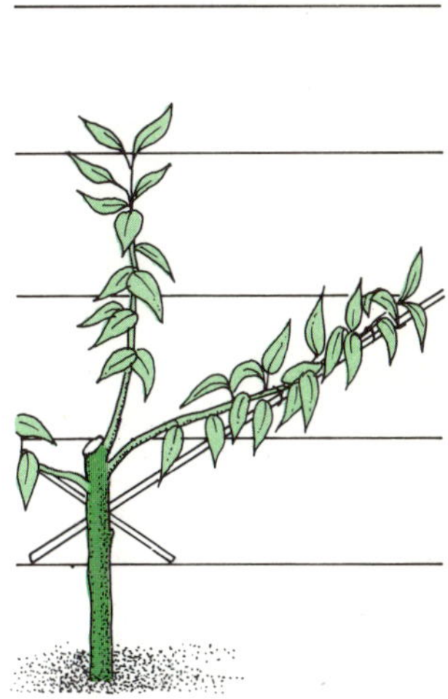

1 November bis Februar. Pflanzen Sie einen einjährigen Baum. Schneiden Sie ihn bis etwa 40 cm oberhalb der Veredelungsstelle zu einer Triebknospe oder bis zu einer dreifachen Knospe zurück.

2 Mai. Wählen Sie drei kräftige Triebe. Einen an der Spitze und zwei nahe beieinander sich gegenüber stehende. Entfernen Sie alle anderen Triebe.

3 Juni bis Juli. Binden Sie die sich verlängernden Seitentriebe an Rohre, die in einem Winkel von 45 Grad stehen.

Das zweite Jahr

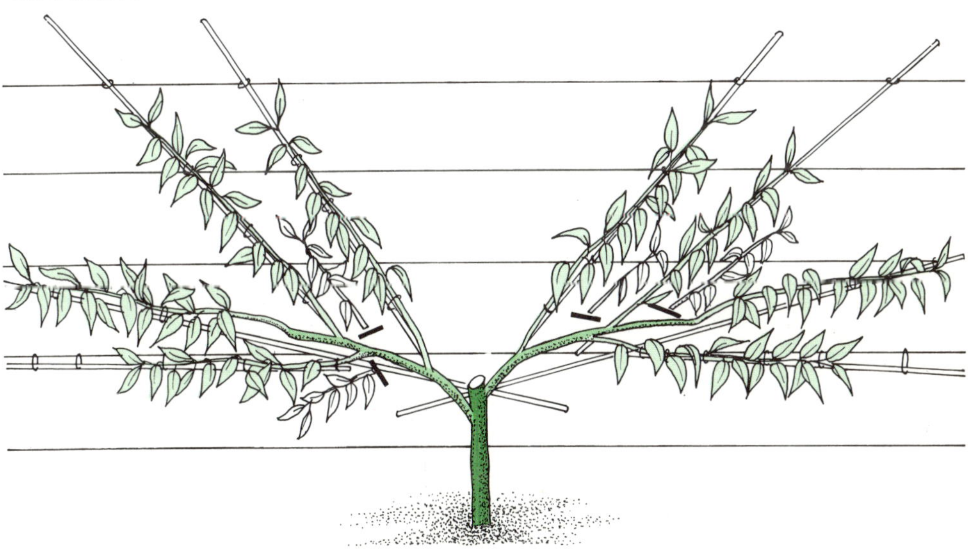

6 Juli bis August. Wählen Sie an jedem Seitenzweig vier starke Triebe. Einer sollte am Ende den Hauptarm verlängern. Zwei sollten auf der Oberseite und der vierte auf der Unterseite des Zweiges. Binden Sie sie an Spanndrähte. Entfernen Sie alle anderen Triebe.

Das dritte Jahr

Kürzen Sie im Februar jeden Leittrieb um etwa ein Drittel. Schneiden Sie an nach unten zeigenden Knospen. Wählen Sie im Sommer drei gleichmäßig verteilte Triebe an jedem beschnittenen Leittrieb, und binden Sie sie an das Gerüst. Zwicken Sie alle anderen Triebe ab. Kürzen Sie während der Ruhezeit das neue Wachstum der Leittriebe um ein Viertel.

Das vierte und die folgenden Jahre

Jetzt wird die Mitte des Fächers mit den neuen Zweigen ausgefüllt, und die Fruchtseitentriebe können entstehen. Beschränken Sie das Beschneiden der Leittriebe auf Zweige, die nicht kräftig wachsen. Wenn die gewünschte Höhe und Ausdehnung erreicht ist, entfernen Sie die Längenwachstumstriebe, um weiteres Wachstum zu verhindern. Wenn nötig, schneiden Sie sie am Ende der Wachstumsperiode bis zu einem günstigen Ersatztrieb zurück.
Schneiden Sie im Sommer alle schlecht plazierten Seitentriebe, die zur Wand hin oder von ihr fort wachsen, auf 8 cm zurück.

Das dritte Jahr

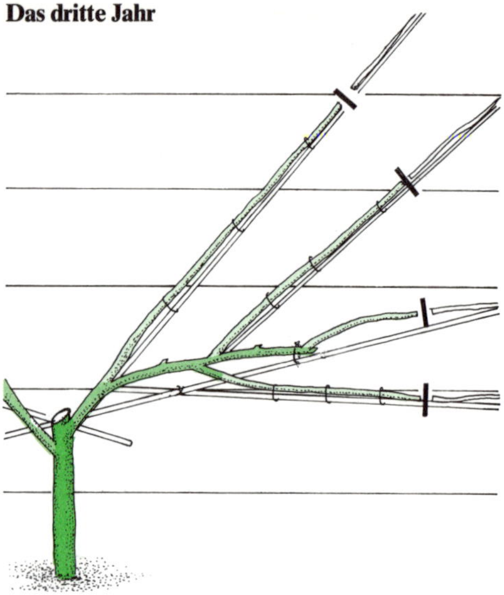

7 Februar. Kürzen Sie jeden Leittrieb um ein Drittel. Lassen Sie etwa 75 cm Wachstum stehen.

Das vierte und die folgenden Jahre

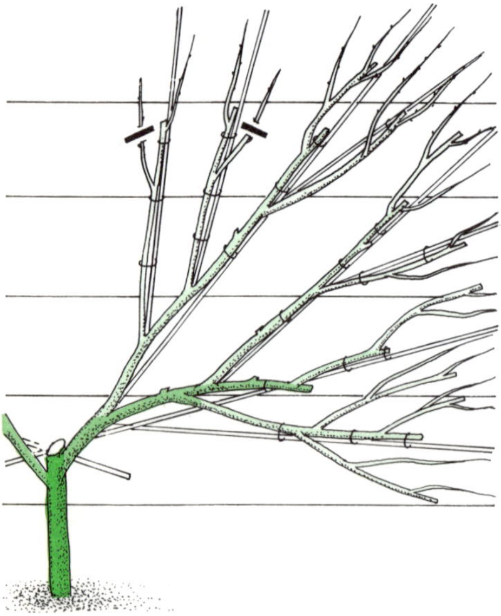

10 November bis Februar. Schneiden Sie die Leittriebe, die mehr Wachstum zum Ausfüllen des Astgerüstes hervorbringen müssen, um ein Viertel zurück.

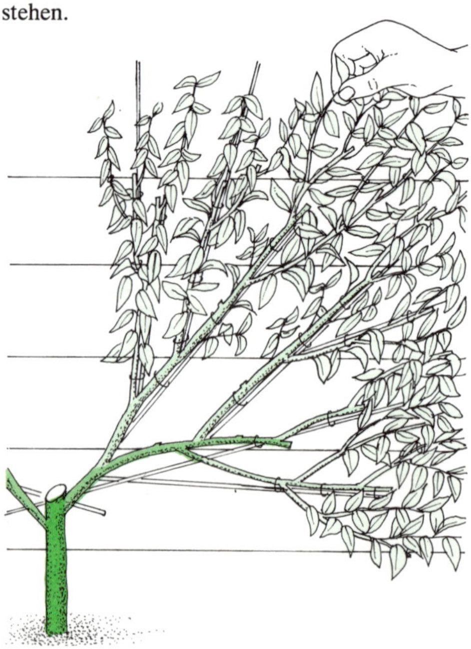

11 Juli bis August. Wenn der Baum die vorhandene Höhe ausfüllt, nehmen Sie die Längenwachstumstriebe zurück, indem Sie die wachsenden Spitzen abzwicken.

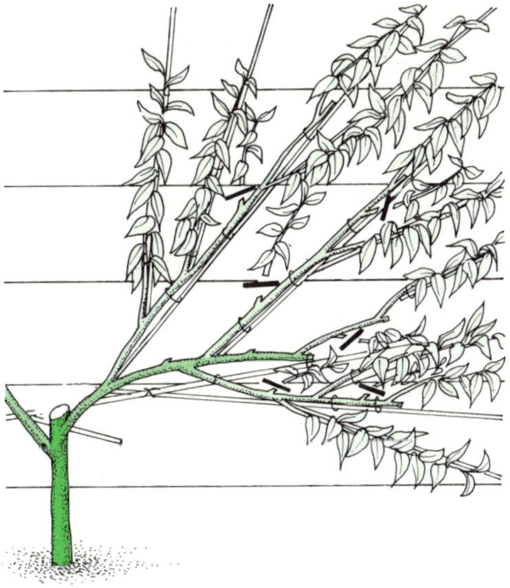

8 Juli bis August. Wählen Sie von jedem beschnittenen Leittrieb drei zusätzliche Triebe, und binden Sie sie fest. Entfernen Sie alle anderen Triebe.

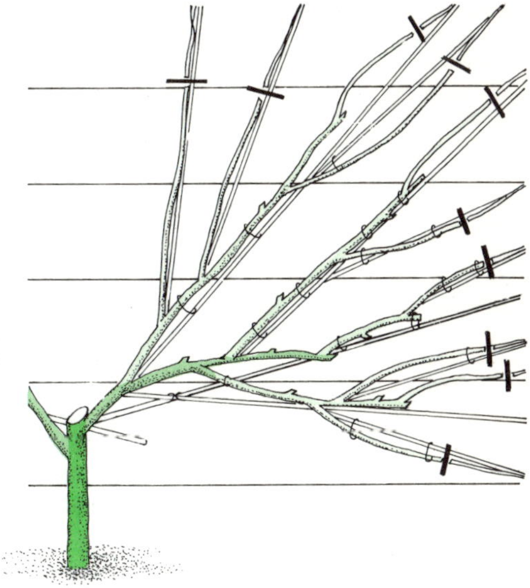

9 November bis Februar. Beschneiden Sie die Leittriebe leicht um ein Viertel ihres Wachstums.

Schneiden für Fruchtertrag

Der Pfirsichbaum trägt seine Früchte an Trieben des Vorsommers. Das Ziel des Beschneidens muß es deshalb sein, jährlich gut plazierte neue Ersatztriebe zu bekommen. Nachdem die Triebe Frucht getragen haben, müssen sie ausgeschnitten werden, um den neuen Trieben Platz zu machen. Diese jungen Triebe werden jährlich in einem frühen Stadium von der Basis der vorhandenen Fruchtseitentriebe ausgewählt, so daß sie Seite an Seite wachsen.

Der Fruchtseitentrieb trägt nicht nur Früchte, sondern er bildet auch Seitentriebe zweiter Ordnung. Wählen Sie einen an der Basis als Ersatztrieb. Lassen Sie einen anderen am mittleren Teil des Fruchtseitentriebes wachsen, um einen Ersatz sicher zu stellen. Schließlich wird das Längenwachstum von jedem Trieb zurückgehalten.

Die übrigen Seitentriebe sind unerwünscht und werden am besten auf zwei gute Blätter zurückgeschnitten. Wenn überschüssige Kraft vorhanden ist, werden diese Triebe Seitentriebe zweiter Ordnung bilden. Schneiden Sie sie auf 2,5 cm zurück, sobald sie wachsen.

Der Basis-Seitentrieb, der ausgewählt wurde, das Fruchtholz des nächsten Jahres zu bilden, muß nicht länger als 45 cm lang sein. Beschneiden Sie die Spitze, wenn er diese Länge erreicht hat.

Die vollständige Entfernung von überzähligen Trieben kann notwendig sein, wenn es so viele gibt, daß es nicht sinnvoll ist, sie zurückzuschneiden.

Die Ernte

Schaffen Sie nach der Ernte Ordnung. Schneiden Sie die Seitentriebe, die Frucht getragen haben, ab. Entfernen Sie auch alles tote, beschädigte oder kahle Holz.

Die Kräuselkrankheit bereitet oft Sorgen. Die Blätter fallen meistens früh ab und sollten so schnell wie möglich verbrannt werden. Spritzen Sie die Pflanze Mitte Januar und zwei Wochen später noch einmal mit einer Bordeaux-Mischung oder mit flüssigem Kupfer-Fungizid.

Viele von uns kennen Feigen nur als Importware aus wärmeren Ländern, aber selbst in kühleren Gegenden ist es möglich, Feigen guter Qualität im Freien oder in einem kühlen Gewächshaus zu ziehen. Im letzteren kann man zwei, gelegentlich sogar drei Ernten in einer Wachstumsperiode haben.
Man sagt, daß Feigen aus Kleinasien und den östlichen Mittelmeer-Ländern stammen. Sie werden in Südeuropa und Nordafrika viel angebaut. Dort haben sie genug Wärme und das Licht zum Reifen der Früchte und zur Entwicklung der jungen Triebe. In kälteren Gegenden erleiden sie oft Frostschäden im Winter oder im Frühjahr. In milderen Gegenden erfrieren sie jedoch selten. Man muß sie vielleicht zurückschneiden, aber im folgenden Frühjahr haben sie schnell neue Triebe an der Basis. Wahrscheinlich werden nur leidenschaftliche Feigenliebhaber in ihrem Gewächshaus einen Platz von 4,50 m bis 5,50 m Durchmesser opfern, den ein gut gezogenes Exemplar unter Glas benötigt.
In milden Gegenden können Feigen gut als Büsche oder Hochstämme gezogen werden; sie tragen jedoch selten befriedigend Frucht, wenn sie völlig im Freien stehen. Als Kronenfächer gegen eine Südwand gezogen, tragen die winterfesten Sorten wie »Brown Turkey« und »White Marseilles« recht gut Frucht.
Der Schlüssel zum Erfolg ist äußerst sorgsames Beschneiden und Erziehen, so daß immer junge kurze Fruchttriebe nachwachsen. Feigen wachsen sehr stark, und meistens ist es nötig, sowohl die Wurzel wie auch die Triebe streng zu begrenzen. Die Wurzeln sollten nur einen begrenzten Raum einnehmen können, wenn man Fruchttriebe haben will. Früher hat man den Platz für die Wurzeln mit Ziegelsteinen auf 90 cm im Quadrat und 90 cm Tiefe beschränkt. Heute nimmt man einen Topf von 45 bis 65 cm Durchmesser mit einer Lage Ziegelscherben am Boden. Das Wurzelwachstum und damit das Triebwachstum sind so unter Kontrolle. Wenn die Wurzeln ihrem erlaubten Gebiet entkommen, können sie von oben beschnitten werden, aber auch mit einer kleinen Ausschachtung von unten. Ein idealer Platz ist häufig zwischen der Südwand eines Hauses und einem festen Gartenweg, wo der Boden gut entwässert ist, aber nicht zu fruchtbar, so daß Beschneiden der Wurzel und künstliche Beschränkung unnötig sind. Wenn die Pflanze eine reiche Ernte trägt, muß man sie besonders in einem trockenen Jahr gut gießen und etwas düngen, damit die Früchte nicht unreif abfallen.

Es ist wichtig, zu wissen, wie Feigen ihre Früchte tragen, da das die Schnittmethode bestimmt. Die kultivierten Feigenpflanzen sind alle weiblich und entwickeln Früchte, ohne daß die Blüten befruchtet wurden, während die wilden Feigen durch die Feigenwespe befruchtet werden.
Die Fruchtembryos in der Größe einer Erbse entwickeln sich im Spätsommer in den Blattachseln kurzer Triebe des laufenden Jahres, und wenn sie den Winter überstehen, werden sie im folgenden August zur reifen Feige. Sie brauchen also fast ein Jahr für ihre Entwicklung.
Während des Sommers entwickelt sich eine weitere Generation von Feigen in den Blattachseln junger Triebe, aber obgleich sie anschwellen, werden sie selten reifen und sollten im September entfernt werden. Zu dieser Zeit haben sich weitere Fruchtembryos an den Triebspitzen gebildet. Diese überwintern und bilden die Ernte des nächsten Jahres. Selbst im Freien tragen Feigen zwei Ernten, aber in kühleren Gegenden reift nur eine davon.

Frühes Erziehen

Die Methode, einen Feigenfächerbaum zu ziehen ist grundsätzlich ähnlich wie bei Kirschen oder Pfirsichen (s. S. 148 und 149). Abwechselnd können die Leittriebe und die starken Seitentriebe unregelmäßig als Grundastgerüst gezogen werden. Sie werden grob fächerartig an der Wand oder am Zaun festgebunden.
Es ist in jedem Fall wichtig, daß die Hauptzweige einen Abstand von 40 bis 45 cm haben, und die Seitentriebe, die sich aus ihnen entwickeln, sollten mindestens 15 bis 25 cm von jedem benachbarten Trieb entfernt sein. Dadurch werden Wachstums- und Fruchttriebe Sonne und Luft maximal ausgesetzt.
Wenn die Triebe zu eng stehen, verhindern die großen Feigenblätter das Reifen.
Feigen produzieren oft eine Fülle von neuen Trieben, und man sollte nur so viele Triebe stehen lassen, wie man benötigt, um die Zwischenräume zwischen den Hauptästen auszufüllen. Alle überzähligen oder sich kreuzenden Triebe sollten ausgeschnitten werden.

Das erste Jahr

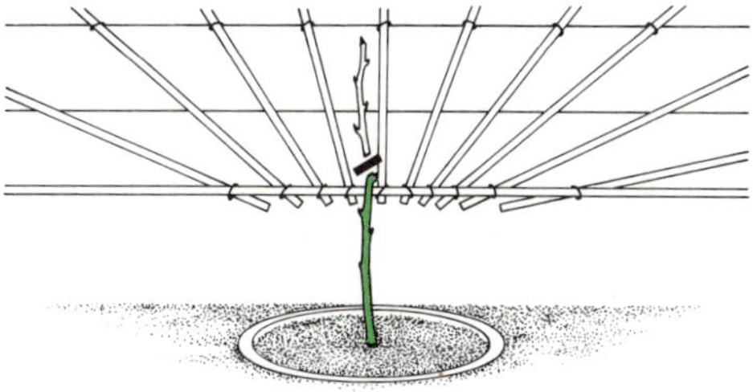

1 März bis April. Beschränken Sie das Wachstum der Wurzel, indem Sie den jungen Feigenbaum in einen in die Erde versenkten Container pflanzen. Schneiden Sie den Leittrieb auf 40–45 cm zurück.

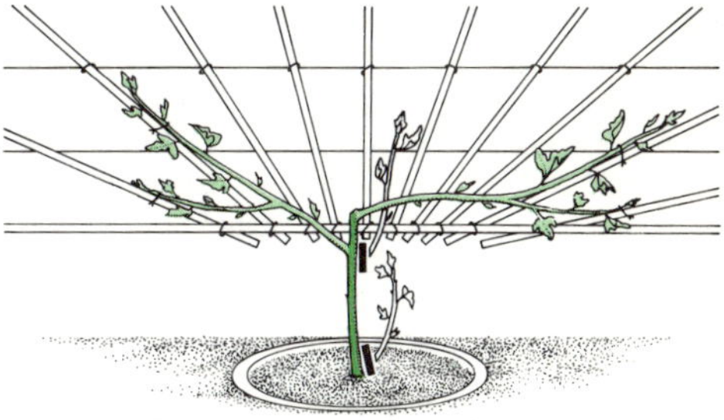

2 Mai bis September. Binden Sie die wachsenden Seitentriebe fest, damit das Grundastgerüst entsteht. Geben Sie ihnen Zwischenräume von mindestens 45 cm. Schneiden Sie Basistriebe und schlecht plazierte Triebe aus.

Das zweite Jahr

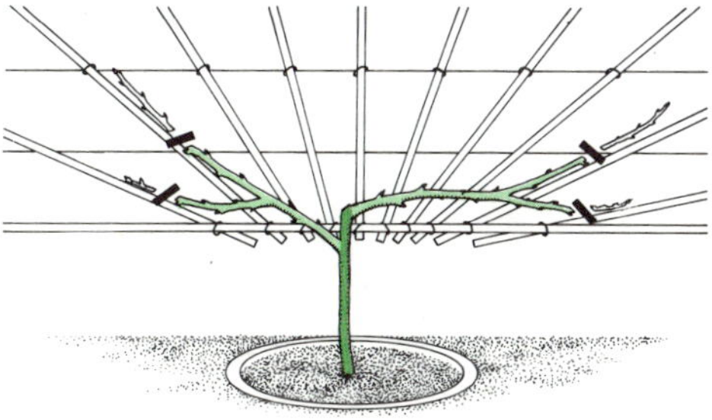

3 März bis April. Schneiden Sie die Äste des Astgerüstes um die Hälfte ihrer Länge zurück.

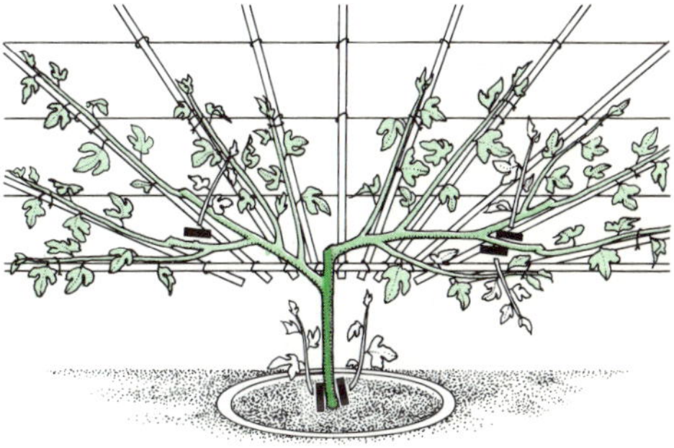

4 Mai bis September. Binden Sie die wachsenden Seitentriebe an Rohre, die in Winkeln stehen. Lassen Sie Zwischenräume von mindestens 40 cm. Schneiden Sie Basistriebe und schlecht plazierte Triebe aus.

Das dritte Jahr

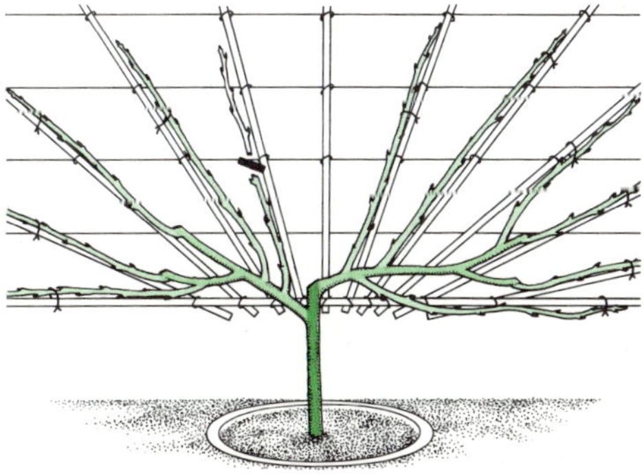

5 März bis April. Wenn weitere Rippen für das Grundastgerüst benötigt werden, dann schneiden Sie die Zweige um die Hälfte zurück, die neben den Lücken stehen.

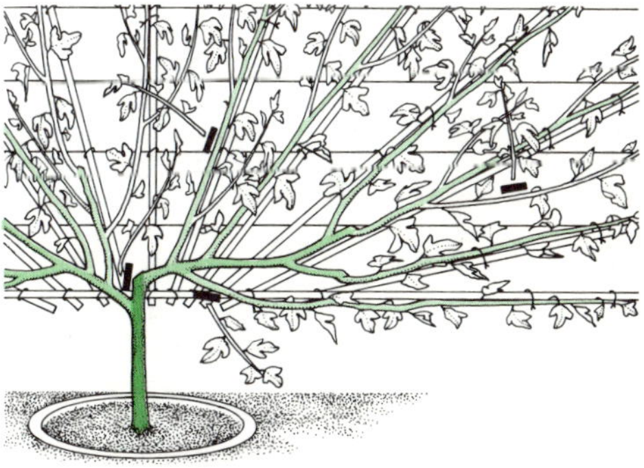

6 Mai bis September. Binden Sie das Längenwachstum der Hauptrippen fest, und nehmen Sie sie zurück, wenn Sie den Rahmen füllen. Ziehen Sie Seitentriebe zweiter Ordnung an den gewünschten Platz. Lassen Sie Abstände von 15–25 cm zwischen den Trieben.

Die voll entwickelte Pflanze
Die einfachste Methode ist eine Art Erneuerungsschnitt. Feigen bilden auf natürliche Art Längenwachstum aus der Endknospe mit nur begrenzter Zahl von Seitentrieben. Da die Früchte nur auf den ein- und zweijährigen Trieben wachsen, wird das ältere Holz nach und nach kahl und unfruchtbar, wenn man es nicht beschneidet, um Seitentriebe anzuregen. Das Beschneiden hat also zum Ziel, daß jedes Jahr ausreichend junge, kräftige Seitentriebe nachwachsen. Die einfachste Methode ist, im Herbst, nach dem Blattfall, jeden zweiten Seitentrieb auf den Hauptzweigen bis auf eine Knospe von seiner Basis zurückzuschneiden. Bei voll entwickelten Pflanzen sind es die Seitentriebe, die während des laufenden Jahres Frucht tragen. Im folgenden Frühjahr entwickeln sich aus diesen Knospen junge Triebe, die während des Sommers auf ihre volle Länge gezogen werden. An ihren Spitzen entwickeln sich gegen Ende der Wachstumsperiode Fruchtembryos. Schneiden Sie im folgenden Jahr nach der Ernte diese Triebe auf ein Auge zurück.
Die jungen Triebe, die nach dem Herbstschnitt stehen bleiben, haben schon kleine Früchte an ihren Spitzen. In kalten Gegenden muß man sie im Winter schützen, indem man sie nach dem Herbstschnitt mit Farn oder ähnlichem bedeckt. Die kleinen Früchte beginnen im folgenden Frühjahr zu schwellen und junge Wachstumstriebe wachsen aus den Endknospen. Zwicken Sie Ende Juni die Vegetationspunkte am vierten

Das vierte und die folgenden Jahre

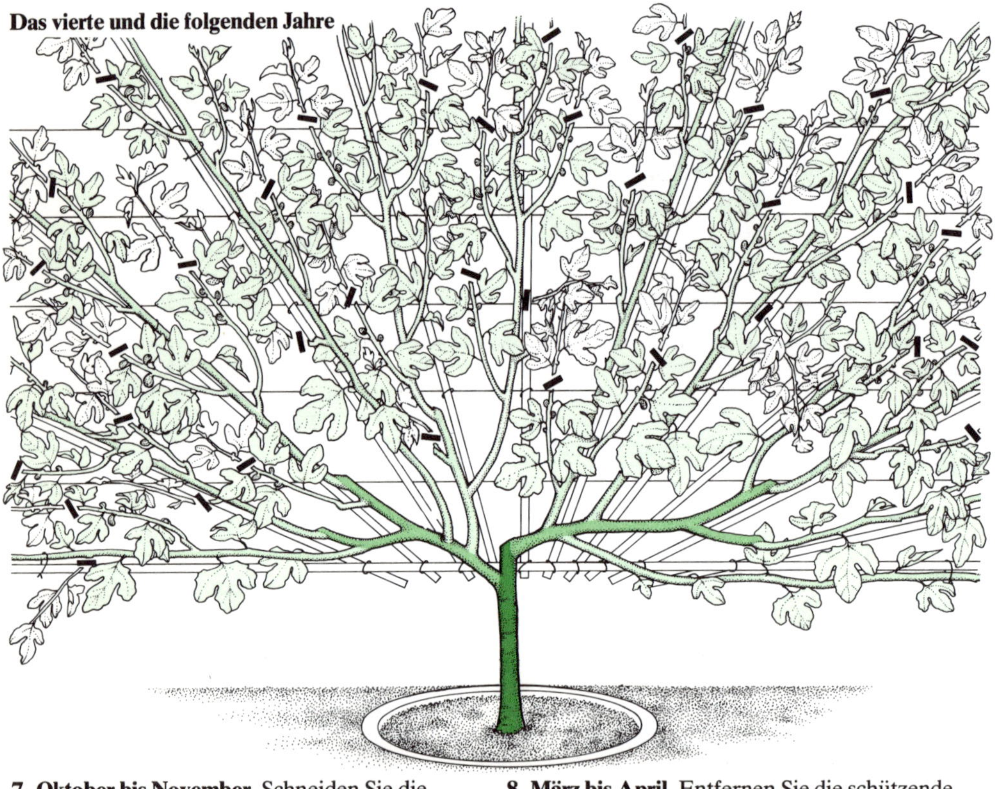

7 Oktober bis November. Schneiden Sie die Zweige, die Frucht getragen haben, auf ein Auge zurück, wenn die Blätter gefallen sind. Binden Sie das ganze Wachstum des laufenden Jahres fest. Entfernen Sie vorher alle unreifen Früchte, die größer als eine Erbse sind. Schützen Sie die Pflanze in kalten Gegenden.

8 März bis April. Entfernen Sie die schützende Hülle. Schneiden Sie alle Triebe mit Winterschäden aus. Wenn die Frucht tragenden Zweige überfüllt sind, schneiden Sie alle überzähligen Seitentriebe aus. Lassen Sie mindestens 15–25 cm Zwischenraum zwischen den Trieben.

oder fünften Blatt dieser Wachstumstriebe aus. Dadurch wird das Wachstum beschränkt und die Nahrung eher in die wachsende Frucht als in den Wachstumstrieb geleitet. Der Wachstumstrieb ist unwichtig, da der ganze fruchttragende Zweig im Herbst auf eine Knospe zurückgeschnitten wird. Manchmal bildet sich während der Wachstumsperiode ein junger Trieb nahe der Basis eines Fruchtzweiges. Man schneidet dann besser zu diesem Punkt zurück als zur Basisknospe.

Dieses Erneuerungssystem stellt sicher, daß jeder Hauptzweig etwa gleich viele Triebe des laufenden Jahres, abwechselnd mit Trieben des Vorjahres, die Frucht tragen, hat.

Das Erneuerungssystem sollte nicht zu starr angewandt werden sondern so variiert werden, wie es das Gleichgewicht von Frucht- und Wachstumstrieben erfordert. Der wichtige Punkt ist, daß sowohl die Fruchttriebe als auch die jungen Seitentriebe voll dem Licht und der Wärme ausgesetzt sind. Schneiden Sie alle überzähligen Triebe aus.

Bei älteren Fächerfeigen mag es gelegentlich notwendig sein, einen ganzen unfruchtbaren Zweig aus dem Grundastgerüst zu entfernen. Er muß durch einen kräftigen Trieb von der Basis ersetzt werden. Einige Fachleute empfehlen, jedes Jahr etwa ein Drittel der Grundastgerüstäste auf diese Art auszuschneiden, aber das ist nur notwendig, wenn der Feigenbaum in schlechtem Zustand ist und erneuert werden muß.

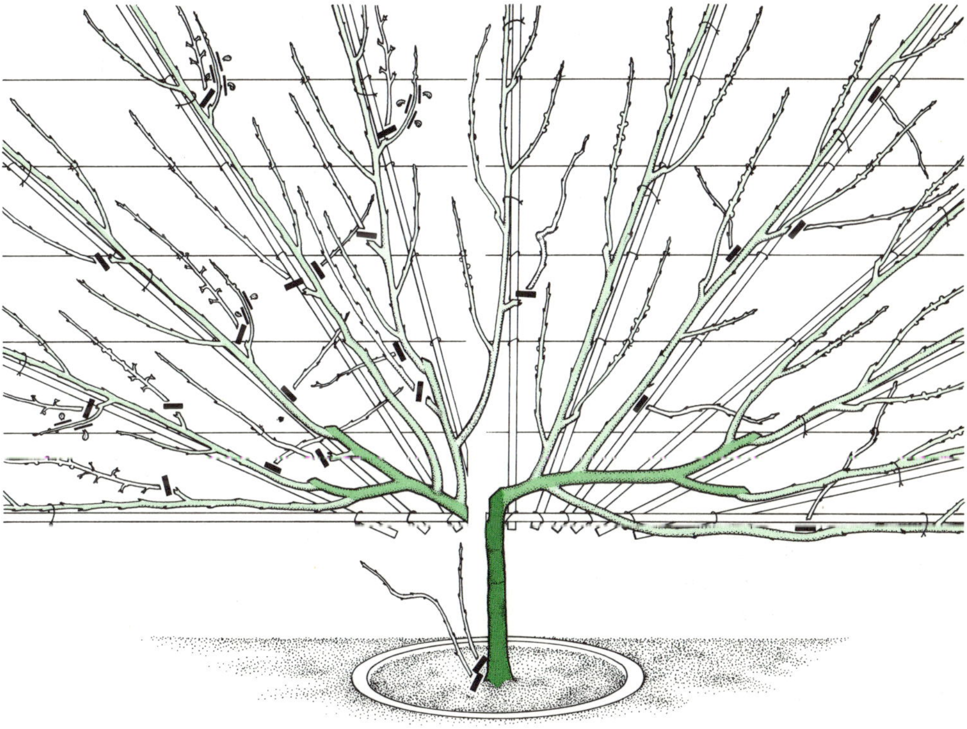

9 Ende Juni. Nehmen Sie das Längenwachstum an Frucht tragenden Trieben auf 4–5 Blätter zurück. Binden Sie die Triebe, die sich nach dem Beschneiden gebildet haben, fest. Lassen Sie zwischen den Trieben Zwischenräume von 15–25 cm. Schneiden Sie alle sich kreuzenden Triebe und solche, die nicht gebraucht werden, aus.

Die Stachelbeere stellt die höchsten Ansprüche aller Beerenfrüchte an den Schnitt und wird aus diesem Grund häufig vernachlässigt und sich selbst überlassen, in der Hoffnung, daß schon alles gut gehen wird. Außerdem hat die Stachelbeere im Gegensatz zu ihrer Verwandten, der Johannisbeere, Stacheln, die das Beschneiden, Pflücken und Jäten erschweren. Wenn die Stachelbeere jedoch ordentlich erzogen und beschnitten wird, hat sie viel größere Früchte und ist viel leichter zu handhaben. Es gibt zwei Methoden, Stachelbeeren zu beschneiden. Bei der ersten werden die Stachelbeeren hart beschnitten wie Rote Johannisbeeren, bei der zweiten viel weniger hart, wie Schwarze Johannisbeeren. Die Büsche mit offener Kronenmitte, die einen Fruchtholzschnitt bekommen oder der Cordon haben größere Früchte, die viel leichter zu pflükken sind. Diese Büsche sind auch viel leichter zu pflegen als die wilden Exemplare, die nicht ausreichend geschnitten wurden!

Der Fruchtholzschnitt kann für Büsche und für einfache oder mehrfache Cordons verwendet werden. Cordons werden genauso behandelt, wie jeder einzelne Zweig des Busches, außer daß der Cordon-Stamm vertikal gezogen und abgestützt wird.

Harter Fruchtholzschnitt ist ideal für die Dessert-Stachelbeersorte, wie die köstliche »Leveller«. Es gibt aber auch Schwierigkeiten. Manchmal sterben die Zweige wegen Pilzbefall ab, und der Verlust eines ganzen Zweiges oder sogar mehrerer Zweige ist für einen in Form erzogenen Busch eine schlimme Sache.

Außerdem gibt es weniger Früchte zu pflücken, selbst wenn die einzelnen größer sind. Für Marmelade und Kompott sind mehr und dafür kleinere Stachelbeeren ohnehin vorzuziehen. Der Schaden durch Vögel ist meistens schlimmer an Büschen, die einen Fruchtholzschnitt bekommen haben, weil die Fruchtknospen enger zusammenstehen.

Vermehren Sie die Stachelbeeren, indem Sie Hartholzstecklinge von gesunden Trieben im November einpflanzen. Entfernen Sie die schwache Spitze und alle Knospen bis auf vier von dem

Das erste Jahr

1 Dezember. Schneiden Sie beim Pflanzen die Zweige bei nach innen und nach oben zeigenden Knospen um die Hälfte zurück.

2 November. Beschneiden Sie die Leittriebe um die Hälfte. Wählen Sie gut plazierte Triebe, die weitere bleibende Äste bilden, und schneiden Sie sie um die Hälfte zurück. Schneiden Sie alle anderen Seitentriebe auf 5 cm zurück. Entfernen Sie alle Wildtriebe.

oberen Teil des Stecklings. Das Ziel ist, einen kleinen Busch mit offener Kronenmitte auf einem kleinen Stamm zu ziehen, der das Unkrautzupfen, Pflücken und Sprühen einfach macht. Die Stachelbeere ist nicht so kräftig wie die Rote Johannisbeere und braucht vielleicht zwei Jahre im Stecklingsbeet. Als Alternative kann man zweijährige Büsche kaufen. Ältere Büsche meidet man besser.

Das erste Jahr

Kürzen Sie beim Pflanzen zwischen November und Februar die vier Zweige erster Ordnung etwa um die Hälfte. Schneiden Sie bis zu nach oben und nach innen zeigenden Knospen. Das wirkt der Tendenz zu hängenden Zweigen entgegen, die das Unkrautrupfen schwierig und unbequem machen würden. Das folgende Beschneiden gleicht dem der Roten Johannisbeere.

Kürzen Sie am Ende des ersten Herbstes die Leittriebe um die Hälfte ihres Längenwachstums. Schneiden Sie bei einer nach innen zeigenden Knospe. Wählen Sie alle passenden Triebe zweiter Ordnung für neue Zweige, und schneiden Sie sie um die Hälfte zurück. Das schafft schließlich acht oder mehr ständige Zweige. Alle anderen Seitentriebe sollten auf 5 cm von ihrer Basis zurückgeschnitten werden, um Fruchtspieße zu bilden. Entfernen Sie alles tote, kranke oder beschädigte Holz und alle Wildtriebe.

Das zweite und die folgenden Jahre

Während des nächsten Sommers sollte sich das Grundastgerüst deutlich abzeichnen. Kürzen Sie im Juli alle unerwünschten Seitentriebe auf etwa 10 cm. Lassen Sie die Leittriebe unbeschnitten. Wiederholen Sie im Winter den Rückschnitt der Leittriebe um die Hälfte. Kürzen Sie die im Sommer beschnittenen Seitentriebe auf etwa 5 cm. Entfernen Sie alles tote, kranke oder beschädigte Holz. Kürzen Sie im Sommer alle unerwünschten Seitentriebe auf 10 cm. Das erleichtert das Pflücken.

Wenn die Gefahr von Vogelschaden besteht, sollten Sie den Winterschnitt bis März verschieben.

Das zweite und die folgenden Jahre

3 Juli. Schneiden Sie unerwünschte und schlecht plazierte Seitentriebe auf 10 cm zurück. Das Ziel ist, leichten Zugang zu den Früchten zu bilden. Beschneiden Sie die Leittriebe nicht.

4 November bis Februar. Schneiden Sie die Leittriebe um die Hälfte zurück. Schneiden Sie die im Sommer beschnittenen Seitentriebe auf 5 cm zurück. Schneiden Sie alles tote, beschädigte und kranke Holz aus.

Die Stachelbeere ist eine undankbare Pflanze, die am liebsten wie eine Schwarze Johannisbeere wachsen möchte. Am glücklichsten ist sie als kurzer Stock mit frei wachsenden Trieben. Wenn sie so wächst, hat sie mehr Früchte, da sie bereitwillig auf zweijährigen Trieben Frucht trägt, ebenso auf Fruchtspießen. Alle abgestorbenen Äste werden schnell ersetzt.

Das erste und zweite Jahr
Schneiden Sie im November die Leittriebe um die Hälfte zurück.

Das zweite und die folgenden Jahre
Der wichtige Punkt beim Schneiden dieser frei wachsenden Stachelbeeren ist das selektive Auslichten der Triebe jeden Winter. Alle sich kreuzenden, abgebrochenen, kranken, zu kräftigen oder sichtbar erschöpften Triebe müssen entfernt werden. Zurück bleiben Triebe mit ausreichend Abstand, so daß man die Früchte leicht pflücken kann. Gewöhnlich wird weder im Sommer beschnitten noch werden die Leittriebe zurückgenommen. Schneiden Sie aber alle runterhängenden Zweige bis zu einem aufrecht stehenden Trieb zurück.

Das erste Jahr

1 November bis Februar. Ein einjähriger Busch beim Pflanzen. Schneiden Sie die Leittriebe bei nach oben zeigenden Knospen um die Hälfte zurück.

Das zweite Jahr

3 November bis Februar. Schneiden Sie die Leittriebe bei nach oben zeigenden Knospen um die Hälfte zurück. Lassen Sie die Seitentriebe unbeschnitten. Schneiden Sie sich kreuzende, zu kräftige und schwache Triebe aus.

Das dritte und die folgenden Jahre

4 November bis Februar. Beschneiden Sie nicht mehr. Entfernen Sie nur noch sich kreuzende, gebrochene und kranke Triebe. Schneiden Sie alle Triebe aus, die das Pflücken erschweren.

2 November. Wählen Sie am Ende der Wachstumsperiode acht Zweige. Schneiden Sie sie bei nach oben zeigenden Knospen um die Hälfte zurück.

5 Früchte wachsen auf zweijährigen Trieben und auf allen Fruchtspießen, die sich an dem Holz bilden, das nach dem Auslichten unerwünschter Triebe stehengeblieben ist.

Erneuerung

Gelegentlich hat man es mit einem lange vernachlässigten, aber gesunden Busch zu tun. So ein Busch hat reichlich Wildtriebe von der Basis und oft berühren die Spitzen der niederhängenden Zweige nicht nur den Boden, sondern haben schon Wurzeln getrieben. Schneiden Sie im Winter alle starken Wildtriebe aus, lichten Sie die einander verdrängenden Zweige aus, damit das Pflücken einfacher wird, und kürzen Sie alle runterhängenden Zweige. So behandelt, wird der Busch reichlich Frucht tragen auf unbeschnittenen Trieben des Vorjahres. Wenn sie Frucht getragen haben, sollten diese Triebe völlig entfernt werden, um für ihre jungen und starken Nachfolger Platz zu machen.

Ein vernachlässigter Stachelbeerbusch. Entfernen Sie zu dicht stehende, runterhängende, sich kreuzende und Wildtriebe.

Der erneuerte Busch, der das Pflücken und die Schädlingsbekämpfung leicht macht.

Rote und weiße Johannisbeeren sind einfach zu ziehen, und sie tragen reichlich Frucht. Es ist schade, daß man sie nicht häufiger in Gärten findet. Das Hauptproblem der Roten Johannisbeeren ist, daß die Vögel sowohl die Knospen als auch die Früchte sehr lieben. Man muß sie durch Netze daran hindern, die Zweige kahl zu fressen. Wenn Sie Vogelschäden haben, verschieben Sie das Schneiden bis zum Frühjahr, dann können Sie den Schaden genau beurteilen.
Die weißen Sorten werden genauso wie die Roten Johannisbeeren behandelt. Die Rote Johannisbeere wird meistens als kleiner Busch mit offener Kronenmitte auf einem kurzen Stamm mit acht strahlenförmig angeordneten Leitästen gezogen. Der Stamm wird im Stecklingsalter gebildet.

Das erste Jahr
Ein- oder zweijährige Büsche sind am besten zum Pflanzen. Schneiden Sie beim Pflanzen im November die Zweige über einer nach außen zeigenden Knospe um die Hälfte zurück. Dieser Schnitt versteift die Zweige, stellt sicher, daß das Längenwachstum in die richtige Richtung geht und regt das Wachstum von Seitentrieben an. Alle Triebe am Stamm und alle Wildtriebe, die aus der Erde wachsen, sollten sofort entfernt werden.
Kürzen Sie am Ende des ersten Herbstes die Leittriebe bei einer nach außen zeigenden Knospe um die Hälfte ihres Längenwachstums. Wählen Sie einige gut plazierte Triebe zweiter Ordnung als neue Zweige, und schneiden Sie sie bei einer nach außen zeigenden Knospe um die Hälfte zurück. Schließlich werden Sie acht oder mehr Hauptzweige haben. Alle anderen Seitenzweige sollten auf 5 cm von ihrer Basis zurückgeschnitten werden, damit sich Fruchtspieße bilden. Entfernen Sie alles tote, kranke und beschädigte Holz.

Das zweite und die folgenden Jahre
Während des nächsten Sommers sollte das Grundastgerüst klar zu erkennen sein. Kürzen Sie im Juli alle unerwünschten Seitentriebe auf etwa 10 cm. Lassen Sie die Leittriebe unbeschnitten.
Wiederholen Sie im Winter das Beschneiden der Leittriebe. Schneiden Sie sie bei einer nach außen zeigenden Knospe um die Hälfte zurück. Kürzen Sie die im Sommer beschnittenen Seitentriebe auf etwa 2,5 cm. Entfernen Sie alles tote, kranke und beschädigte Holz. Schneiden Sie im Sommer alle unerwünschten Seitentriebe auf 10 cm zurück, sobald die Früchte beginnen, Farbe zu bekommen. Das gibt den Früchten mehr Farbe und erleichtert das Pflücken.

Die Vermehrung
Der Gärtner, der seine Roten Johannisbeeren selber vermehren will, kann das leicht machen, indem er im Oktober Stecklinge aus gesunden jungen Trieben des laufenden Jahres schneidet. Jeder Steckling sollte gerade und so dick wie ein normaler Kugelschreiber sein. Nicht dünner. Die Spitze des Triebes muß entfernt werden und die Schnitte müssen oben genau über einer Knospe und an der Basis genau unter einer Knospe gemacht werden. Der entstandene Steckling sollte etwa 30 cm lang sein.
Dies hat eine unmittelbare Bedeutung für das Schneiden, denn der nächste Schritt ist, viel kräftige und gut plazierte Knospen an der Spitze auszuwählen und alle anderen zu entfernen. Die Absicht ist, daß der wurzelschlagende Steckling vier gute Zweige bekommt und einen kurzen Stamm von etwa 10 cm zwischen den untersten Zweigen und dem Boden. Die Stecklinge werden in den Boden gesteckt.

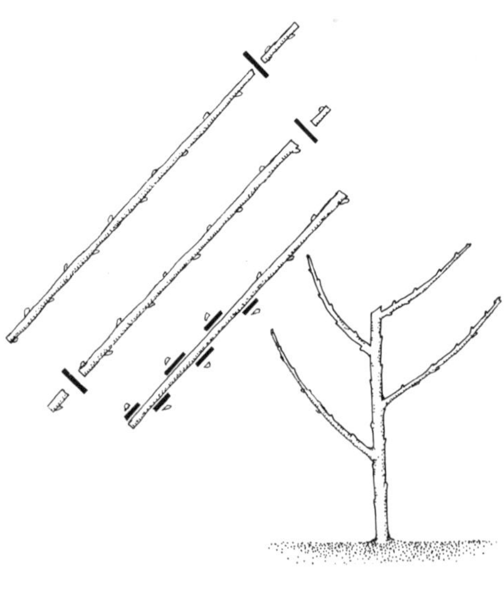

Das erste Jahr

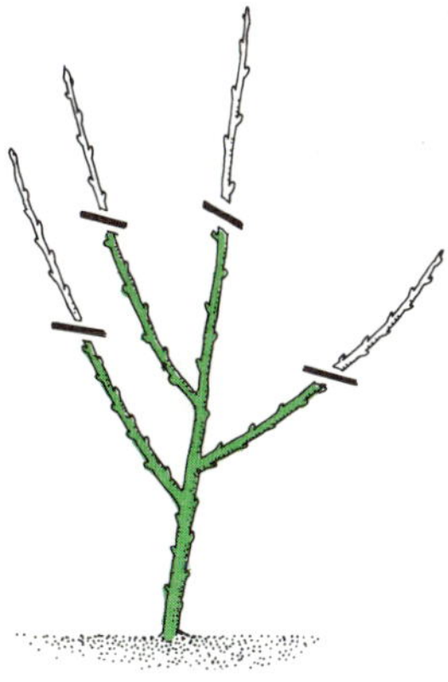

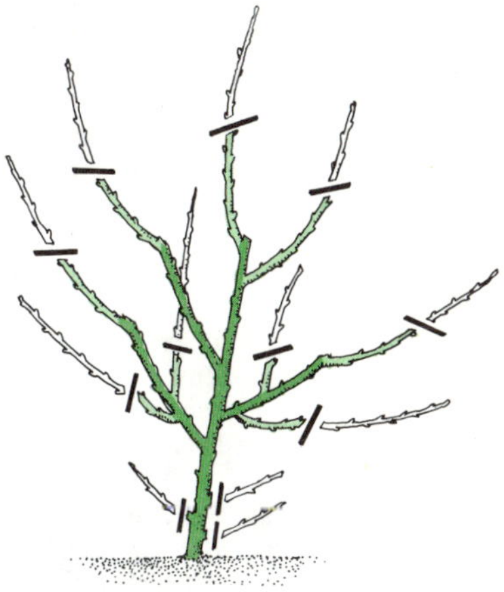

1 Dezember. Ein einjähriger Busch beim Pflanzen. Schneiden Sie die Zweige bei einer nach außen zeigenden Knospe um die Hälfte zurück.

2 November. Beschneiden Sie die Leittriebe bei einer nach außen zeigenden Knospe um die Hälfte. Wählen Sie gut plazierte Triebe, die die bleibenden Äste werden, und schneiden Sie sie bei einer nach außen zeigenden Knospe um die Hälfte zurück. Schneiden Sie alle anderen Seitentriebe auf 5 cm zurück. Entfernen Sie alle Wildtriebe.

Das zweite und die folgenden Jahre

3 Juli. Schneiden Sie unerwünschte Seitentriebe auf 10 cm zurück, damit das Licht die Früchte erreichen kann. Die Leittriebe müssen nicht beschnitten werden.

4 November bis Februar. Schneiden Sie die Leittriebe bei einer nach außen zeigenden Knospe um die Hälfte zurück. Schneiden Sie die Seitentriebe, die auf 10 cm zurückgeschnitten wurden, auf 2,5 cm zurück.

Rote und Weiße Johannisbeeren sind sehr anpassungsfähig und können in vielen Formen gezogen werden, außer als gewöhnlicher Busch auf einem kurzen Stamm mit offener Kronenmitte. Die gezogenen Formen, wie Cordons, Spaliere und Fächer sind besonders passend für Nordlagen. Ein Fächerbusch wird jedoch am besten an einer Wand oder an einem Zaun gezogen.

Das erste Jahr

Kürzen Sie beim Pflanzen den zentralen Leittrieb um die Hälfte (meistens etwa 15 cm) und schneiden Sie alle anderen Seitentriebe auf 2,5 cm zurück, damit sich Fruchtspieße bilden.

Das zweite und die folgenden Jahre

Während der folgenden Jahre wird der Leittrieb jeden Winter auf etwa 15 cm seines einjährigen Holzes gekürzt. Schneiden Sie bis zu einer Knospe, die der beim Vorjahresschnitt gegenüberliegt. Dadurch wächst der zentrale Stamm ziemlich gerade in einer leichten Zickzacklinie. Wenn der zentrale Leittrieb jedes Cordonstammes etwa 150 cm bis 180 cm hoch ist, wird er im Sommer auf vier bis fünf Blätter zurückgenommen. Jeden Sommer werden die Seitentriebe, die sich am Cordonstamm bilden auf 10 cm (3 bis 5 Blätter) zurückgeschnitten. Erledigen Sie das Ende Juni oder im Juli, nicht eher, da sonst Triebe zweiter Ordnung angeregt werden. Im Winter werden diese Seitentriebe (die vielleicht Fruchtspieße bilden) auf 2,5 cm zurückgeschnitten. Wenn der Cordon die erwünschte Höhe von 150 bis 180 cm erreicht hat, wird der Leittrieb auch im Winter zurückgeschnitten, so daß eine Knospe am Holz des vorigen Sommers stehen bleibt. Wenn man fast alles vorjährige Wachstum des Leittriebes entfernt, kann der Cordon für mehrere Jahre etwa dieselbe Höhe behalten.

Spaliere

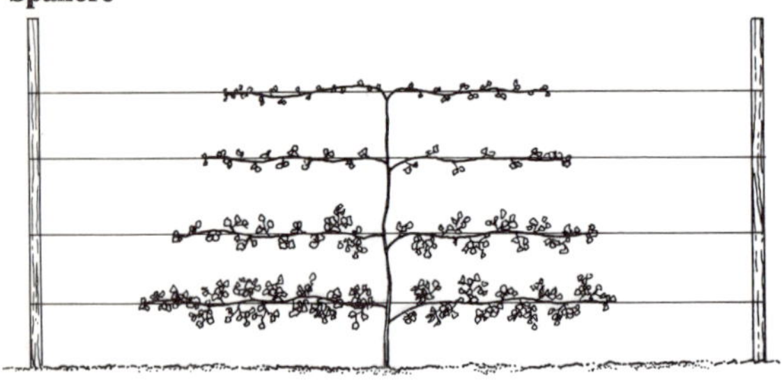

Rote oder Weiße Johannisbeeren als Spalier sind mehrfache Cordons, die an einem zentralen, vertikalen Stamm gleichmäßig verteilt sind. Sie können freistehend gezogen werden oder an Wänden und Zäunen. Als Spalier sollte eine einjährige Pflanze mit drei oder mehr kräftigen Trieben gezogen werden. Ideal ist ein starker Trieb, der vertikal gezogen werden kann, als zentraler Stamm und zwei weitere von etwa gleicher Stärke, die sich gegenüberliegen und das erste Armpaar des Spaliers bilden können. Das Spalier wird etwa so wie beim Apfel gezogen (s. S. 120 und 121) und das Ziel ist, eine Pflanze von etwa 150 cm mit vier horizontalen Armpaaren zu bekommen. Diese sollten etwa 75 bis 90 cm Länge auf jeder Seite haben. Der unterste Arm sollte etwa 30 cm oberhalb des Bodens sein. Zwischen jedem Armpaar sollte etwa 28 cm Abstand sein. Wenn das Spalier geformt ist, wird es wie die Johannisbeer-Cordons beschnitten. Kürzen Sie im Winter den Leittrieb auf eine Knospe am Wachstum des vorigen Sommers. Schneiden Sie alle Seitentriebe auf 2,5 cm zurück. Kürzen Sie im Juli den Leittrieb und alle Seitentriebe auf 10 cm.

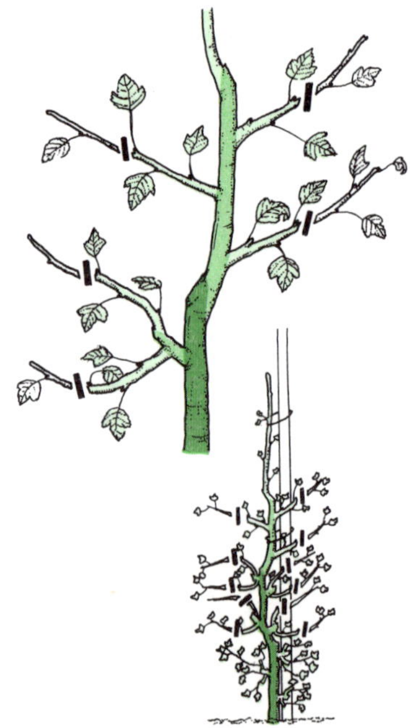

4 Juli. Ziehen Sie den Leittrieb vertikal, und binden Sie ihn an den Stützpfahl. Lassen Sie ihn unbeschnitten. Kürzen Sie alle Seitentriebe auf 10 cm (3–5 Blätter).

Das erste Jahr

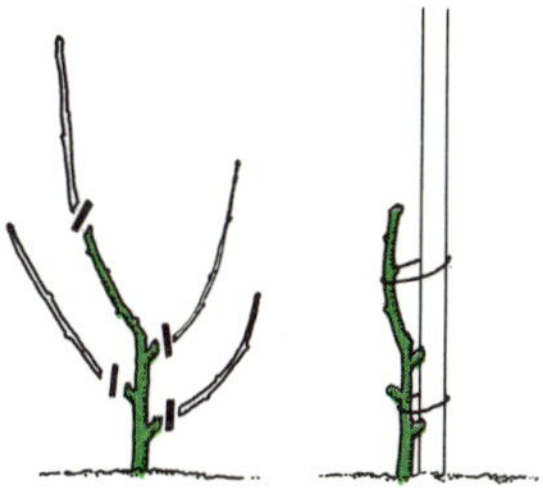

1 November bis Februar. Schneiden Sie den kräftigsten Trieb, der den Hauptstamm bilden soll, auf 15 cm zurück. Binden Sie ihn an einen vertikalen Stützpfahl. Kürzen Sie die anderen Seitentriebe auf 2,5 cm.

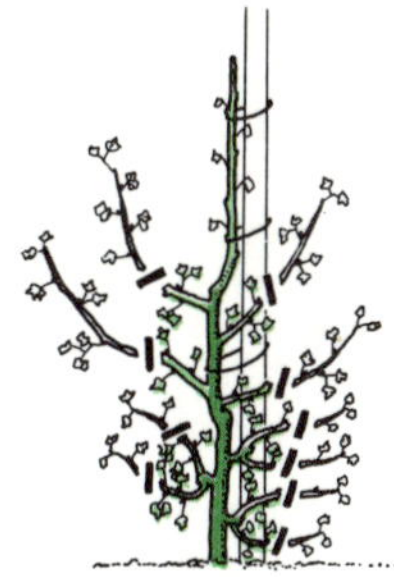

2 Juli. Ziehen Sie den Leittrieb vertikal und binden Sie ihn an den Stützpfahl. Lassen Sie ihn unbeschnitten. Kürzen Sie alle Seitentriebe auf 10 cm (3–5 Blätter).

Das zweite Jahr

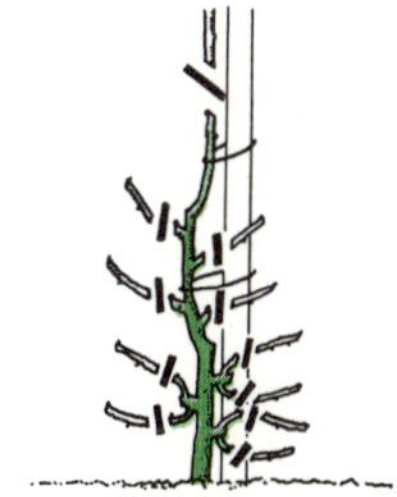

3 November bis Februar. Kürzen Sie den Leittrieb auf etwa 15 cm des vorjährigen Wachstums. Schneiden Sie alle Seitentriebe auf 2,5 cm zurück.

Das dritte und die folgenden Jahre

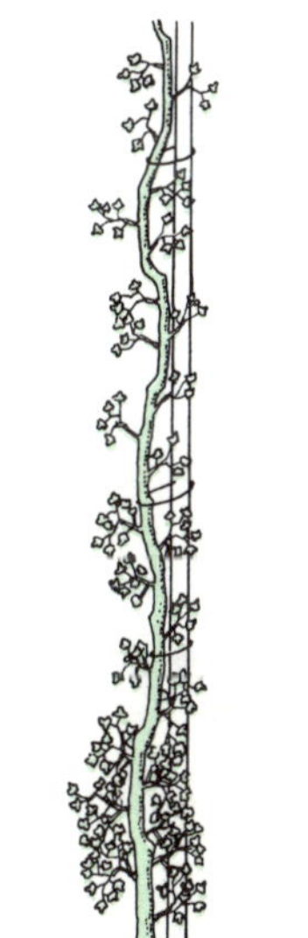

Wiederholen Sie die Anweisungen des zweiten Jahres, bis der vertikale Cordon-Stamm die gewünschte Höhe von 150–180 cm erreicht hat.

Der voll entwickelte Cordon

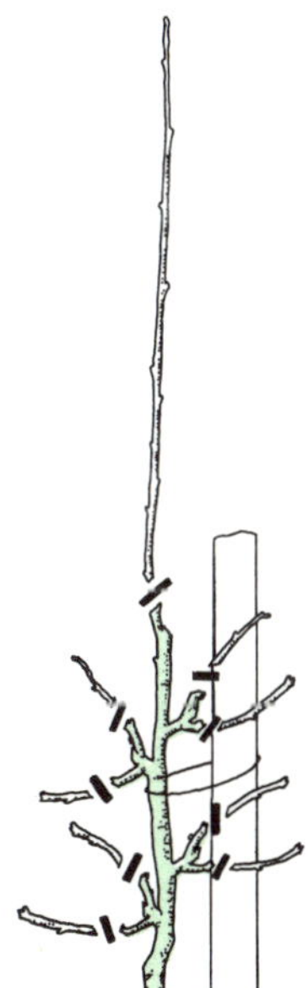

5 November bis Februar. Kürzen Sie den Leittrieb bis auf eine Knospe des vorjährigen Wachstums. Schneiden Sie alle Seitentriebe auf 2,5 cm zurück.

6 Juli. Kürzen Sie den Leittrieb und alle Seitentriebe auf 10 cm (3–5 Blätter).

Schwarze Johannisbeeren tragen die besten Früchte auf Holz des Vorjahres, sie tragen aber auch auf älterem Holz Früchte. Das Ziel des Gärtners muß also sein, regelmäßigen Nachwuchs jungen Holzes von der Basis zu erzeugen, so lange der Busch jung ist, und das Wachstum kräftiger Seitenzweige an älterem Holz anzuregen, wenn der Busch ein mittleres Alter erreicht hat. Man sollte mit gesunden ein- oder zweijährigen Büschen beginnen.

Das erste Jahr
Schneiden Sie die neu gepflanzten Büsche auf 5 cm vom Boden zurück. Diese drastische Kürzung verlangt Mut, ist aber nötig, damit der Busch einen guten Start hat. Wenn dieser anfängliche harte Schnitt nicht vorgenommen wird, ist das Wachstum spärlich. Wenn die Pflanzen gesund sind und eine Qualitätsgarantie haben, dann können die abgeschnittenen Triebe als Stecklinge genommen werden. So braucht der Gärtner nur die Hälfte der Büsche zu kaufen, die er benötigt. Die freien Plätze füllt er mit je drei Stecklingen. Nach dem harten Schnitt sollte der junge Busch drei oder vier kräftige Triebe von etwa 45 cm Länge an der Basis produzieren. Am Ende des ersten Jahres muß nicht beschnitten werden. Die starken jungen Triebe werden im folgenden Sommer Frucht tragen.

Das zweite, dritte und die folgenden Jahre
Im zweiten Jahr hat der Busch zwei Bestrebungen. Auf der einen Seiten bildet er auf dem Holz des Vorjahres Frucht, auf der anderen Seite produziert er an der Basis neue Triebe.
Im November, am Ende des zweiten Jahres, sollte man schwache und zu dicht stehende Triebe auslichten. Auch alle Zweige, die zu nahe am Boden, die gebrochen oder vom Mehltau befallen sind. Entfernen Sie sie so nah an ihrer Basis wie möglich.
Von nun an muß der Gärtner in der Lage sein, junges vom alten Holz zu unterscheiden. Das ist ziemlich einfach, da die Rinde der jungen Triebe viel heller ist, als die der drei Jahre und älteren Triebe.
Der jährliche Winterschnitt ist nun einfach: Entfernen Sie jedes Jahr drei alte Zweige völlig.

Das erste Jahr

1 November bis Februar. Eine einjährige Pflanze beim Pflanzen. Schneiden Sie alle Triebe auf 5 cm vom Boden zurück.

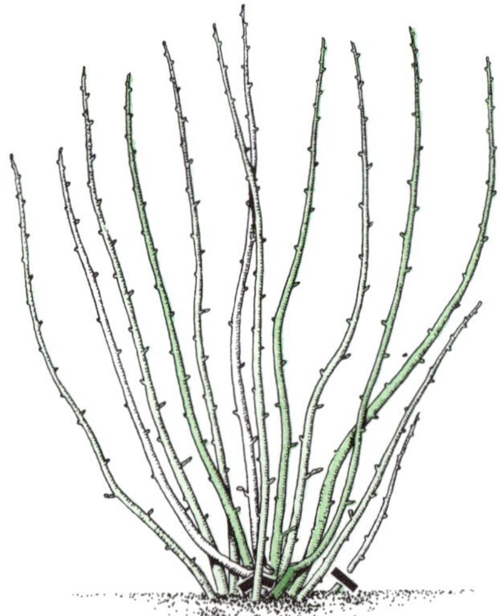

4 November bis Februar. Schneiden Sie etwa ein Drittel der Zweige, die Frucht getragen haben, bis zur Basis zurück. Schneiden Sie beschädigte und schwache Triebe aus.

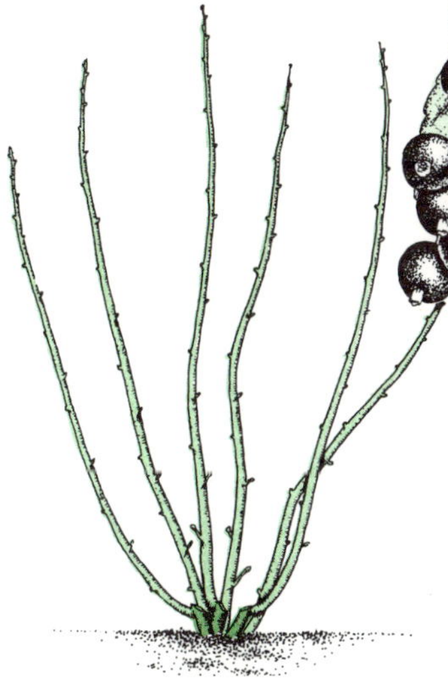

2 **November.** Das harte Beschneiden hat kräftige neue Triebe an der Basis erzeugt. Diese werden im folgenden Jahr Frucht tragen. Es muß nicht beschnitten werden.

Das zweite Jahr

3 **Juli.** Der Busch trägt auf dem Holz des vergangenen Jahres Früchte. Neue Basistriebe entwickeln sich.

Das dritte und die folgenden Jahre

5 **Juli.** Der Busch trägt hauptsächlich auf Zweigen des Vorjahres Früchte. Es wachsen neue Basistriebe und Seitenzweige.

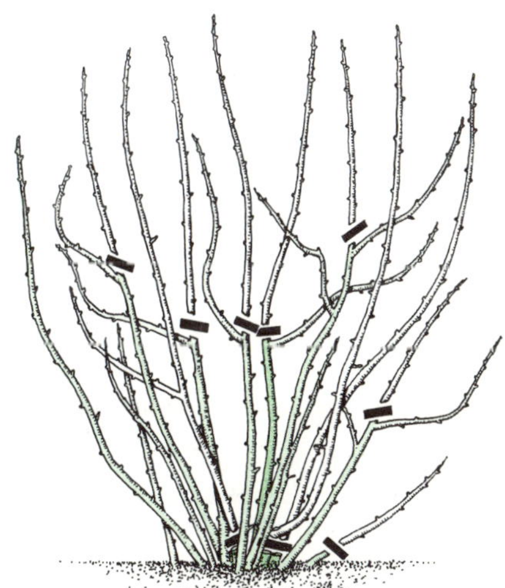

6 **November bis Februar.** Entfernen Sie drei der alten Äste völlig. Schneiden Sie die anderen Äste, die Frucht getragen haben, bis zu kräftigen neuen Seitenzweigen zurück. Entfernen Sie beschädigte Zweige.

Die Logan-Beere wächst, verglichen mit ihrer kräftigen Base, der Brombeere, ziemlich schwach. Deshalb können Logan-Beeren enger zusammengepflanzt werden und sind sehr geeignet für kleine Gärten. Pflanzen Sie die sehr fruchtbare Sorte LY59. Die meisten anderen Sorten tragen wenig Früchte und sind häufig von Krankheiten befallen. Eine andere gesunde, fruchtbare, dornlose Sorte ist die L654.

Das erste Jahr
Pflanzen Sie die Ruten im November mit einem Abstand von 240 cm. Achten Sie darauf, daß die Wurzeln ausgebreitet sind. Kürzen Sie die Ruten um 25 cm vom Boden. Pflanzen Sie immer gesunde Pflanzen. Unglücklicherweise sind Logan-Beeren sehr anfällig gegen eine Pilzerkrankung, die Rutenkrankheit heißt. Man schleppt sie von Jahr zu Jahr weiter, weil sie sich von den alten auf die neuen Ruten überträgt. Die Pilzsporen fallen von den kranken Ruten auf die jungen an der Basis, deshalb ist es wichtig, die Logan-Beere so zu erziehen, daß die neuen Triebe so weit wie möglich oberhalb oder auf einer anderen Seite als die alten wachsen.
Man kann das durch ein Fächersystem erreichen. Die Logan-Beere trägt im ersten Jahr keine Frucht, und man sollte die Ruten fächerförmig erziehen.

Das zweite und die folgenden Jahre
Schneiden Sie im Frühjahr die Spitzen zurück, so daß die Ruten etwa 150 cm lang sind. Nehmen Sie die neuen Ruten von der Basis hoch, durch das mittlere V des Fächers, und dann am obersten Draht entlang. Schneiden Sie im Herbst die alten Ruten völlig ab, und verbrennen Sie sie. Lösen Sie die neuen Ruten aus dem mittleren V und von dem obersten Draht und fächern Sie sie auseinander. Entfernen Sie im Frühjahr die schwachen Spitzen, um das Wachstum von Fruchtseitentrieben im Sommer anzuregen. Am fruchtbarsten sind die Logan-Beeren, wenn man die Rutenkrankheit fernhalten kann. Das können Sie durch richtiges Beschneiden und Erziehen von gesunden Pflanzen erreichen. Es ist nützlich vor der Blüte und wenn die Frucht angesetzt ist, mit einer Bordeaux-Mischung oder einem flüssigen Kupfer-Fungizid zu spritzen.

Das erste Jahr

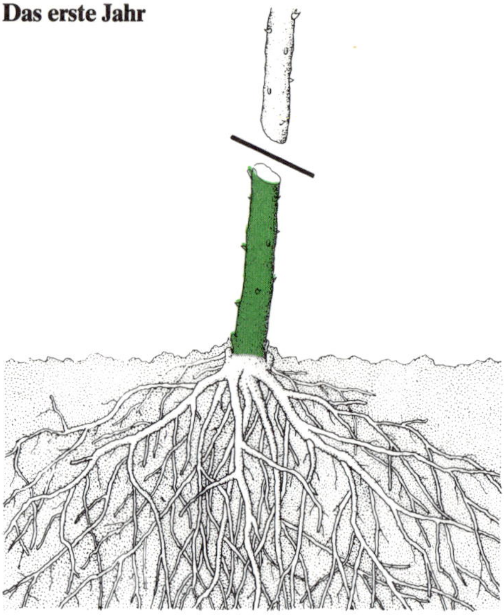

1 November. Eine junge Logan-Beeren-Pflanze mit guter Wurzel. Die Pflanze wurde auf etwa 25 cm gekürzt und ist pflanzbereit. Pflanzen Sie die Ruten mit einem Abstand von 20 cm.

Das zweite und die folgenden Jahre

4 Juli bis August. Die Ruten des Vorjahres tragen auf Seitentrieben Früchte. Ziehen Sie die neuen Ruten in der Mitte hoch und am obersten Draht entlang, so daß die alten und die neuen Ruten getrennt bleiben.

2 Juni bis September. Ziehen Sie die neuen Ruten, die wachsen, fächerförmig.

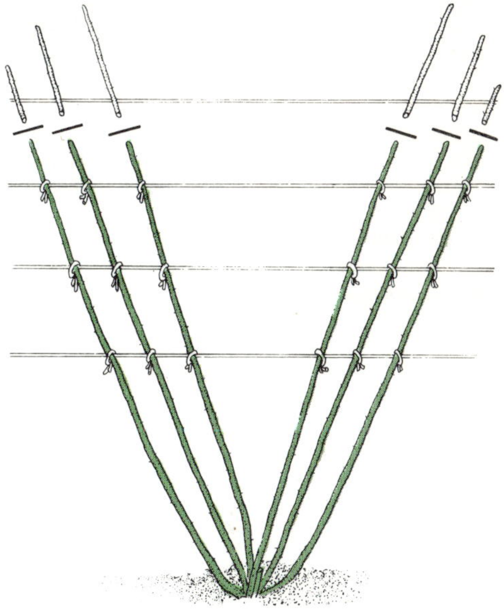

3 Februar bis März. Schneiden Sie die schwachen Spitzen zurück bis auf eine Rutenlänge von etwa 150 cm.

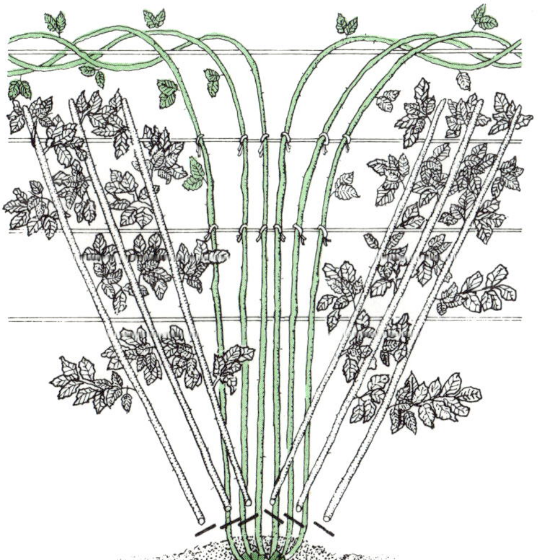

5 September bis Oktober. Schneiden Sie sofort nach der Ernte die Fruchtruten völlig aus.

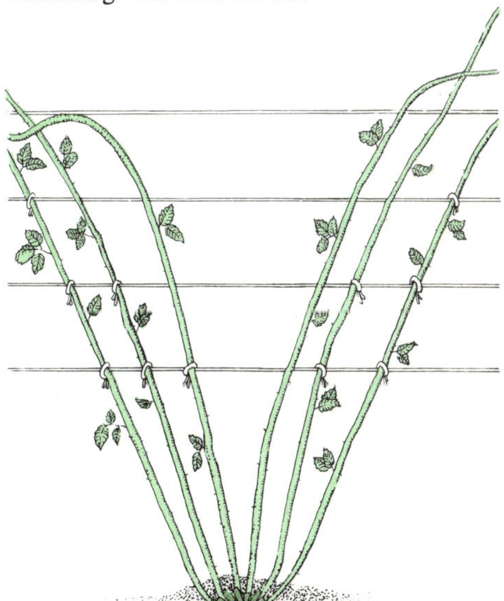

6 Gleichzeitig lösen Sie die jungen Ruten aus der Mitte, breiten sie aus und binden sie in die Lage, in der sie Frucht tragen. Lassen Sie für die Ruten des nächsten Jahres ein großes »V« in der Mitte.

Die Himbeere ist eine perennierende Pflanze mit zweijährigen Ruten. Das Ziel beim Schneiden ist, das Wachstum von ausreichend, aber nicht zu vielen neuen Ruten anzuregen, die die alten ersetzen, wenn diese Frucht getragen haben und absterben. Zwischen den im Sommer und im Herbst fruchttragenden Sorten gibt es Unterschiede.

Die im Sommer fruchttragenden Sorten sind beliebter und haben die reicheren Ernten. Die modernen Sorten mit dem Sammelnamen »Malling«, z. B. »Malling Promise« und »Malling Jewel«, tragen im Sommer Frucht. Die Früchte wachsen auf Seitentrieben von Ruten, die im Vorsommer unmittelbar aus der Wurzel gewachsen sind. Je länger die Ruten sind, desto mehr fruchttragende Seitentriebe gibt es also. Um bequem mit der Länge fertig zu werden, die moderne Sorten erreichen können, kann man die Spitzen der Ruten umbiegen, so daß die oberen tragenden Seitentriebe noch erreichbar sind. Das ist besser, als die Ruten auf eine gleichmäßige Höhe von 150 cm zurückzuschneiden, wie man es früher handhabte. Wenn jedoch das Wachstum der Ruten schwach ist, weil vielleicht der Boden schlecht oder die Pflanze alt ist, dann muß man die schwachen Spitzen kürzen. Die im Herbst fruchttragenden Sorten, wie »September« und »Zeva« bilden die Früchte auf neuem Holz. Die im Herbst fruchttragenden Sorten ver-

Das erste Jahr

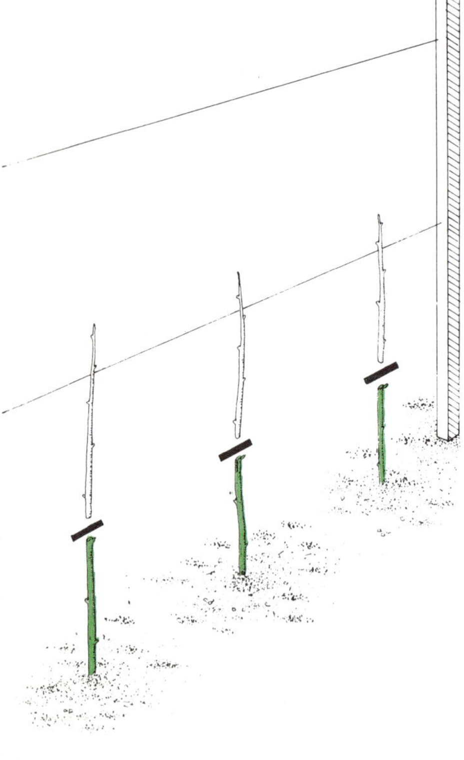

1 November bis Februar. Pflanzen Sie die Ruten mit einem Abstand von etwa 60 cm. Schneiden Sie jede Rute auf 25 cm vom Boden zurück.

2 Frühjahr. Neue Ruten erscheinen. Schneiden Sie die alten Stümpfe bis zum Boden zurück.

wenden ihre Energie eher auf die Produktion von jährlichen als von zweijährlichen Ruten. Die jährlichen Ruten entstehen, indem man alle Ruten im Winter runterschneidet.

Das erste Jahr
Gesunde Ruten der Sommer-Sorten sollten im Herbst oder Winter gepflanzt werden. Schneiden Sie sie auf 25 cm vom Boden zurück. Schneiden Sie zu diesem Zeitpunkt nicht kürzer, da sonst die Pflanze absterben kann.
Im ersten Jahr gibt es keine Früchte. Wenn auf den beschnittenen Stümpfen Blüten erscheinen, müssen sie entfernt werden. Neue Ruten wachsen aus dem Boden. Wenn zuviele wachsen, was eher in späteren Jahren geschieht, werden die überzähligen ausgelichtet. Die stärksten bleiben in einem Abstand von etwa 10 cm stehen. Einige Sorten haben Dornen, und man sollte an ihnen nur mit Handschuhen arbeiten. Wenn die neuen Ruten gut wachsen, werden die 25 cm-Stümpfe bis zum Boden zurückgeschnitten.
Im Herbst, etwa zwölf Monate nach dem Pflanzen, sollte eine Anzahl neuer Ruten da sein. Binden Sie sie an ein Gerüst aus Pfosten und Draht. Der oberste Draht sollte 180 cm vom Boden entfernt sein. Die Ruten sollten einen Abstand von etwa 10 cm haben. Wenn sie stark gewachsen sind, können Sie jetzt die Spitzen zu einer Reihe von Bögen umbiegen.

3 Juni bis September. Die neuen Ruten wachsen. Binden Sie sie mit 10 cm Abstand an einen Pfosten oder Draht. In diesem Jahr wachsen keine Früchte.

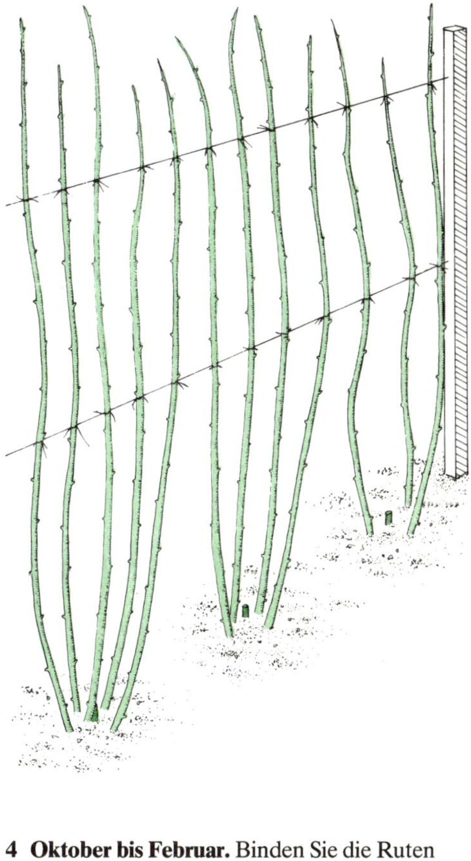

4 Oktober bis Februar. Binden Sie die Ruten weiter mit einem Abstand von 10 cm fest.

Das zweite und die folgenden Jahre

Im frühen Frühjahr, etwa im Februar, sollten alle schwachen oder durch den Winter geschädigten Spitzen bis in starkes gesundes Holz zurückgeschnitten werden. Wenn man die Spitzen schon im Herbst beschneidet, besteht die Gefahr weiteren Zurückfrierens im Winter. Danach ist das Beschneiden unkompliziert. Die Ruten der Sommer-Sorten werden gleich nach der Ernte bis zum Boden zurückgeschnitten, und die jungen Ruten werden an das Gerüst gebunden, um ihren Platz einzunehmen.

Überzählige Ruten, die den Abstand von 10 cm stören, sollten während der Wachstumsperiode völlig entfernt werden.

Früchte im Herbst

Diese Sorten haben Früchte auf Seitentrieben der Ruten des laufenden Jahres.

Das erste Jahr

Die neu gepflanzte Rute wird genauso behandelt wie die im Sommer Frucht tragenden Sorten. Im Herbst können schon einige Früchte geerntet werden.

Das zweite und die folgenden Jahre

Alle Ruten werden im frühen Frühjahr bis zum Boden zurückgeschnitten, damit das Wachstum der neuen Ruten angeregt wird. Diese tragen im September Frucht. Entfernen Sie die Ruten nach der Ernte.

Das zweite und die folgenden Jahre

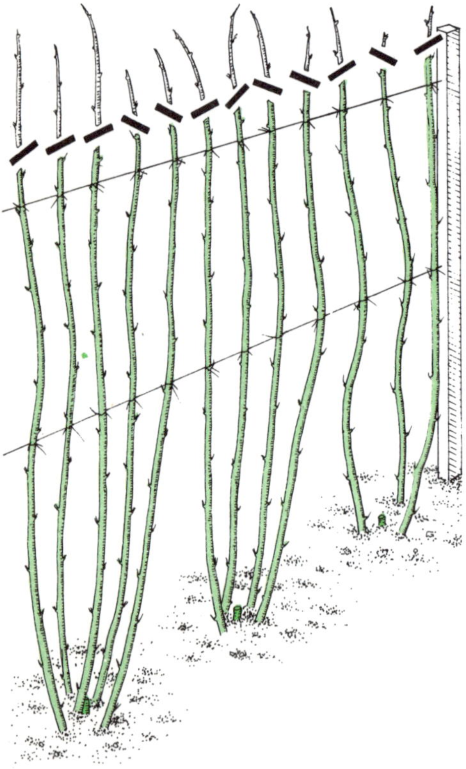

5 Februar. Schneiden Sie tote und schwache Spitzen bis zu einer Rutenhöhe von etwa 150 cm zurück, um das Wachstum von Fruchtseitentrieben anzuregen.

6 Hochsommer. Reißen Sie überschüssiges Wachstum aus, damit die kräftigen jungen Ruten ungehindert in einem Abstand von 10 cm wachsen können.

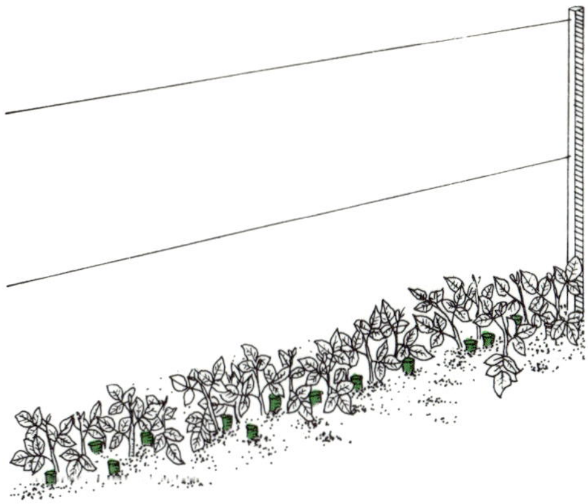

7 Juli bis August. Die Früchte wachsen auf Seitentrieben der vorjährigen Ruten. Neue Ruten entwickeln sich.

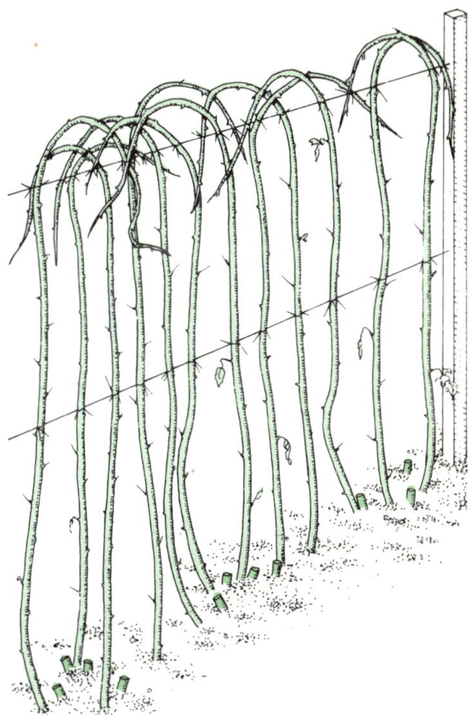

8 Oktober. Schneiden Sie alle Fruchtruten bis zum Boden zurück. Binden Sie die neuen Ruten mit 10 cm Abstand fest. Wenn das Wachstum kräftig ist, dann biegen Sie die neuen Ruten zu einer Reihe von Bögen.

Die Brombeere wird gewöhnlich mit ihrer nahen Verwandten, der Loganbeere, in Verbindung gebracht, die zwei sollten jedoch unterschiedlich behandelt werden, da die Brombeere viel kräftiger und ungebärdiger wächst und ihre Erziehung etwas anders sein muß.
Die meisten Brombeersorten haben große Stacheln. Wenn man sie schneidet, muß man dicke Handschuhe und alte Kleidung tragen. Da es schwierig sein kann, Brombeeren zu beschneiden, erzieht man sie am besten so, daß man die Ruten so wenig wie möglich behandeln muß.
Es werden zwei Methoden gezeigt. Das Einmal-System hat den Vorteil, daß die Pflanze wenig behandelt werden muß. Es wird jedoch Platz verschwendet (s. S. 175). Das System eignet sich nicht besonders gut für kleine Gärten. Das Websystem macht sich die Vorteile sehr langer Ruten zunutze. Eine andere Möglichkeit ist, eine Sorte wie »Oregon Thornless« zu pflanzen, die leichter zu handhaben ist.
Brombeeren tragen auf Seitentrieben an den Ruten des Vorjahres Frucht. Deshalb ist das Beschneiden ziemlich einfach, man muß nur jährlich die Ruten entfernen, die Frucht getragen haben, und die jungen Ruten von der Basis einbeziehen. Manchmal gibt es nur wenig neue Ruten. Dann kann jede gesunde Rute für eine neue

Das erste Jahr

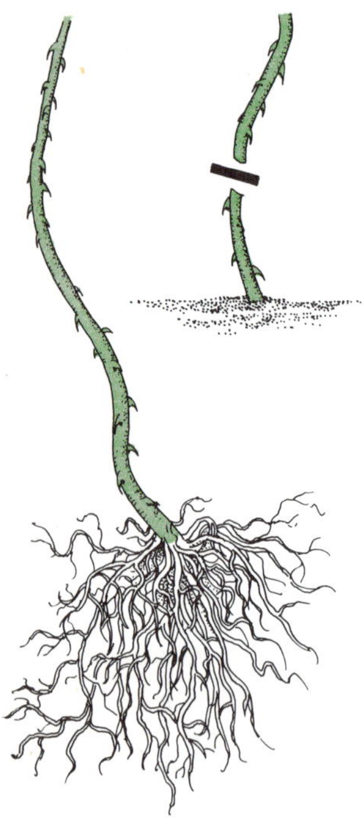

1 November. Eine junge Brombeer-Pflanze mit guter Wurzel. Schneiden Sie beim Pflanzen den Stamm auf 25 cm vom Boden zurück. Pflanzen Sie die Ruten mit einem Abstand von 300–450 cm.

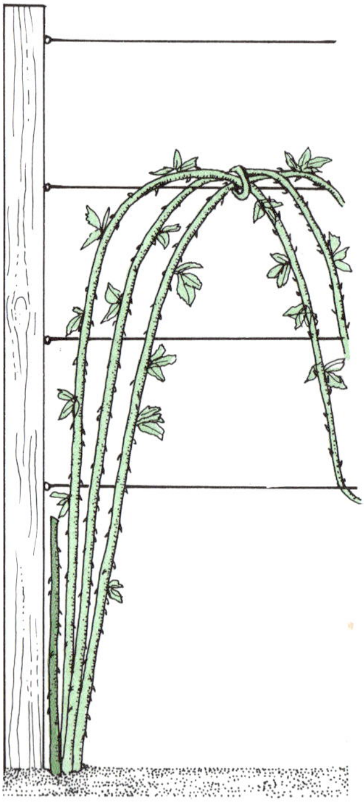

2 Sommer. Wenn die jungen Ruten erscheinen, binden Sie sie an einen starken Stützdraht. Verweben Sie sie mit den drei unteren Drähten.

Das zweite und die folgenden Jahre

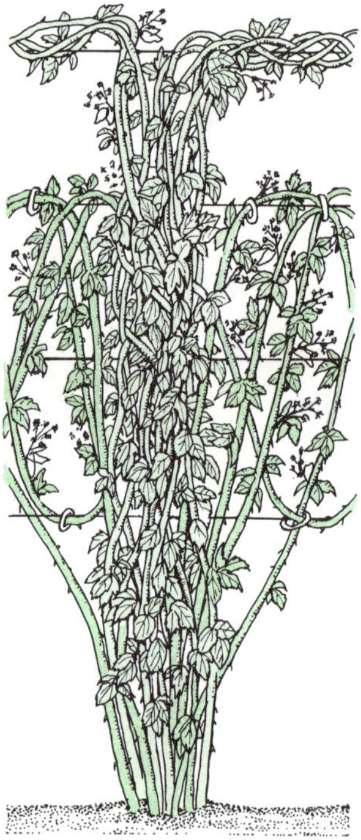

3 Sommer. Ziehen Sie die neuen Ruten durch die Mitte des Busches hoch und am obersten Draht entlang. Früchte wachsen auf Seitentrieben der vorjährigen Ruten.

Ernte stehenbleiben. An ihr müssen nur die Seitentriebe auf etwa 2,5 cm gekürzt werden.

Das erste Jahr

Pflanzen Sie die Ruten 300 bis 360 cm (bei den stärkeren Sorten bis zu 450 cm) auseinander. Kürzen Sie sie auf 25 cm vom Boden. Ziehen Sie die jungen Ruten an Draht oder Pfosten. Sie sollen nicht wachsen, wie sie wollen. Man stellt am besten von Anfang an klar, wer zu bestimmen hat. Entfernen Sie am Ende der Wachstumsperiode die schwachen Spitzen der sorgfältig festgebundenen jungen Ruten.

Das zweite und die folgenden Jahre

Die Früchte des folgenden Sommers wachsen auf Seitentrieben der Ruten. Gleichzeitig wachsen an der Basis der Pflanze neue kräftige Triebe. Diese jungen Triebe sollten an einen sicheren Platz gezogen werden. Entweder an eine Seite oder gerade hinauf und am obersten Draht entlang. In jedem Fall sollen die fruchttragenden Ruten von den neuen getrennt sein. Schneiden Sie nach der Ernte die alten Ruten völlig aus, und ziehen Sie die jungen an deren Platz. Entfernen Sie bei den letzteren nur schwache Spitzen. In den folgenden Jahren werden immer die abgeernteten Ruten entfernt und durch neue ersetzt.

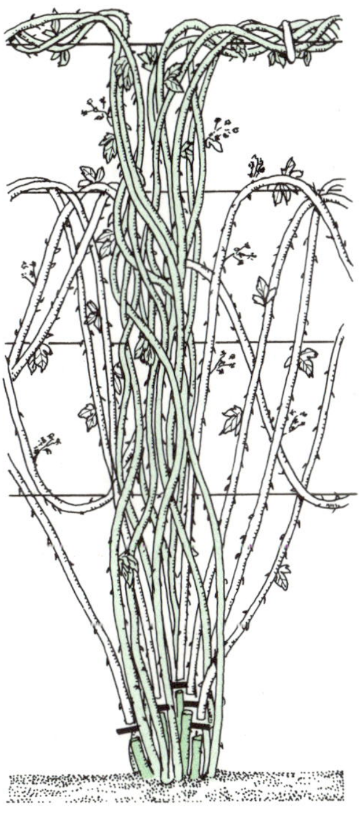

4 Oktober. Schneiden Sie nach der Ernte alle Fruchtruten bis zur Basis aus.

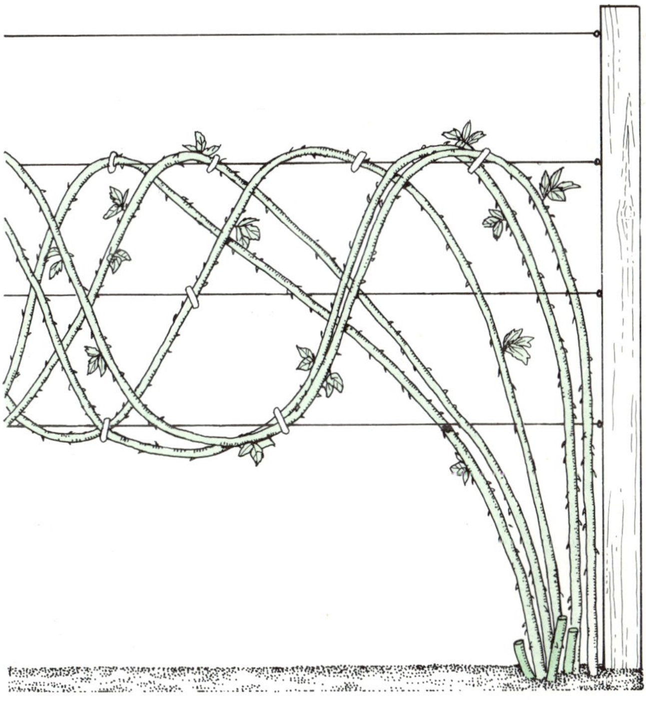

5 Gleichzeitig lösen Sie die Ruten des laufenden Jahres und verweben sie mit den drei unteren Drähten. Entfernen Sie am Ende der Wachstumsperiode die schwachen Spitzen von den jungen Ruten.

Das Einmal-System

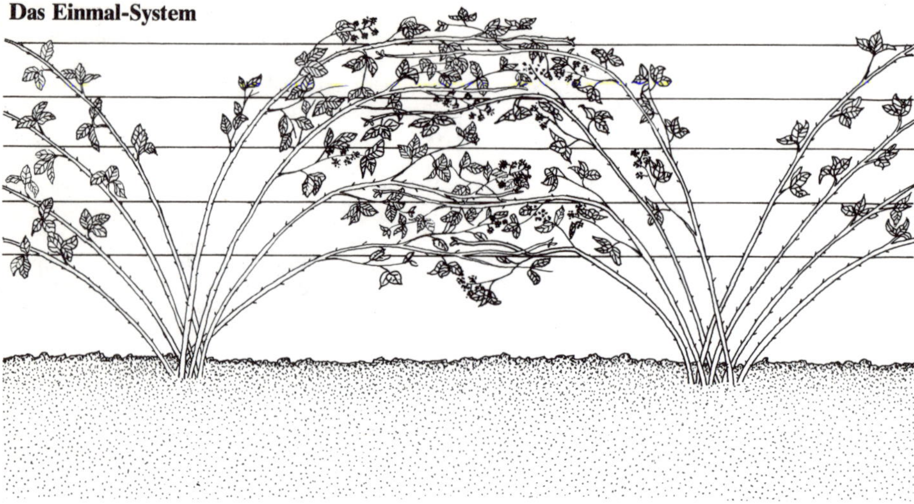

Das Einmal-System ist für so kräftige Sorten wie »Himalaya Giant« und »Bedford Giant« geeignet, da die Ruten nur einmal behandelt werden müssen. Es ist unkomplizierter als das Websystem, aber es ist platzverschwendend und nicht immer geeignet für kleine Gärten.

Wenn im November gepflanzt wird, müssen die Pflanzen wie beim Websystem behandelt werden.

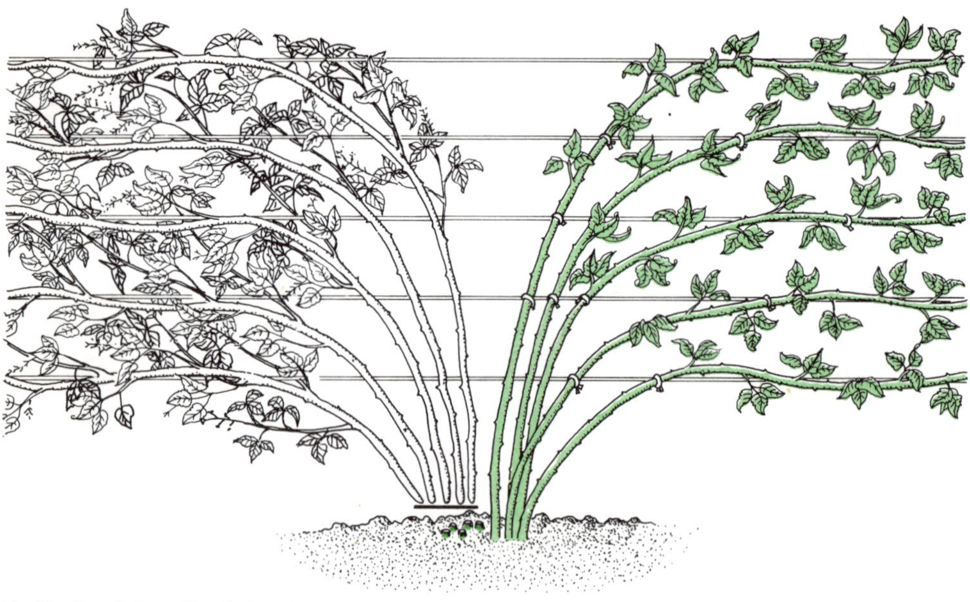

3 Oktober. Lösen Sie die Fruchtruten nach der Ernte vom Draht, und schneiden Sie sie völlig aus. Tragen Sie bei dieser Arbeit feste Handschuhe.

Das erste Jahr

1 Sommer. Wenn die jungen Ruten erscheinen, binden Sie sie an einen starken Stützdraht. Binden Sie sie an den Drähten entlang zu einer Seite der Pflanze. In diesem Jahr wachsen keine Früchte.

Das zweite Jahr

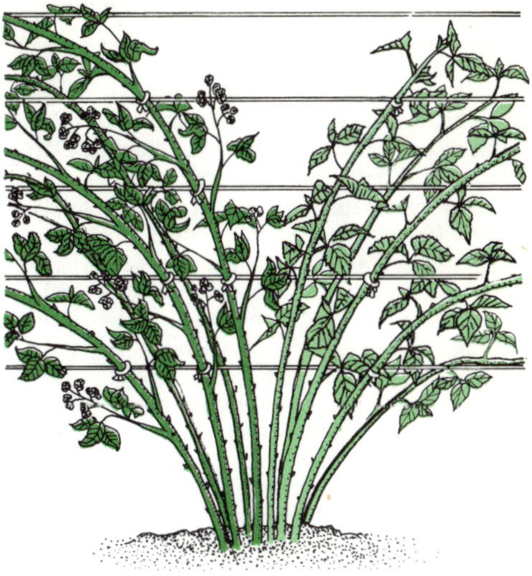

2 Sommer. Wenn neue Ruten erscheinen, ziehen Sie sie an den Drähten entlang zu der entgegengesetzten Seite wie die Ruten des Vorjahres. Die Früchte wachsen auf Seitentrieben der Ruten des letzten Jahres.

Das dritte Jahr

4 Sommer. Wenn neue Ruten erscheinen, ziehen Sie sie an den Drähten entlang zu der entgegengesetzten Seite wie die Ruten des Vorjahres. Die Früchte wachsen auf Seitentrieben der Ruten des Vorjahres.

Die Blau- oder Heidelbeere ist mit der Preiselbeere verwandt. Sie ist eine fruchttragende Pflanze, die nur minimal beschnitten werden muß.

Das Interesse an der Kultivierung von Blaubeeren hat durch eine verstärkte Vertrautheit mit amerikanischer Lebensart zugenommen. Dort ist die Blaubeere eine beliebte Frucht. Tausende von Morgen sauren Bodens, die für andere Kulturen ungeeignet sind, werden mit Blaubeeren angebaut. Einige amerikanische Sorten sind stark veränderlich, und viele Kreuzungen sind entstanden. Es gibt hochbuschige und niedrigbuschige Sorten. Die hochbuschigen Sorten sind am besten für die Kultivierung geeignet.

Alle Gärten, in denen Rhododendren gut gedeihen, sind auch für Blaubeeren gut geeignet. Bei geeignetem sauerem Boden wachsen die Büsche recht hoch. Sie können 360 cm hoch werden, meistens sind sie aber etwa halb so hoch. Kräftige Triebe wachsen vom Wurzelstock oder kurz über dem Boden. Die Früchte sitzen auf Seitentrieben. Die Blütenknospen entstehen auf Holz des Vorjahres.

Wenn der Busch nicht gut gedüngt und beschnitten wird, trägt er unregelmäßig Frucht, und die einzelnen Früchte sind kleiner. Schneiden bedeutet hauptsächlich ein Auslichten der eng stehenden und erschöpften Triebe und Zweige. Gewöhnlich läßt man die Büsche drei Jahre nach dem Pflanzen weitgehend unbeschnitten. Schneiden Sie in den folgenden Wintern zwei oder drei der Äste, die Frucht getragen haben und sichtbar dürr sind, bis zu einem kräftigen jungen Trieb oder bis zum Boden zurück. Abgebrochene Zweige, tote Triebe und Zweige, die wegen des Gewichts der Früchte zu nahe am Boden hängen, werden auch entfernt. Alles was man zum Beschneiden der Blaubeeren braucht, ist ein gesunder Menschenverstand.

Früchte wachsen auf Seitentrieben. Ausführliches Beschneiden ist nicht nötig.

Gut beschaffene junge Triebe mit großen Früchten.

Fruchttragende Einheiten mit Alterserscheinungen. Schneiden Sie sie im Winter bis zu einem kräftigen Trieb oder bis zum Boden zurück.

Das dritte und die folgenden Jahre

November bis Februar. Schneiden Sie zwei oder drei der Fruchtzweige, die dürr geworden sind, bis zu einem kräftigen jungen Trieb oder bis zum Boden zurück. Schneiden Sie alle gebrochenen oder toten Zweige, tote Triebe und Zweige, die zu nahe an den Boden gewachsen sind, weil das Gewicht der Früchte sie runtergedrückt hat, eng an der Basis aus.

Die meisten Gärtner schneiden zwar ihre Rosen und Büsche regelmäßig jedes Jahr, aber wenige denken daran, ihre Bäume zu schneiden. Um gut geformte, üppige und gesunde Bäume zu bekommen, muß man sie jedoch in den ersten Jahren ihres Lebens erziehen und beschneiden. Normalerweise kann man den Baumschulen trauen, daß sie gut erzogene junge Bäume liefern, die von Anfang an richtig behandelt wurden. Meistens muß nur noch wenig beschnitten werden, um dieses frühe Erziehen fortzusetzen und einen schönen Baum mit einen symmetrischen, ausgeglichenen Krone zu bekommen. Das Ziel ist, eine Pflanze mit gleichmäßig verteilten Ästen, die ein kräftiges Grundastgerüst bilden, zu erziehen. Sich kreuzende oder schlecht plazierte Äste sollten in diesem frühen Stadium ausgeschnitten werden, man muß aber aufpassen, daß man die natürliche Wachstumsart des Baumes nicht zerstört. Das Gewicht der Zweige eines voll entwickelten Baumes ist beachtlich, und es ist nötig, daß der Stamm und die Hauptäste es tragen können, und daß durch ein sachgemäßes frühes Erziehen die Gefahr von Windschäden in späteren Jahren verringert wird. Wenn die Bäume etabliert sind, brauchen sie nur noch gelegentlich einen kosmetischen Schnitt (krankes, beschädigtes und totes Holz muß entfernt werden). Die meisten Gärtner werden nur hin und wieder vereinzelte Zweige ausschneiden, wenn der Baum erst einmal eine gewisse Höhe erreicht hat. Alles umfangreiche Beschneiden oder Auslichten der Krone bei großen Bäumen wird am besten von einem erfahrenen Baumchirurgen durchgeführt, da man eine Spezialausrüstung benötigt, um die Arbeit korrekt und sicher zu erledigen. Geben Sie den Auftrag keinem Gelegenheitsarbeiter, der behauptet, ein Baumchirurg zu sein. Er ist vielleicht billiger, aber er kann den Baum verderben.

Sämlinge oder wurzelschlagende Stecklinge
Die Endknospe eines Sämlings oder die oberste Knospe eines Stecklings produziert einen kräftigen aufrechten Längentrieb, den Leittrieb, der während der Wachstumsperiode an einen starken Pfosten gebunden werden sollte, damit er den Hauptstamm bilden kann. Meistens, jedoch nicht immer, wachsen weiter unten am Stamm Seitentriebe. Wenn ein Baum einen kahlen Stamm von bestimmter Länge haben soll, dann müssen alle Seitentriebe der ersten Wachstumsperiode, wenn sie 25 bis 30 cm lang sind, auf die Hälfte zurückgeschnitten werden. Ein paar der oberen Seitentriebe, die erst später in der Wachstumsperiode wachsen, können bis zum folgenden Jahr unbeschnitten bleiben. Das Beschneiden der Seitentriebe lenkt einen großen Teil der Nahrung in den Leittrieb, so daß in kürzester Zeit ein langer und dicker Stamm entsteht.
Dieser Erziehungsprozeß, das Entfernen der Seitentriebe des laufenden Jahres in zwei Etappen, wird jedes Jahr wiederholt, bis die gewünschte Länge kahlen Stammes erreicht ist.
Wenn man einen Baum mit einem Hauptstamm und Zweigen fast vom Boden (einen Heister) wünscht, dann müssen im zweiten und dritten Jahr nur einige der kleineren und schwächeren

Wildtriebe

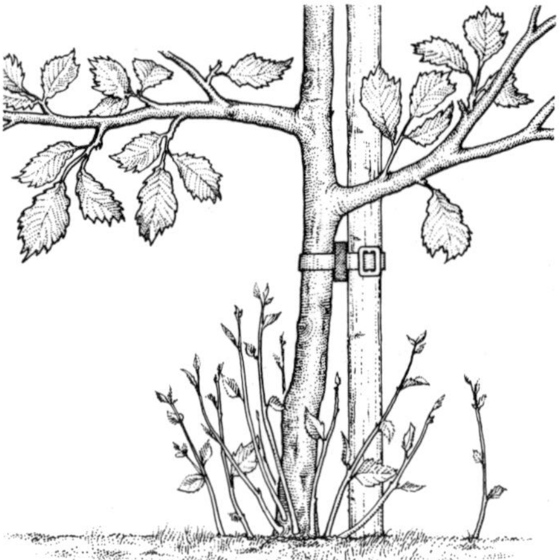

Viele Gartenbäume werden fortgepflanzt durch Pfropfen oder Okulieren auf eine Unterlage einer verwandten Sorte oder sogar auf voll entwickelte kräftige Bäume. Von der Unterlage können Wildtriebe wachsen. Sie sollten sofort entfernt werden, da sie die Pflanze schwächen. Wildtriebe, die unterhalb der Veredelungsstelle wachsen, sollten sorgfältig entfernt werden, und die Schnittfläche sollte mit einem Messer geglättet werden. Wenn die Wundfläche recht groß ist, sollte man ein Wundverschlußmittel auftragen. Wenn man Wildtriebe einfach zurückschneidet, befinden sich vielleicht schlafende Knospen an den Stümpfen, und weitere Wildtriebe wachsen nach.

Seitentriebe nahe der Basis entfernt werden. Beim Heister werden während der anfänglichen Erziehung keine weiteren Seitentriebe entfernt.

Gepfropfte oder okulierte Pflanzen
Wenige Gärtner pfropfen oder okulieren ihre Bäume selber, aber Baumschulen bieten manchmal einjährige gepfropfte oder okulierte Pflanzen an. Wenn diese einen kahlen Stamm haben, werden sie einjährige Bäume genannt, wenn sie Seitentriebe haben, heißen sie Einjährige mit vorzeitigen Trieben.
Wenn man einen kahlen Stamm wünscht, muß man die Seitentriebe in zwei Etappen, wie vorher beschrieben, beschneiden.

Wasserschosse

Ganze Büschel starker Triebe können aus schlafenden Knospen an den Stämmen oder Hauptzweigen der Bäume wachsen oder an den Rändern der Wunden, die durch das Entfernen von Ästen entstanden sind, oder direkt durch die Rinde des Stammes, oder an der Basis. Die Wasserschosse, die man an Apfelbäumen sieht, die einen radikalen »Haarschnitt« bekommen haben, sind ähnlichen Ursprungs. Sie sollten jedes Jahr möglichst bis zu ihrer Basis ausgeschnitten werden. Wenn man sie stehenläßt, können sie die Zweige schwächen, indem sie einen Teil der Nahrung aufbrauchen.

Leittriebe
Die Endknospe des Leittriebes eines jungen Baumes ist normalerweise dominant im Wachstum und reguliert Entwicklung und Wachstum der Seitenknospen und -triebe. Wenn der Leittrieb abbricht oder beschädigt ist (oder sehr schwach ist), dann muß man sobald wie möglich einen Ersatztrieb erziehen, der seine Funktionen übernehmen kann. So vermeidet man ungleichmäßiges Wachstum. Wählen Sie einen passend plazierten Seitentrieb, und ziehen Sie ihn soweit es geht vertikal. Wenn der Schaden im Spätherbst oder Winter eintritt, schneiden Sie den Leittrieb bis zu einer starken Triebknospe zurück und ziehen den Trieb, der sich aus dieser Knospe entwickelt, vertikal. Ein langes Bambusrohr sollte fest an den Stützpfosten gebunden werden, um ihn zu verlängern.
Wenn die Bäume schon größer und voller entwickelt sind und nicht mehr an einem Stützpfahl stehen, dann kann das Rohr direkt an den Hauptstamm gebunden werden. Man muß darauf achten, daß die Bänder, die das Rohr halten, den Stamm nicht einschnüren, da dadurch das Wachstum verzögert würde.
Wenn der Leittrieb nach ein oder zwei Jahren gut etabliert ist, kann das Rohr entfernt werden, und nach einigen Jahren wird man nicht mehr sehen, wo der Ersatz stattgefunden hat. Wenn einer oder mehrere Seitentriebe über den Leittrieb zu dominieren beginnen, dann schneiden Sie sie leicht zurück, um den Endtrieb zu stimulieren.

Konkurrenztriebe
Manchmal entwickeln Bäume zwei rivalisierende Leittriebe, entweder auf natürliche Art oder durch Beschädigung des Haupttriebes. Wenn man beide sich entwickeln läßt, dann bilden sie unter Umständen Hauptzweige, die Baumstämmen gleichen.
Die gegabelten Leittriebe werden nach und nach durch das Gewicht der Äste auseinandergezogen und bekommen schwache Stellen.
Bei schweren Stürmen kann ein großer Teil des Baumes abbrechen, und dann bleibt ein häßlicher und gefährlicher Baumrest stehen. Am besten läßt man den am passendsten gewachsenen Leittrieb stehen und stützt ihn ab, zieht ihn, wie vorher beschrieben, vertikal und schneidet den rivalisierenden Leittrieb so früh wie möglich völlig aus.

Die natürliche Wachstumsart eines Baumes beeinflußt unausweichlich die Art, in der man ihn erziehen und beschneiden kann. Man kann gar nicht stark genug betonen, daß die individuellen Wachstumsmerkmale eines Baumes durch zu rigoroses Erziehen und Beschneiden verdorben werden können.

Einige Bäume, wie Parrotia persica, produzieren mehrere sich sanft von der Basis nach oben windende Stämme mit reizvoller vielfarbiger Rinde. Diese Bäume sollten praktisch unbeschnitten bleiben, nur einzelne widerspenstige Zweige, die die Symmetrie stören, sollten entfernt werden.

In manche Gärten passen die etwas steifen einstämmigen Bäume nicht gut. Birken, Erlen und eine Reihe anderer Bäume wachsen als mehrstämmige Pflanzen von etwas ungebändigterem Wuchs. Sie sind manchmal hübscher im Garten. Neben diesen Ausnahmen kann man die Wachstumsart von Gartenbäumen in zwei Hauptkategorien aufteilen. Die erste umfaßt Bäume, die einen zentralen Leittrieb haben. Die Seitentriebe wachsen in ziemlich regelmäßigen Abständen am Leittrieb. Manchmal ist ihr Stamm an der Basis ein Stückchen kahl, manchmal nicht. Ihre Endform ist pyramidenartig oder konisch.

Die zweite Gruppe umfaßt Bäume mit verzweigten, ausgeglichenen Kronen, die keinen zentralen Leittrieb haben, sondern meistens kahle Stämme von 150 bis 210 cm Länge. Gewöhnlich sind sie buschig und rund und werden anders erzogen und später beschnitten. Es gibt Variationen dieser zwei Gruppen, die nicht allzu starr angewandt werden dürfen.

Das Entfernen von Zweigen

Wenn man sehr schwere und schlecht plazierte Zweige entfernen muß, sollte man das von einem erfahrenen Baumchirurgen ausführen lassen, aber kleinere Zweige wird man gelegentlich selber entfernen.

Einen Stumpf stehenzulassen, wie man es früher machte, ist sowohl häßlich als auch gefährlich. Ein solcher Stumpf stirbt fast immer ab und wird zu einem Punkt, wo Krankheiten eindringen können. Der Zweig sollte immer glatt bis zum Stamm oder zu einem größeren Zweig abgeschnitten werden. Man sollte die Schnittfläche so klein wie möglich halten und keinen Stumpf stehenlassen. Die Methode ist einfach. Wenn der Zweig ziemlich lang und zu dick ist, um mit einer Baumschere geschnitten zu werden, dann sollte er zuerst soweit abgeschnitten werden, daß ein Stumpf von etwa 30 bis 40 cm stehenbleibt. Wenn es nötig ist, können Sie mehrere Abschnitte abschneiden, damit sich das Gewicht verringert. Stümpfe kleinerer Zweige werden dann von oben sauber entfernt. Größere Aststümpfe sollten jedoch von unten unmittelbar am Stamm leicht angeschnitten werden, bevor sie von oben ganz abgeschnitten werden. Der untere Schnitt verhindert, daß Rinde unterhalb des Zweiges abreißt. Alle Wunden sollten mit einem Messer sorgfältig geglättet und mit einem Wundverschlußmittel behandelt werden.

1 Schneiden Sie den Zweig an den gezeigten Stellen in handliche Stücke, damit sich das Gewicht reduziert. Lassen Sie einen Stumpf von 30–45 cm stehen.

Schwerer Zweig

3 Schneiden Sie den Stumpf nahe am Stamm leicht von unten an, damit keine Rinde abgerissen wird. Schneiden Sie den Stumpf von oben durch.

Abstützen

Das korrekte Abstützen junger Bäume ist sehr wichtig. Bäume, die unzureichend oder gar nicht abgestützt werden, bekommen leicht durch Wind oder andere mechanische Einwirkungen Schäden oder wachsen unregelmäßig und einseitig. Dadurch wird das Erziehen und Beschneiden erschwert. Ein starker, richtig angebrachter Stützpfosten, am besten mit verstellbaren flexiblen Bändern, ist notwendig für einen gut ausgewogenen Baum. Nach ein paar Jahren, wenn der Baum völlig etabliert ist, kann der Stützpfosten entfernt werden. In der Zwischenzeit muß man regelmäßig prüfen, ob die Bänder den Stamm nicht einschnüren. Man sollte lieber verstellbare flexible Plastikbänder benutzen als Kokosschnur. Draht sollte nie benutzt werden.

Düngen und Wässern

Düngen und Wässern scheint keinen direkten Bezug zum Erziehen und Beschneiden zu haben, aber ein junger Baum, dem es an Nahrung oder Wasser mangelt, wächst langsam und ungleichmäßig. Wenn ungenügend kräftige junge Triebe produziert werden, dann ist das frühe Beschneiden viel schwieriger. Vermischen Sie die Erde im Pflanzenloch vorm Pflanzen mit gut verrottetem Mist oder Kompost, und geben Sie auch nach dem Pflanzen Nährstoffe in Form von organischen und mineralischem Dünger.

Häufeln Sie um die Basis des Baumes eine Mulchdecke, und wiederholen Sie das jedes Frühjahr, damit der Baum kräftig bleibt.

Gießen Sie in den ersten beiden Jahren nach dem Pflanzen den Baum immer, wenn es trocken ist. Das mag Ihnen überflüssig erscheinen, es zahlt sich aber aus.

Mittelschwerer Zweig

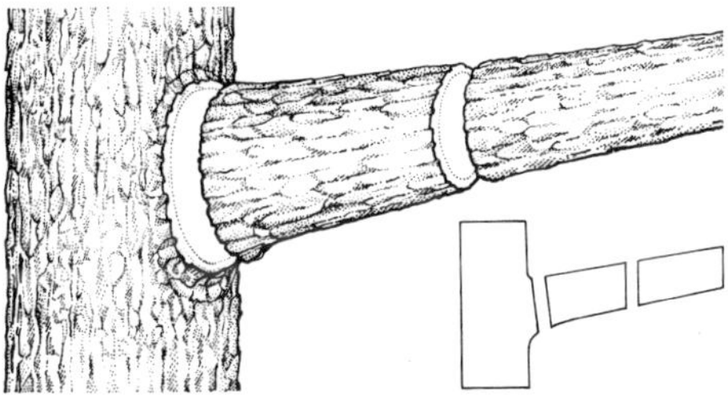

2 Schneiden Sie den Stumpf von oben. Führen Sie den Schnitt leicht vom Stamm fort, um keine zu große Wunde zu verursachen.

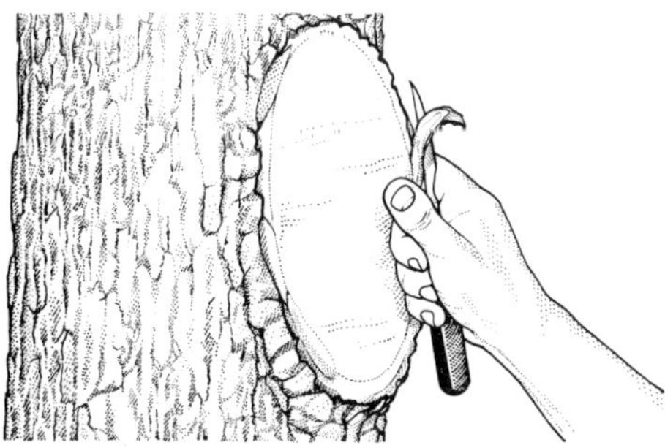

4 Glätten Sie den Rand der Schnittfläche. Tragen Sie ein Wundverschlußmittel auf, damit die ganze Wunde geschützt ist.

Falsches Vorgehen

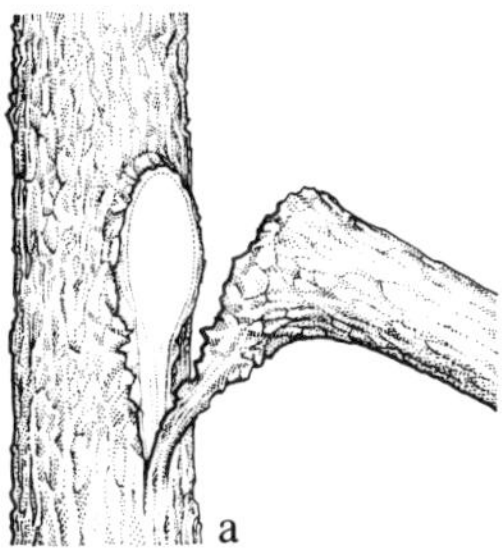

a

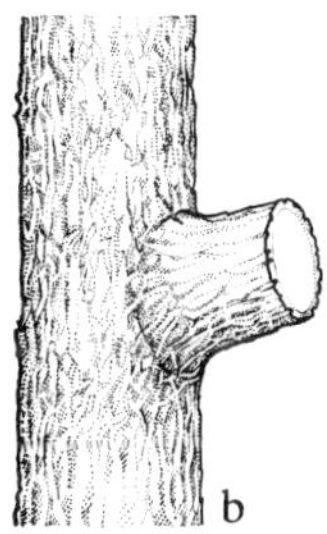

b

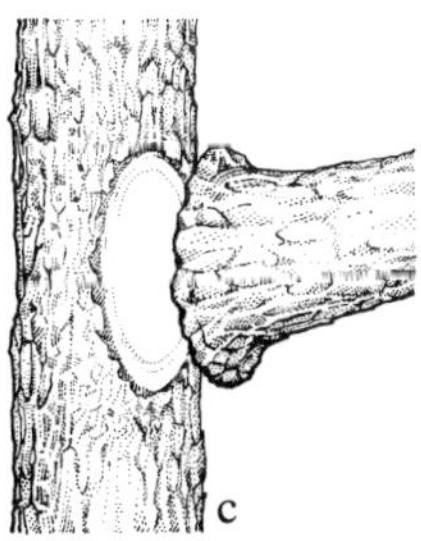

c

Wenn man von unten keinen Schnitt macht, reißt das Gewicht eines schweren Astes die Rinde vom Stamm (a). Ein häßlicher Stumpf, den man stehen läßt, wird wahrscheinlich absterben und bildet einen möglichen Einlaß für Krankheiten (b). Wenn man zu nahe am Stamm schneidet, entsteht eine gefährlich große Wunde (c).

Der gefiederte Baum hat die für sommergrüne Bäume natürlichste Form. Er hat einen Hauptstamm und fast von der Basis her viele Seitentriebe. Das ist der typische Wuchs für Silberbirken, Pappeln, Erlen und viele andere Bäume.
Die frühe Erziehung ist einfach. Das Wichtigste ist, daß der Hauptstamm dominiert, und daß sich keine Gabelung und kein zweiter Stamm bilden. Alle Triebe von der Basis, die dem Stamm Konkurrenz machen, sollten schnell entfernt werden, es sei denn, daß man einen mehrstämmigen Baum haben möchte. Ein gefiederter Baum bekommt von alleine Zweige und bildet eine ziemlich symmetrische Form, man sollte ihn nur beschneiden, wenn ein Seitentrieb schlecht plaziert ist und das Gleichgewicht stört. Solche ungeschickt wachsenden Seitentriebe sollte man im Oktober oder November völlig ausschneiden.
Die ersten Seitentriebe sind meistens klein und entwickeln sich nicht gut. Später werden die Seitentriebe größer und kräftiger und halten mit dem Leittrieb Schritt. Wenn der Baum sich entwickelt, entfernt man die kleinen Seitentriebe an der Basis, so daß ein kurzer kahler Stamm entsteht. Bei kräftigen Bäumen können sie am Ende der Wachstumsperiode bis zum Stamm zurückgeschnitten werden, oder sie können in zwei Schritten zurückgeschnitten werden, wie auf S. 179 beschrieben wurde.
Wenn der Baum älter wird, kann es nötig sein, einige zu dicht stehende Seitentriebe zu entfernen oder einige der unteren Zweige völlig auszuschneiden, wenn sie beim Mähen oder bei anderen Gartenarbeiten stören. Konkurrierende Leittriebe und alles beschädigte, kranke oder tote Holz müssen entfernt werden; weiteres Beschneiden ist gewöhnlich nicht nötig.
Man kann natürlich einen gefiederten Baum leicht als Hochstamm ziehen. Dann müssen die Seitentriebe jeden Herbst glatt bis zum Stamm zurückgeschnitten werden, bis man die gewünschte Stammhöhe erreicht hat.

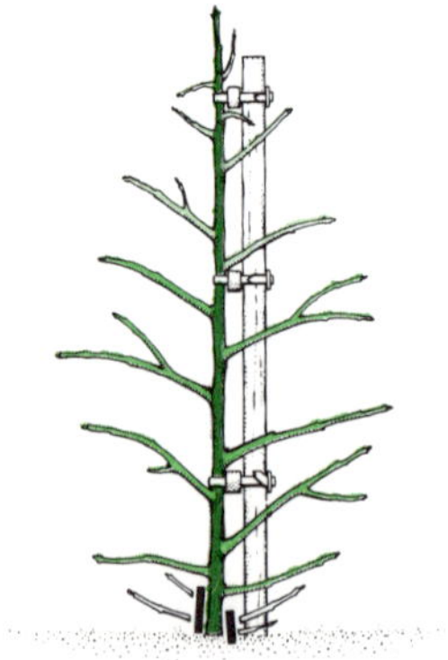

4 Oktober bis Februar. Entfernen Sie sorgfältig genau am Stamm schwache Seitentriebe an der Basis. Schneiden Sie totes, beschädigtes und krankes Holz aus.

Das dritte Jahr

5 April bis Juli. Der Leittrieb wächst weiter in die Länge. Schneiden Sie den Seitentrieb aus, der dem Leittrieb Konkurrenz macht.

Das erste Jahr

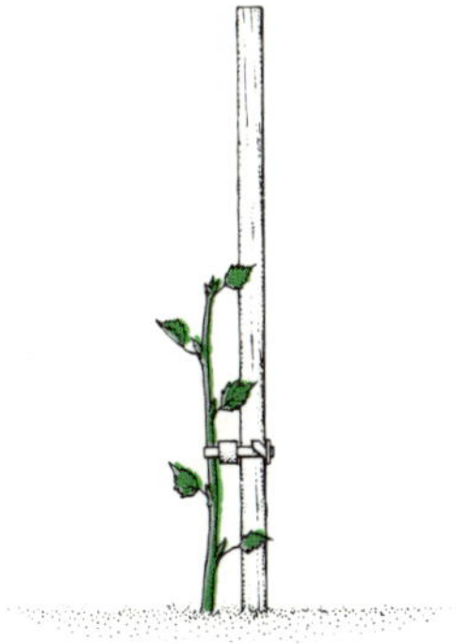

Das zweite Jahr

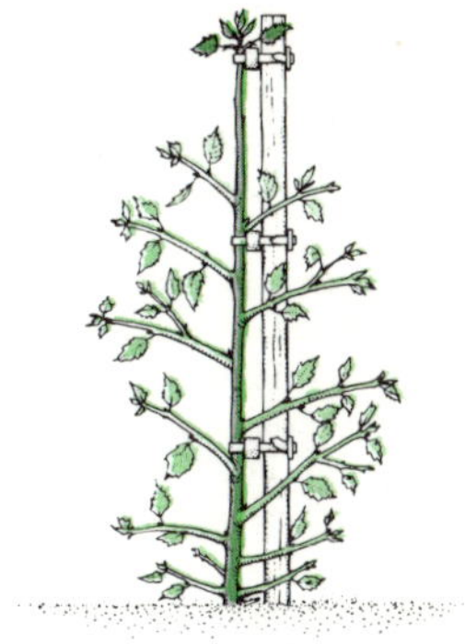

1 April bis Juli. Binden Sie den zentralen Leittrieb an einen Stützpfosten.

2 Oktober bis November. Es haben sich Seitentriebe entwickelt. Schneiden Sie alle Basistriebe aus.

3 April bis Juli. Binden Sie den zentralen Leittrieb während des Frühjahrs und Sommers weiterhin fest.

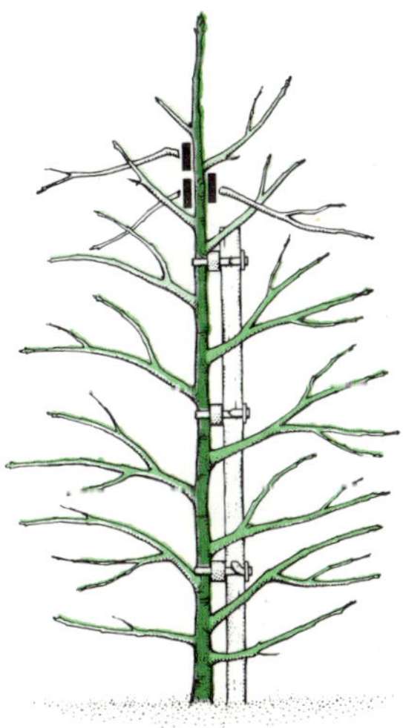

Das vierte und die folgenden Jahre

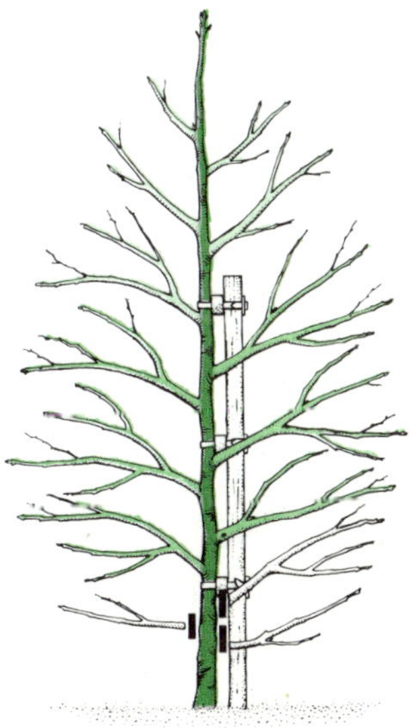

6 Oktober bis November. Schneiden Sie alle schlecht plazierten und schwachen Seitentriebe und Seitentriebe zweiter Ordnung aus, die die Symmetrie und das Gleichgewicht des jungen Baumes stören. Schneiden Sie alles tote, beschädigte und kranke Holz aus.

7 Oktober bis November. Wenn der Stamm eine kahle Basis haben soll, dann schneiden Sie einige der untersten Seitentriebe eng am Stamm ab. Wiederholen Sie das in den folgenden Herbsten, bis die gewünschte Länge kahlen Stammes entstanden ist.

Hochstämme

Der Hochstamm ist die gebräuchlichste Form bei Zierbäumen. Der Stamm ist 150 bis 180 cm vom Boden kahl. Die Form der Krone hängt vom natürlichen Wachstum der jeweiligen Pflanze ab, aber auch davon, was für einen Baum man haben möchte.

Hochstämme mit verzweigter Krone

Die untersten Zweige eines Hochstammes wachsen 150 bis 180 cm über dem Boden. Es gibt keinen zentralen Leittrieb. Entweder auf natürliche Art oder durch gezielte Erziehung bildet sich eine verzweigte aber ausgewogene Krone. Dieser Habitus paßt für solch kleine Zierbäume wie Zierkirschen und Holzäpfel, er empfiehlt sich aber nicht für große Bäume. Eichen, Ulmen und einige andere Bäume bekommen auf natürliche Weise solche Kronen, diese Anordnung der Zweige ist jedoch mechanisch weniger solide als der Habitus mit einem zentralen Leittrieb.
Das anfängliche Erziehen ist das gleiche wie bei einem Hochstamm mit zentralem Leittrieb. Wenn die gewünschte Länge kahlen Stammes vorhanden ist, muß der Leittrieb zurückgeschnitten werden, damit die darunter liegenden Knospen sich zu Seitentrieben entwickeln, die das Grundastgerüst der verzweigten Krone bilden. Bei vielen Bäumen bilden sich diese Seitentriebe auf natürliche Weise, man sollte sie um die Hälfte ihrer Länge zurückschneiden, wenn der Leittrieb beschnitten wird. Der niedrigste dieser Seitentriebe sollte 150 bis 180 cm über dem Boden wachsen, wenn man den üblichen Hochstamm haben möchte.
Die Äste des Grundastgerüstes sollten so gleichmäßig wie möglich verteilt sein. Alle zu eng stehenden oder sich kreuzenden Zweige sollten zu diesem Zeitpunkt entfernt werden. Danach sollte man den Zweigen des Grundastgerüstes erlauben, sich natürlich zu entwickeln. Es muß dann nur noch beschnitten werden, wenn die Ausgewogenheit der Krone gestört ist.
Bei jungen Bäumen können sich während einiger Jahre kräftige aufrechte Triebe im Grundastgerüst entwickeln. Wenn man sie stehenläßt, werden sie schnell zu neuen Leittrieben. Wenn die offene Kronenmitte erhalten bleiben soll, entfernen Sie die Triebe sofort.

Das dritte Jahr

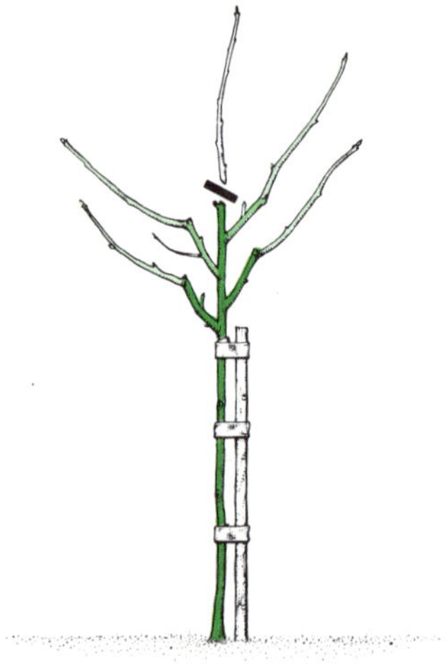

1 Oktober bis November. Schneiden Sie den Leittrieb bis zu einer kräftigen Knospe oder einem Seitentrieb 30–45 cm oberhalb der gewünschten Länge kahlen Stammes zurück.

Das vierte Jahr

2 April bis Juli. Es entwickeln sich weitere Seitentriebe und Seitentriebe zweiter Ordnung. Es muß nicht beschnitten werden.

Hochstämme mit zentralem Leittrieb

Diese sind ähnlich wie gefiederte Bäume, der niedrigste Zweig wächst jedoch 150 bis 180 cm über dem Boden.

Frühes Erziehen

Binden Sie den kräftigen Wachstumstrieb eines jungen Sämlings an einem Stützpfosten fest.

Meistens, aber nicht immer, wachsen Seitentriebe aus Knospen weiter unten am Stamm. Alle Seitentriebe, die in der ersten Wachstumsperiode wachsen, werden, wenn sie 25 bis 30 cm lang sind, um die Hälfte zurückgeschnitten. Einige der oberen Seitentriebe, die später im Jahr gewachsen sind, können unbeschnitten bleiben.

Wenn die Seitentriebe beschnitten werden, konzentriert sich die Nahrung auf den Leittrieb, so daß er sich in kurzer Zeit in einen langen und dicken Stamm entwickeln kann. Schneiden Sie die beschnittenen Seitentriebe im Spätherbst oder Frühwinter bündig bis zum Stamm zurück.

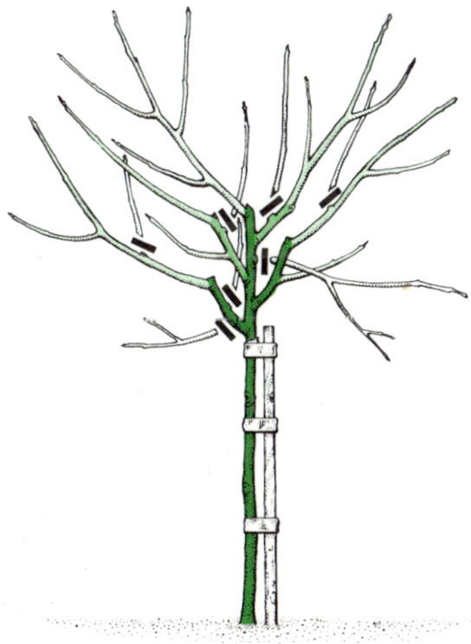

3 Oktober bis November. Man braucht ein Astgerüst aus 3–5 gleichmäßig verteilten Seitentrieben. Entfernen Sie sich kreuzende oder zu überfüllte Seitentriebe und Seitentriebe zweiter Ordnung. Entfernen Sie alle kräftigen aufrechten Triebe, die einen neuen Leittrieb bilden könnten.

Das fünfte und die folgenden Jahre

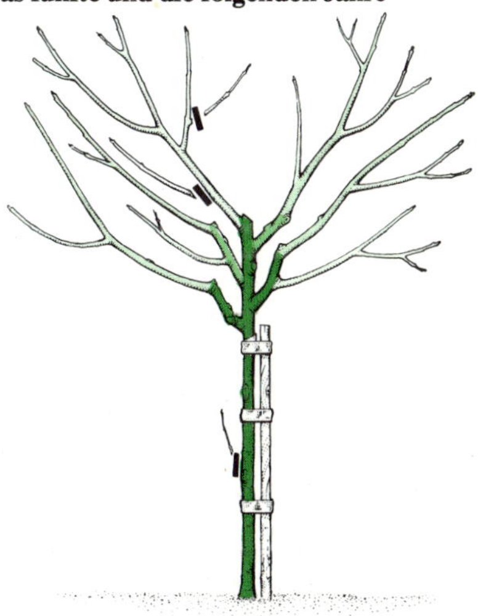

4 Oktober bis November. Schneiden Sie alle jungen Zweige aus, die die Symmetrie oder die offene Kronenmitte des Baumes stören. Entfernen Sie alle einjährigen Triebe, die sich an dem kahlen Stamm und an den Hauptzweigen bilden.

Nur allzu häufig finden sich in Gärten vernachlässigte oder verstümmelte Bäume. Dies können zu groß gewordene Bäume sein, wie Eichen, um die sich seit ihrer Anpflanzung niemand mehr gekümmert hat, und die nun viele abgestorbene beschädigte Äste haben. Manchmal sind es Zieräpfel oder -kirschen, deren Kronenmitte an dünnem, schwachen Wuchs erstickt.
In all diesen Fällen ist eine heilende Behandlung nötig. Zuerst muß alles tote, beschädigte und kranke Holz entfernt und das übriggebliebene geprüft werden. Bei großen Bäumen ist fast mit Sicherheit die Behandlung durch einen erfahrenen Baumchirurgen nötig. Das Entfernen von großen Ästen ist eine Angelegenheit, die Fachkenntnis erfordert, und der Versuch, große Äste ohne die richtige Ausrüstung und das Wissen über die möglichen Folgen abzuschneiden, ist äußerst gefährlich. Sobald alles unbrauchbare Holz entfernt ist, besteht bei vernachlässigten kleinen Bäumen, wie Zieräpfeln und -kirschen das Ziel, das ursprüngliche Gleichgewicht der Zweige wiederherzustellen und die Kronenmitte auszulichten. Sich kreuzende oder scheuernde Äste und das Durcheinander von senkrecht oder nach innen wachsenden Trieben, die gewöhnlich in der Kronenmitte anzutreffen sind, werden entfernt. Falls nötig, können ein oder zwei Äste, die die Symmetrie des Grundastgerüstes stören, vollständig entfernt werden.
Jeder Hauptast sollte ausgelichtet werden, wenn zu viele Seitentriebe vorhanden sind, man muß aber darauf achten, daß das Wachstum gleichmäßig verteilt bleibt. Arbeiten Sie vorsichtig, damit Sie nicht nach übereifrigem Ausschneiden ein Skelett von Aststümpfen übrig haben.

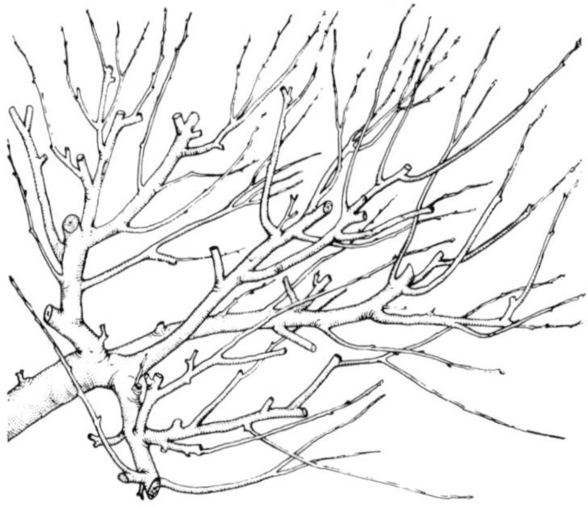

Nach dem stärkeren Schnitt werden wahrscheinlich Wasserschosse wachsen, die sofort entfernt werden sollten, am besten durch Abreiben.

Dieses Erneuerungsverfahren wird wahrscheinlich ein oder zwei Jahre lang ein Ausschlagen von Wasserschossen zur Folge haben. Diese sollten wie oben beschrieben entfernt werden (s. S. 179).
Der Baum, der einen radikalen »Haarschnitt« bekommen hat, hat unter dem allwinterlichen Beschneiden aller jungen Triebe gelitten. Das Ergebnis ist ein Gerüst von knotigen Ästen, jeder einem gestutzten Strunk ähnlich, der stets im Frühjahr ein dichtes Büschel von Trieben hervorbringt. Diese Behandlung macht den Baum nicht nur sehr häßlich, sie beeinträchtigt auch die Bildung von Blüte und Frucht. Wenn der Baum

Außer den beschriebenen zwei Hauptarten von Hochstämmen mit kahlen Stämmen von 180 bis 210 cm Länge, gibt es auch dreiviertel Hochstämme (130 bis 160 cm), Halbstämme (100 bis 120 cm) und Buschbäume (30 bis 70 cm). Die Erziehungsmethode unterscheidet sich nicht von der für konventionelle Hochstämme.
Einige Bäume können auch als Hängeform gezogen werden. Auch bei ihnen sollte das Beschneiden sich darauf beschränken, Triebe zu entfernen, die das Gleichgewicht stören. Einige Trauerbäume, wie Fagus sylvatica »Pendula«, die Trauerbuche, neigen dazu, eine Reihe von halb aufrechten Stämmen zu bilden, die lange hängende Triebe haben, die eine fließende, unregelmäßig gewölbte Pflanze schaffen. Diese Zweige sollten nicht ausgeschnitten werden, da sie die normale Wachstumsform bilden.

Breitblättrige immergrüne Bäume

In Gärten werden relativ selten breitblättrige immergrüne Bäume angepflanzt. Sie brauchen ziemlich wenig Erziehung, da die jungen Pflanzen am besten wie gefiederte Bäume behandelt werden (s. S. 183). Ein starker zentraler Leittrieb muß gebildet werden, und alle schlecht plazierten Seitentriebe und konkurrierenden Leittriebe müssen während der ersten Jahre ausgeschnitten werden. Später ist Beschneiden nicht mehr nötig und oft sogar unerwünscht. Der schöne gewellte Umriß solcher Bäume, wie immergrüne Steineiche, kann zerstört werden.

Die knorrigen Spieße eines Baumes, der einen radikalen »Haarschnitt« bekommen hat, müssen drastisch ausgelichtet werden, damit wieder ein normales Wachstum entstehen kann.

also nicht mehr behandelt werden kann, sollte man ihn entfernen. Wenn man ihn behandelt, muß man ihn sorgfältig beschneiden, um ihm wieder seine ausgeglichene Schönheit zurückzugeben.
Die Behandlung entspricht hauptsächlich der oben beschriebenen. Der Unterschied liegt nur im Ausschneiden der knotigen Strünke an den Enden der Hauptäste. Bei diesen ist gründliches Auslichten erforderlich, so daß nur noch ein oder zwei Knoten an den Enden der Äste stehenbleiben. Das Büschel von einjährigem Wachstum auf den übriggelassenen Knoten wird auch auf ein oder zwei Triebe reduziert. Der Rest wird vollständig herausgeschnitten. Die übrigen einjährigen Triebe werden etwa um ein Drittel ihrer Länge zurückgeschnitten.
Durch diese Behandlung kann eine vernünftig ausgewogene Wachstumsstruktur entwickelt werden, und im Laufe einiger Jahre wird der Baum seinen normalen Habitus und seine normale Form wiedererlangen.
Der Erneuerungsschnitt wird am besten im Spätherbst oder Frühwinter ausgeführt, insbesondere bei jenen Bäumen, die große Mengen Saft erzeugen und zu übermäßigem »Bluten« neigen.
Zu ihnen gehören Koniferen, Birken, Walnuß, Ahorn und Roßkastanien. Sie alle werden am besten zwischen Oktober und November beschnitten. Eichen, Buchen, Linden, Weißbuchen und andere »trockene« Bäume können zu jeder Jahreszeit beschnitten werden, obgleich man das Frühjahr besser meidet. Die große Ausnahme vom Schneiden in der Ruhezeit sind die Kirschen (und andere Angehörige der Gattung Prunus), die im Sommer behandelt werden müssen, vor Ende Juli, da sie sich dann nicht so leicht mit der Bleiglanz-Krankheit infizieren. Alle Schnittflächen, die einen größeren Durchmesser als 1 cm haben, sollten mit einem Messer geglättet und mit einem Wundverschlußmittel bestrichen werden.

Koniferen
Die Fächerbaumtechnik ist auch für fast alle Koniferen anwendbar. Das Wachstumsmuster von Kiefern und Föhren besteht aus einem zentralen Leitstamm mit quirlig angeordneten Zweigen, die ziemlich regelmäßige Abstände haben. Solche Bäume sollten unbeschnitten bleiben. Nur wenn Triebe beschädigt sind, ist Beschneiden oder Erziehen (außer abstützen) nötig. Manchmal stirbt der Leittrieb oder die Endknospe ab. Meistens ersetzt dann ein oder mehrere Triebe vom obersten Quirl den Leittrieb auf natürliche Weise. Wenn man den Bedarf für einen Ersatzleittrieb erkennt, dann sollte man den geeignetsten Trieb des obersten Quirls vertikal ziehen, wie es auf S. 179 beschrieben wurde. Alle konkurrierenden Triebe sollten ausgeschnitten werden.
Viele Koniferen, wie Eibe, Scheinzypresse und Lebensbaum sind ideale Heckenpflanzen. Man kann sie als junge Pflanzen beschneiden. Anders als breitblättrige Bäume regenerieren sich Koniferen (mit Ausnahme der Eibe) nicht leicht auf älterem Holz, da in den älteren verholzten Zweigen und Stämmen nur wenige oder gar keine schlafenden Knospen sind. Voll entwickelte Koniferen sollten nicht beschnitten werden, nur tote oder kranke Äste müssen entfernt werden. Wenn man sie kürzen will, entstehen oft häßliche Pflanzen, die man am besten entfernt.

Register